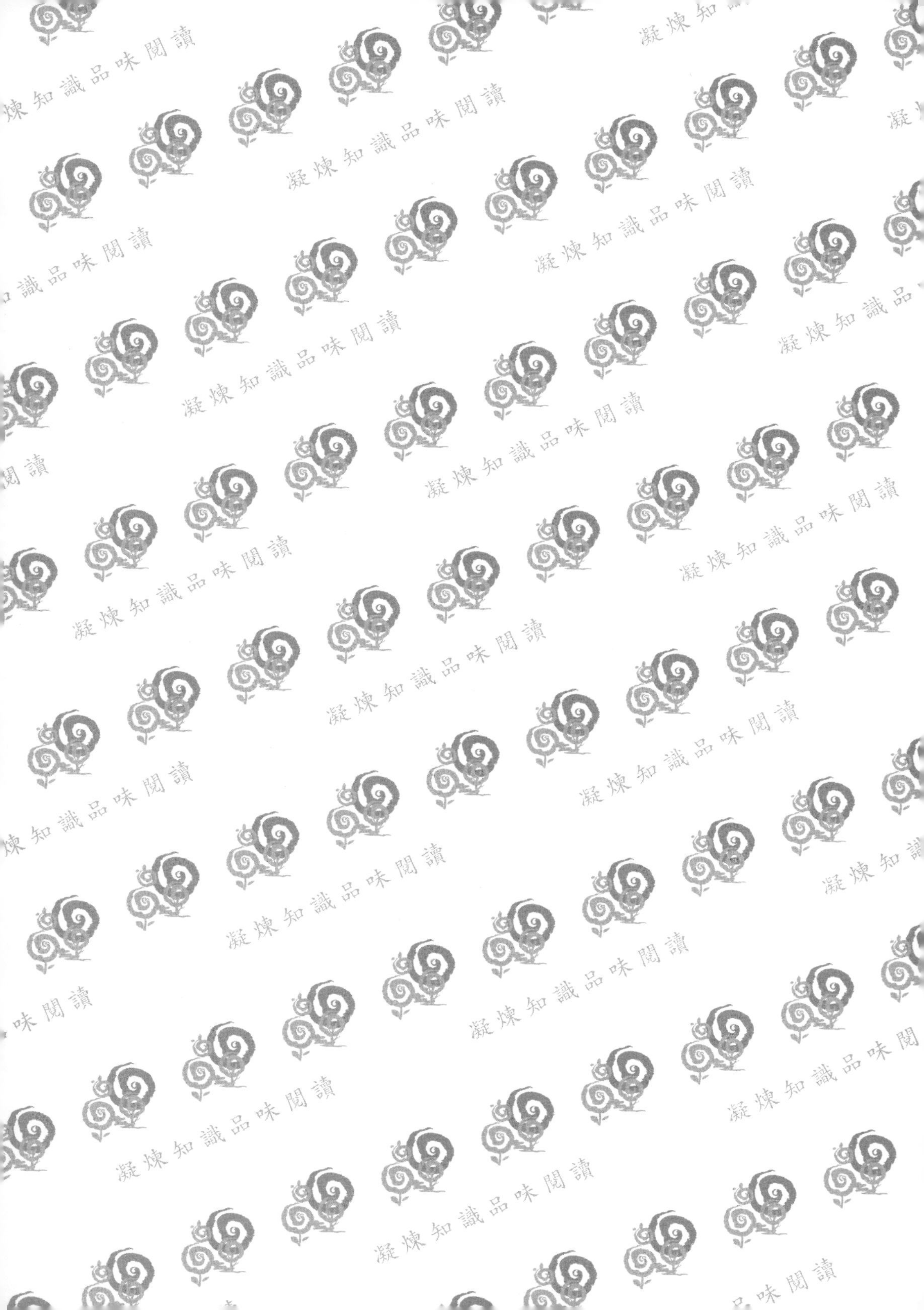

圖解系列

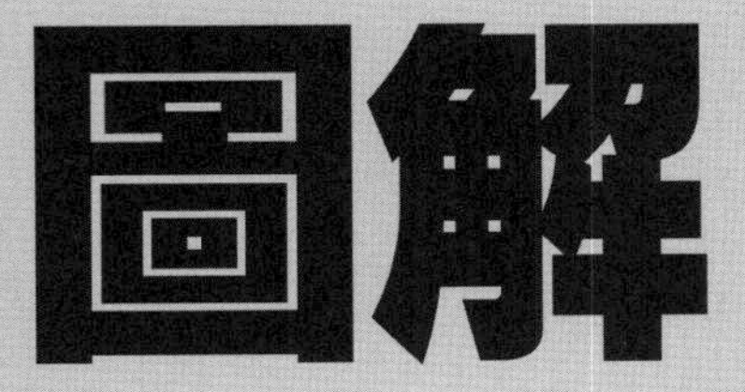

五南圖書出版公司 印行

Java物件導向程式語言

余顯強／編著

序

學習程式語言不僅適用於從事相關工作的人，它還能幫助我們培養程式設計觀念和邏輯思維能力。這些知識不僅能讓我們掌握基本的資訊處理知識和術語，還能應用於與軟體人員的溝通和協調，甚至更進一步參與專案的規劃和管理。所以，在當今的國際學習潮流中，不論學科或專業背景如何，程式語言都被視為很重要的基礎能力之一。

在衆多程式語言中，Java 是目前世界上最廣泛使用的程式語言之一。它具有強大的功能和豐富的資源，使其成爲開發各種應用的理想選擇。與其他程式語言相比，Java 的跨平台性和完整的物件導向特性，有助於我們建立更正確的物件導向觀念，並更好地學習程式設計。

大多數的電腦程式語言專書主要介紹大量的語法和實例應用，對於具有資訊背景的讀者來說可以快速入門。然而，在程式流程、指令應用和邏輯原理方面的解說相對較少，這使得學習過程常常缺乏理論指導，導致學習者在技術方面取得進展的同時，卻缺乏理解背後原理的能力，容易造成對程式邏輯只知其然，卻不知其所以然的情況。

因此，本書的目標是改變傳統程式語言書籍的模式，不僅介紹 Java 程式語法本身，也著重程式在電腦環境運作的原理和邏輯思維，提供讀者能夠獲得更全面的知識。在閱讀本書的過程中，學習 Java 程式語言不僅是一項實用的技能，更是一個寶貴的思維工具，啓發您的創造力和解決問題的能力。

希望透過本書的學習，能夠讓讀者輕鬆地進入 Java 領域，掌握實際應用的技巧，並進而熟悉程式邏輯的思維。無論是一個程式設計新手，還是一個有經驗的開發者，這本書都將帶領您踏上一個精彩的學習旅程，深入探索 Java 程式語言的奧祕。

CONTENTS 目錄

第 1 章　Java 程式語言基礎

第 2 章　程式初步

第 3 章　基礎語法

第 4 章　運算子

第 5 章　流程控制

第 6 章　字串

第 7 章　陣列

第 8 章　例外的處理

第 9 章　日期 / 時間類別

第 10 章 Math 數學運算類別

第 11 章 類別與物件

第 12 章 繼承

第 13 章 多型

第 14 章 多執行緒

第 15 章 套件

第 16 章　泛型與集合

附錄　A IntelliJ IDEA 開發工具安裝

第1章
Java程式語言基礎

1-1　基礎觀念 1
1-2　基礎觀念 2
1-3　物件導向程式
1-4　Java 內涵
1-5　Java 運行環境

1-1 基礎觀念1

1. 指令

指示電腦執行某一特定動作的命令稱之爲「指令」（Instruction）。

2. 程式

將一連串的指令，按照標準的邏輯順序排列起來，指揮電腦完成某一項工作，並達成資料處理的目的。這種按照一定的邏輯順序，有系統、有組織地加以排列的一群指令，便稱爲「程式」（Program）。

3. 語法

程式語言的語法，就是程式語言使用的文法。和人類的語言比較，程式語言的文法規則嚴謹，必須遵循規定的規範。程式語言的語法，是由以下部分組成：

(1) 關鍵字（Keyword）：程式語言中預先定義的單詞或標記，用於表示特定的操作或值。
(2) 識別字（identifier）：用於表示變數、函數和其他程式元素的名稱。識別字可以由字母、數字和底線組成，但是不能以數字開頭。
(3) 運算子（Operator）：用於表示數學運算、比較和邏輯操作等運作的符號。
(4) 分隔符號（Delimiter）：或稱「定界符」，用於標記程式結構的符號，例如大括號、分號等。
(5) 常數與變數（Constant & Variable）：常數指的是一個固定不變的值；變數的值則是可以改變的。
(6) 敘述（Statement）：或稱「陳述」、「語句」，表示執行特定程式的單位。

如果執行的程式有問題，就必須檢查是否有錯誤，並加以修正，一直到程式的結果符合預期的目的爲止，這個檢查 / 修正的過程便稱爲**除錯**（Debug，**或譯爲偵錯**）。

4. 程式語言

是一組用來指示電腦每一步動作的指令語法規則，因此也稱爲電腦語言。如圖 1 所示，依據演進與分類，程式語言可分爲高階語言（High Level Language）與低階語言（Low Level Language）[1] 兩類：

---

[1] 因為 C/C++ 不僅用來撰寫高階，也可以撰寫低階的程式碼，因此被歸類成**中階語言**。

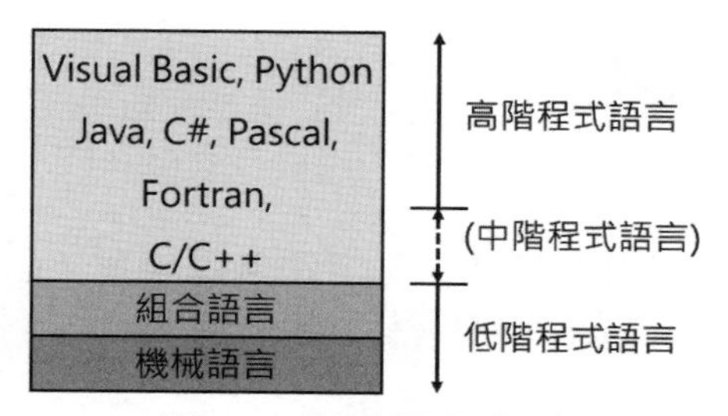

圖 1　程式語言分類

(1) 高階語言

最接近人類思維與詞句的語言，容易撰寫與閱讀，且又能夠在各種不同電腦中使用的語言。高階語言通常具有較高的抽象層次，可以使用函數、類別、物件等，編寫程式。簡單的說，越高階可讀性越高，也就是人類越容易看得懂。因此，可以提供開發人員開發複雜的應用程式，而不需要考慮系統底層的細節。

常見的高階程式語言包括 Java、Python、C++、C#、PHP、Ruby 等。

(2) 低階語言

低階程式語言是屬於作業系統底層的程式語言，與硬體密切相關，可以更精確地控制硬體的行為，通常需要直接操作記憶體、暫存器等底層資源。

越低階表示越接近電腦實際運作的機械碼，因此可讀性低、不易除錯與維護，但相對的執行效率高。低階程式語言又可再分為機械語言（Machine Language）、組合語言（Assemble Language）兩種：

①機械語言

由一定個數 0 與 1 的二進位碼組合而成的語言，是電腦能夠接受，可以直接命令電腦工作的語言。在電腦中所有可以執行的程式（如 *.EXE, *.COM）幾乎都是由二進位程式碼所組成。因為其偏向於機器的自然結構，與人類的語言用語差異很大，故被稱為低階語言。

②組合語言

利用簡單且有意義的英文縮寫來代替機械語言。電腦無法直接「了解」使用組合語言所撰寫的程式，必須再利用組譯程式（Assembler）將之轉換成相對應的機械語言，才能提供電腦執行。要學習組合語言，要先了解電腦的基本架構，像是 CPU、暫存器組、記憶體定址等，屬於偏軟體的電腦硬體架構。

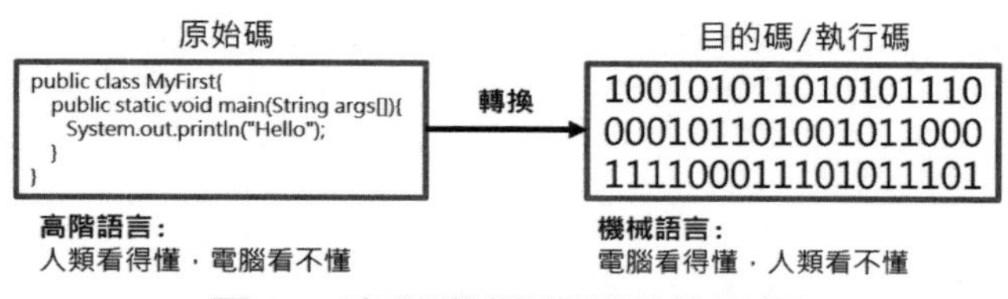

圖 2　高階與低階語言的差異

1-2 基礎觀念2

1. 編譯與解譯

高階語言無法直接與電腦溝通，必須透過編譯器（Compiler）或解譯器（Interpreter，也譯為直譯器）轉換成相對應的機械語言，才能在電腦上執行。

(1) 編譯器（Compiler）

編譯器是一種電腦程式，能夠一次將高階程式碼（通常稱為原始碼）全部轉換成機械語言（通常稱為目的碼，或執行碼），提供電腦執行。大多數程式語言使用編譯方式，例如：Fortran、Pascal、C/C++，將原始程式碼轉換成目的碼。

(2) 解譯器（Interpreter）

解譯器不會一次把整個程式轉換出來，只會轉換每次執行到的程式碼。每轉換一行程式敘述就立刻執行，然後再繼續轉換下一行、執行，如此不停地進行下去。例如：JavaScript、Python，和網站使用的 Ruby、PHP、Perl 等程式語言。解譯器的程式執行速度比編譯方式稍微緩慢，但是優點是減輕了編譯整個程式的負擔。

表 1　編譯與解譯的優缺點比較表

編譯	優點	● 執行速度較快：編譯器在編譯時將整個原始碼轉換為目的碼，因此執行速度較快。 ● 分發執行：編譯產生的目的碼可分發在各平台上執行，不會透漏原始碼的內容。 ● 編譯時會檢查錯誤：編譯時會進行語法檢查，此能夠檢查出很多程式語法的錯誤，讓開發者及早發現並修正錯誤。
	缺點	● 編譯時間長：編譯器需要將整個原始碼轉換為目的碼，因此編譯時間可能會比較長。 ● 編譯出的代碼不易讀：由於編譯器將代碼轉換為目的碼，因此產生的目的碼通常不容易閱讀和理解。 ● 需要編譯：每次進行修改後，需要重新編譯原始碼才能執行。
解譯	優點	● 簡化系統負荷：不需要編譯全部，只須編譯當下執行的原始碼，對系統轉換的負荷較低。
	缺點	● 執行速度較慢：執行程式時需要逐行轉換和執行，因此執行速度通常比編譯方式慢。 ● 不保存目的碼：解譯後的目的碼不會儲存在電腦內，因此，每次執行需要重新轉換原始碼。 ● 不容易檢查錯誤：只解譯當下執行的程式碼，無法檢查整個程式的語法錯誤。

2. 程式設計

程式設計（Programming），又稱爲程式編碼（Coding），依據程式語言的指令與語法來編寫、測試和維護，以實現特定的功能或解決特定的問題。

人類進行「高階」思考，而電腦需要明確的指令，才能確實運作。因此，程式設計是使用程式語言的指令，依據語法規則，編寫程式解決特定問題的過程，是軟體開發過程中的重要步驟。

3. 物件導向程式設計

物件導向程式設計是以「物件」爲基礎的一種程式設計方式，其核心概念是將現實世界中的事物，轉化成程式中的物件。這些程式內的物件，擁有特定的屬性和方法，並能夠與其他物件進行互通。

因此，物件導向程式設計，提供了一種可靠、彈性和容易擴充的特性，可以幫助開發者更好地管理和維護複雜的程式碼，提高程式的重用性和可讀性。

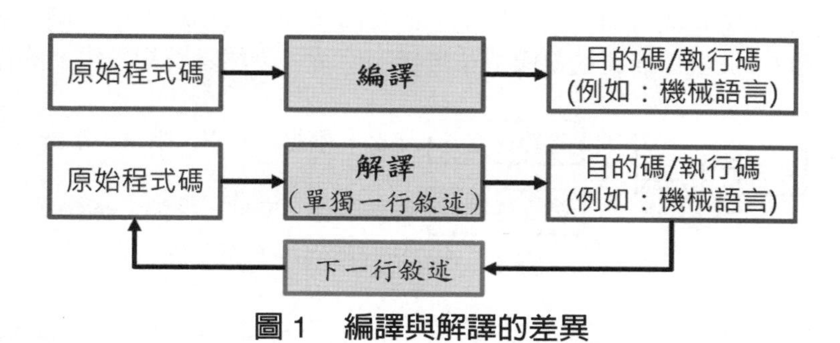

圖 1　編譯與解譯的差異

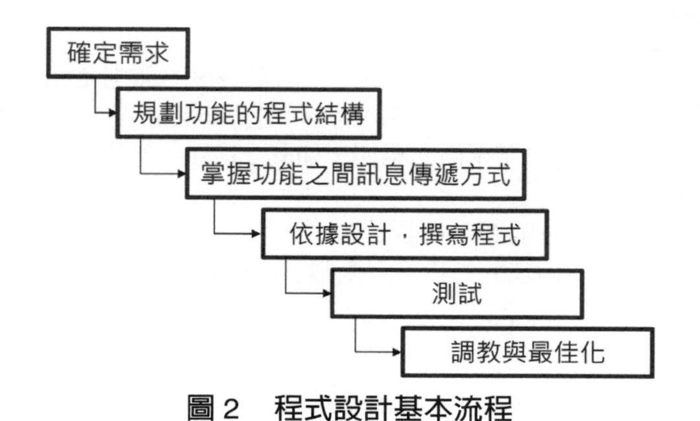

圖 2　程式設計基本流程

1-3 物件導向程式

物件導向是具備物件概念的程式設計方式。如圖 1 所示，物件可以是現實生活中任何具體的事物，例如：老師、學生、教室、桌椅、手機、電視、車子等。不過，並非實體才可稱為物件，參考《韋氏大詞典》（Merriam-Webster's Collegiate Dictionary）有關物件的解釋 ，概念性的事物，包括思想、感覺或行動所指向的精神或身體事物，例如：經濟效益、交易、展覽、機構等也都是物件。

(1) 實體性物件

一種可為人感知的物質。表示可以看到和感知的物體，而且可以占據一定事物的空間（軟體運作物件的空間，就是電腦內部的記憶體）。

(2) 概念性物件

某種思想、感覺或行動所指向的精神或身體事物。這些物件是人們不能看到的、聽到的，但是在描述抽象模型和實體物件時，仍然具有相當重要的作用。

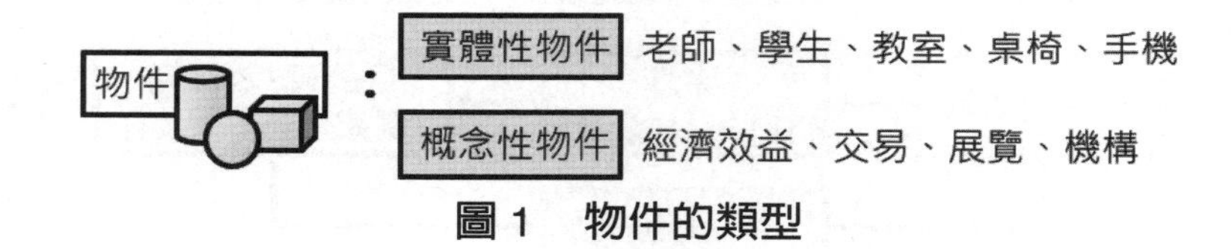

圖 1　物件的類型

物件導向程式（Object-oriented programming，OOP）具有以下幾個特性：

1. 物件與類別

在程式中，類別（Class）建構成物件。也就是說，類別是物件的前身，就好像是建構物件的藍圖；物件則是類別的實例（Instance），程式內實際使用的個體。類別與物件是一體兩面的東西，如圖 2 所示，類別（或是物件）裡面包含兩類東西：

(1) 屬性（Attribute）：內部的資料；

(2) 方法（Method）：內部的行為，以函數（function）型態組成的程式區塊。

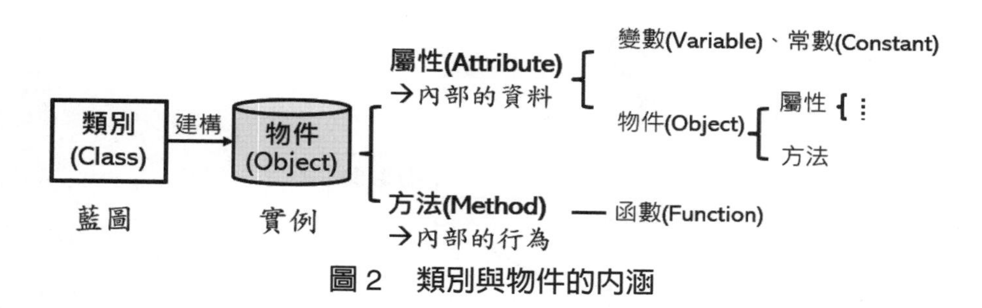

圖 2　類別與物件的內涵

類別／物件具備的資料稱爲屬性；具備的函數稱爲方法（Method）或操作（Operation）。反過來說，屬性是類別／物件內部的資料；方法則是類別／物件內部的函數，用以表現類別／物件的行爲。

OOP 使用建構的語法，將類別產生成爲物件。因此，同一個類別可以產生多個物件，每個物件具有相同的屬性與方法，唯獨各個物件的屬性內容值可以不同。例如一個汽車的藍圖，生產出許多實際的汽車，每輛汽車就是個別的物件，都具備可發動的引擎、煞車、變速、換檔等功能，這些功能就是車輛物件的方法；而每輛車的車色、型號、尺寸、重量等資訊，就是車輛物件的屬性。不同車輛之間有些屬性內容可以相同，有些不同。

如圖 3 所示，屬性還可以進一步分爲簡單的資料與複雜的資料：

(1) 簡單資料：只有一個內容值，存入新的值就會覆蓋掉舊的值，例如變數或常數（常數內容不能變更）。
(2) 複雜資料：可以具備多個類型的資料，所以複雜資料就是物件。無論是陣列、串列等具備多值類型的資料，都是屬於物件。

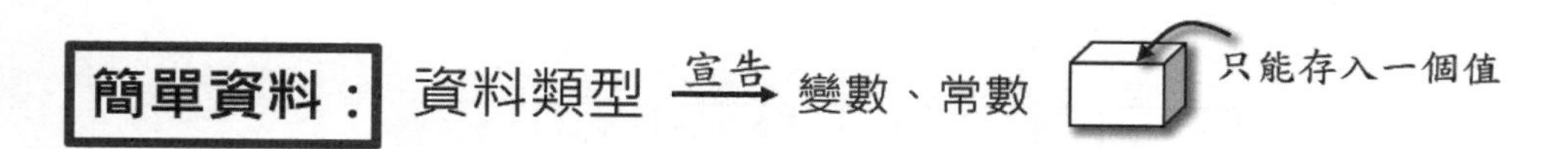

圖 3　簡單與複雜資料的差異

2. 封裝（Encapsulation）

如圖 4 所示，物件導向的封裝是將資料和相關的方法包裝在一起，以防止外部物件直接存取和修改資料。除了確保資料的安全性和一致性，另外的好處是只需要知道執行方式，不須知道執行的細節。

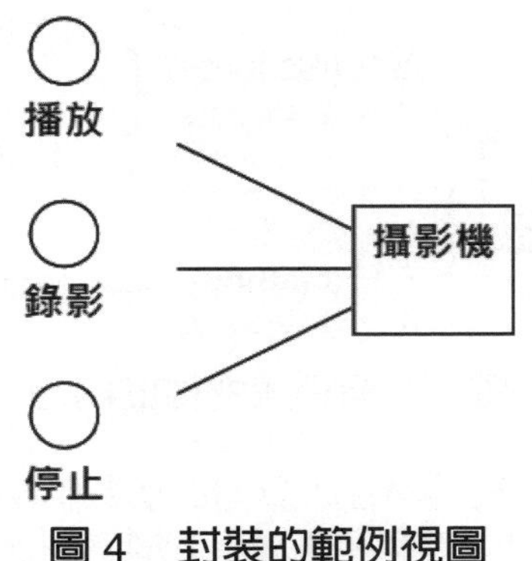

圖 4　封裝的範例視圖

3. 繼承（Inheritance）

子類別可以繼承父類別的屬性和方法，子類別可以再增加額外的屬性與方法。不僅減少程式碼的重複，並使程式設計更具有重用性與擴充性。

如圖 5 所示，依據系統分析與設計使用的統一塑模語言（Unified Model Language，UML）表示方式，類別之間的繼承關係，使用空心三角箭號的實線，由子類別指向父類別。

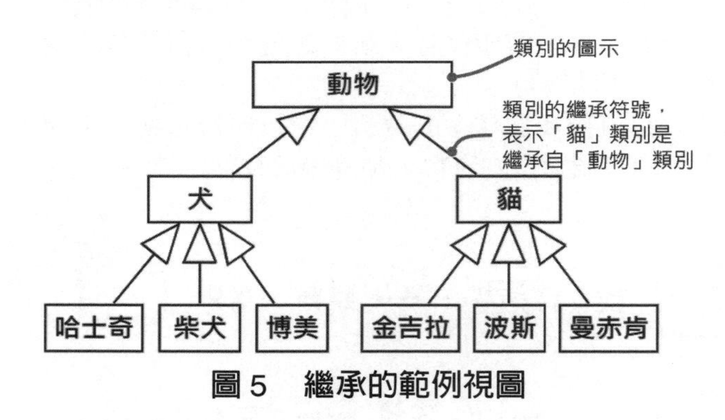

圖 5　繼承的範例視圖

4. 多型（Polymorphism）

相同的方法可以被不同的物件呼叫，並且會有不同的行為。這樣可以使程式設計更具有靈活性，並且可以減少程式碼的複雜性。通常達成多型的方式：

(1) 應用多載（overloading），提供物件內的方法有多種用途。
(2) 應用繼承，父類別可以變型成任一子類，但子類別之間不可互相指向，亦不可指向父類別。

如圖 6 所示，使用「犬」類別分別建構出「狼」與「狗」兩個物件，擁有個別不同「吠聲」方法的執行行爲。

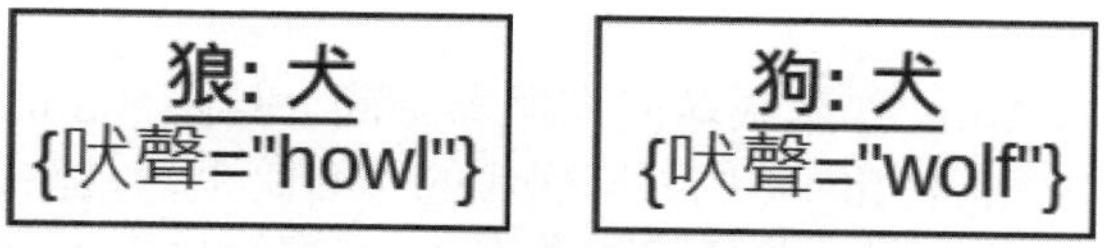

狼: 犬
{吠聲="howl"}

狗: 犬
{吠聲="wolf"}

圖 6 多型的範例視圖

5. 抽象（Abstraction）

抽象表示類別內的方法「沒有實體化」，類別內的全部方法都沒有實體化，則稱爲介面（Interface）。介面也是類別的一種，只是介面類別內所有方法都只有宣告，沒有實體化，也就是沒有實際撰寫程式。抽象可以做爲先定義出類別內應具備的方法，而實際的行爲則由繼承的下一代實作。這樣可以使程式設計更加模組化，有助於團隊合作和軟體維護。

如圖 7 所示，以 UML 表示子類別實作介面的關係，使用空心三角箭號的虛線，由子類別指向父介面。

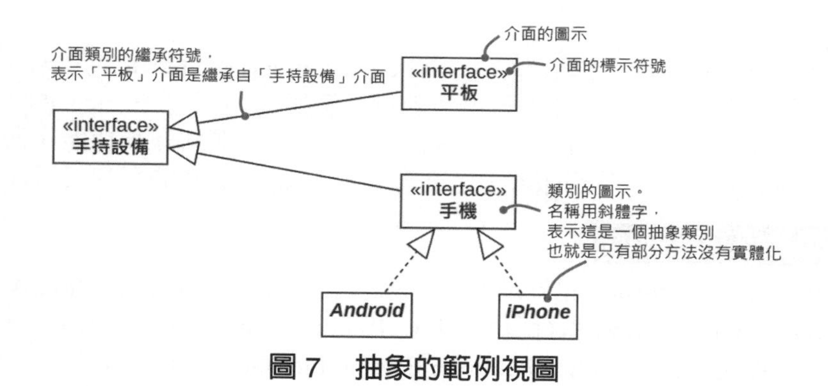

圖 7 抽象的範例視圖

1-4 Java內涵

1. 源起

Java 是著名生產 Unix 作業系統的伺服器廠商：昇陽（Sun Microsystems）公司，由 James Gosling 和同事們共同研發的一套跨平台物件導向程式語言。

Java 最初以 C++ 爲架構，修正取消許多 C++ 複雜之處，例如結構與指標。並將此全新設計的程式語言命名爲 Oak（橡樹），但因爲 Oak 已被一家顯示卡製造公司註冊，故依開會討論時，大家所喝的咖啡 Java（爪哇）作爲新名稱，並於 1995 年 5 月 23 日正式推出。

2009 年 4 月昇陽公司被資料庫大廠：甲骨文（Oracle）公司併購。所以，現在 Java 屬於 Oracle 公司所有。

(1) 目的

Java 語言最初目的是用於開發攜帶型消費性電子產品（PDA、手機、家用電器用品），但實際普及率不高，成效相當有限。後來，由於全球資訊網（Web）的興起，Java 除了著墨在應用領域的開發，也順勢推出可以在網頁上互動的程式執行模式：Java applet，使得 Java 開始廣泛地被各領域採用。

(2) 特性

強調「一次編寫，到處執行」（write once, run anywhere）的跨平台、網路連結容易、安全性高、很小系統既可執行（例如 Java 晶片 IC 卡）的特性，目前廣泛使用在行動裝置、資訊系統、遊戲平台、網站互動功能、嵌入式（Embedding）系統等應用領域，是現今相當普遍配採用的電腦程式語言。

2. Java執行平台的組成

執行平台（Platform，也就是執行環境）是由 Java 虛擬機器（Java Virtual Machine，JVM）、Java 執行環境（Java Runtime Environment，JRE），以及 Java 應用程式介面（Application Programming Interface，API）構成。

如圖 2 所示，JVM 爲 Java 程式提供了一個與作業系統溝通的橋梁，因此不同的作業系統當然會有不同的 JVM。如圖 2 所示，JRE 包括 JVM、Java API 以及相關程式使用的程式庫（library），表示 Java 執行程式的環境。

由於 Java 程式不直接面對不同作業系統運作的差異，所以 Java 程式可以只需編譯一次，就可以在各種不同作業系統上執行。Java API 提供了獨立於作業系統的標準介面，在硬體內嵌或作業系統上安裝一個 Java 執行平台之後，Java 應用程式就可運行。現今，幾乎大部分的作業系統都已經預載 Java 執行平台。

3. Java相關技術

由於電腦應用的環境種類與用途非常多元，所以 Java 也因爲使用的目的，或系統平台的種類不同（例如手機、網站、視窗應用程式等）分成不同的程式類型。

(1) Java application：可在各種作業系統執行的應用程式。要安裝相對應的 JVM。

(2) Java applet：可以下載並在瀏覽器上執行的程式。

(3) Java servlet：伺服器端執行 Java 應用程式，輸出可以在瀏覽器上呈現結果的關鍵元件。

> 由於 Web 環境的日益複雜，包括應用架構的改變、安全性的考量，Java applet 逐漸無法滿足所需，所以現在 Web 已經不再支援 Java Applet 程式執行模式，而是以 Java Servlet 做爲網站運作的主要程式撰寫形式。

4. Java版本類型

依據使用者的應用需求差異，Java 分爲三個應用平台版本：Java SE（Java 2 Platform Standard Edition，Java 平台標準版），Java EE（Java 2 Platform Enterprise Edition，Java 平台企業版），Java ME（Java 2 Platform Micro Edition，Java 平台微型版）：

(1) Java SE

原稱爲 J2SE，表示 Java 第二版 SE。適合開發和部署在視窗、伺服器、嵌入式系統和即時（Realtime）系統環境中使用的 Java 應用程式。Java SE 也包含支援 Java Web 服務開發的類別。

(2) Java EE

原稱爲 J2EE。企業版本幫助開發和部署可移植、強健、彈性且安全的伺服器端的 Java 應用程式。Java EE 是在 Java SE 的基礎上所構建的，它提供 Web 服務、元件模型、管理和網路 API。可以用來實現企業級的服務導向架構（Service-Oriented Architecture，SOA）和 Web 2.0 應用程式。2018 年 3 月，自 Java 11 版本開始，更名爲 Jakarta EE。

(3) Java ME

原稱爲 J2ME，或 K-JAVA。Java ME 是在移動和嵌入式系統，包括手持式設備（手機、平板、PDA）、機上盒、印表機、智慧卡等設備運行的應用。Java ME 包括彈性的使用者介面、強健的安全模型、許多內置的網路通訊協定，以及對可以動態下載的連網和離線應用程式的豐富支援。

> JavaScript 與 Java 並無直接關係。JavaScript 是網景（Netscape）公司爲了能夠在瀏覽器上執行程式功能而發展的直譯程式。

除了官方所提供的 Java 版本，此外也有應用在其他平台或非官方所發展的程式語言：

(1) Android

Android 不僅是一個移動設備的作業系統，也是一個基於 Java 的應用程式開發平台。Android 使用 Java 語言作爲主要的應用程式開發語言，但也有一些差異和特有的 API。

(2) Kotlin

Kotlin 是由俄羅斯聖彼得堡的 JetBrains 開發團隊所發展出來的程式語言，其名稱來自於聖彼得堡附近的科特林島。Kotlin 雖然不是 Java 的直接衍生版本，但 Kotlin 是一種運行在 JVM 上的程式語言，提供了更簡潔、安全和表達性豐富的語法，同時相容於現有的 Java 程式碼。

(3) Scala

Scala 是另一種運行在 JVM 上，純粹的物件導向程式語言。它結合了物件導向和函數式的程式撰寫風格，並提供了許多強大的語言特性，並且非常容易與 Java 程式碼溝通。

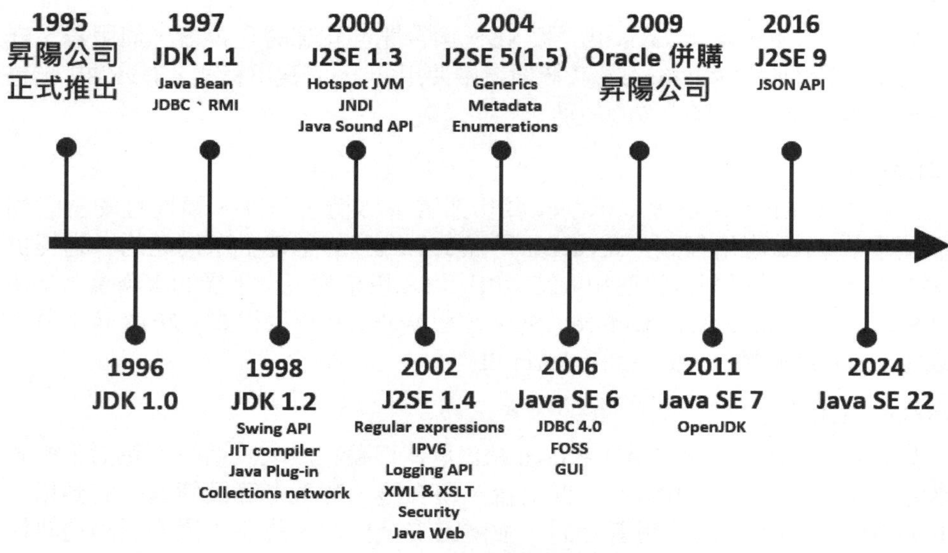

圖 1　Java 發展歷史

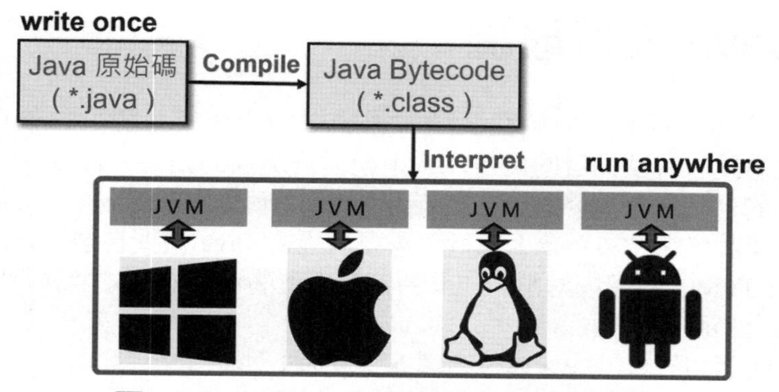

圖 2　Java 使用 JVM 實現跨平台的運行

1-5 Java 運行環境

使用程式語言編寫的原始程式碼，經過轉換成作業系統可以執行的目的碼。也就是說，轉換的目的碼是作業系統能夠處理的編碼。Java 與其他程式語言最大的差別，是編譯後產生的結果稱爲二元碼（Bytecode），屬於中間碼，並不能直接在作業系統上執行，需要再經過 Java 虛擬機器（Java Virtual Machine，JVM）轉換成對應的作業系統能處理的目的碼，才能執行，這也是 Java 跨平台的原因。

如圖 1 所示的架構，Java 運行的環境，包括下列元件：

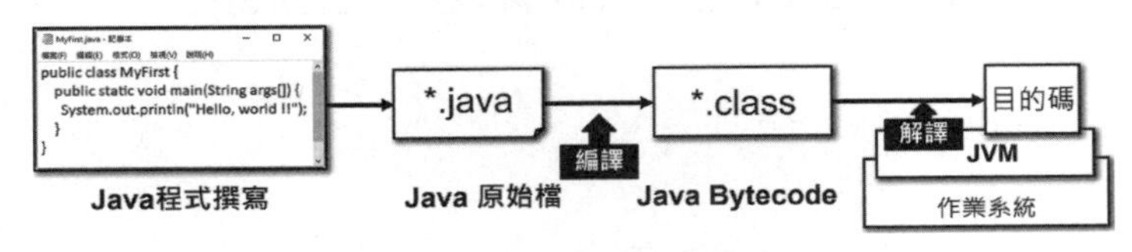

圖 1　Java 運行環境

1. JRE

Java 執行環境（Java Runtime Environment，JRE）是 Java 開發組件（Java Development Kit，JDK）的一個子集，包含了 JVM、Java 標準類別庫（Class Library）等必要元件，提供電腦作業系統執行 Java 應用程式（Java Application）所需的所有軟體。

2. JVM

JVM 是能夠執行 Bytecode 的虛擬機器，用來將 Bytecode 針對不同作業系統轉換成目的碼執行的軟體程式。JVM 具備自己完善的虛擬硬體架構，如處理器、堆疊、暫存器等，還具有相應的指令系統。JVM 封鎖了與實際作業系統相關的資訊，使得 Java 程式只需在 JVM 上執行，就可以在多種平台上不加修改地執行，實現能夠「一次編寫，到處執行」的目標。

3. JDK

Java 開發組件（Java Development Kit，JDK）最初是昇陽公司針對 Java 開發人員發布的免費軟體開發組件（Software development kit，SDK），後來更名爲 JDK，用來開發和執行 Java 應用程式所需的軟體。2009 年甲古文（Oracle）公司併購昇陽公司，後續的發展均由 Oracle 公司提供。

如圖 2 所示，JDK 包含三個主要組件：

(1) JRE：提供 JVM 和 Java 程式類別庫，用於運行 Java 應用程式；
(2) 開發工具：包括Java編譯器、除錯器（Debugger）、性能分析和其他開發工具；
(3) Java 原始碼程式。包含 Java 程式類別庫的原始碼，可以幫助 Java 開發人員更好地了解 Java API 的實現。

總之，JDK 是一個 Java 開發人員必備的工具，它提供了開發 Java 應用程式所需的所有組件和工具。無論是初學者還是有經驗的開發人員，都可以使用 JDK 開發高品質的 Java 應用程式。

Java 運行的環境比其他程式語言稍微複雜些，所幸這些除了 JDK 之外，其他都會內建在作業系統內。也就是說，如果只是使用 Java 撰寫的各種應用程式，所需的運行環境都已內建。只有使用 Java 來開發應用程式，才需要自行安裝 JDK。

基本上，JDK 是免費下載和提供開發人員使用的。但是，Oracle 公司提供的 JDK 內，含有一些授權限制的內容，例如商業功能、商標和其他專有項目。如果打算在商業環境中使用 JDK，需要獲取 Oracle 相應的授權或購買商業版本的 JDK。替代方式是使用 Java 社群提供完全免費的開源 JDK。例如 OpenJDK，是可以在多個平台上運行的 JDK。

> OpenJDK 是相容於 Java SE 平台的一個自由和開放源碼，由多個企業和個人開發者共同開發和維護，可以自由使用、修改和分發。
> OpenJDK 的版本號與 Oracle 的 Java SE 版本號相同，例如 OpenJDK 21 對應 Java SE 21。由於 OpenJDK 完全遵循 Java SE 的規範，因此開發者可以使用 OpenJDK 來開發和執行 Java 應用程式，並且可以確保與 Java SE 的互換性。
> OpenJDK 官方網址為：https://openjdk.org/

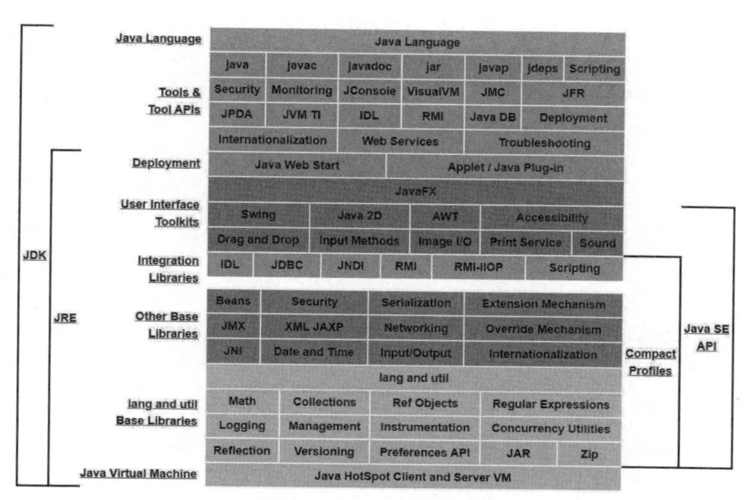

圖 2　JDK 架構圖

（資料來源：https://www.oracle.com/java/technologies/platform-glance.html）

Note

第2章 程式初步

2-1 JDK 版本與安裝
2-2 環境變數設定
2-3 作業系統環境的編譯與執行
2-4 第一支 Java 程式：使用作業系統內建環境
2-5 第一支 Java 程式：使用開發工具
2-6 程式說明
2-7 第二支程式：類別的宣告
2-8 建構物件

JDK（Java Development Kit）是一個由 Oracle 公司提供的 Java 語言開發工具套件，包含編寫、編譯和執行 Java 程式所需的工具和資源。學習開發 Java 程式，需要下載並安裝 JDK。本章節介紹 JDK 的安裝與設定，並實際練習三支程式，學習程式的編寫、編譯的過程，並藉由這三支程式了解 Java 程式語言的核心觀念。

2-1 JDK 版本與安裝

1. 版本

可以執行 Java 程式的環境，稱為 Java 平台（Java Platform）。每一種 Java 平台，例如：Windows、Mac OS、Linux 等，皆有其對應的開發組件（Java Development Kit，JDK）。只要依據使用的平台，下載並安裝 JDK，就可以撰寫並編譯 Java 程式。JDK 可以簡略分為下列三種版本類型（請參見 1-4 節的說明）：

(1) Java SE（Java Standard Edition）：一般 Java 程式開發，本書出版時最新的版本是 2023/7/18 發布的 20.0.2 版，也就是 Java SE 20，預計 2023 年 9 月推出 21 版。
(2) Java EE（Java Enterprise Edition）：專業型 Java 程式開發，自 Java 11 版本開始，Oracle 公司將 Java EE 重命名為 Jakarta EE。目前最新的版本是 2021 年 9 月 21 日發布的 Jakarta EE 9.1。
(3) Java ME（Java Micro Edition）：適用於掌上型、移動式裝置（PDA、手機等）程式開發。由於市場需求的變化，Java ME 已經不再是 Oracle 公司重點發展的產品，因此自 2018 年 1 月發布 Java ME 8.3.3 之後，已經沒有推出新版本的 Java ME。

【說明】

Oracle 會隨時發布更新版（update），以本書撰寫時，JDK SE 的更新版本已經發布至 20.0.2 版，不過仍舊標示稱為「jdk-20」。

2. 下載

連線至 Java 的官方網站：https://www.oracle.com/java/technologies/ 下載符合作業系統版本的 JDK。如圖 1 所示，依據作業系統平台的種類選擇對應的 JDK 下載安裝。

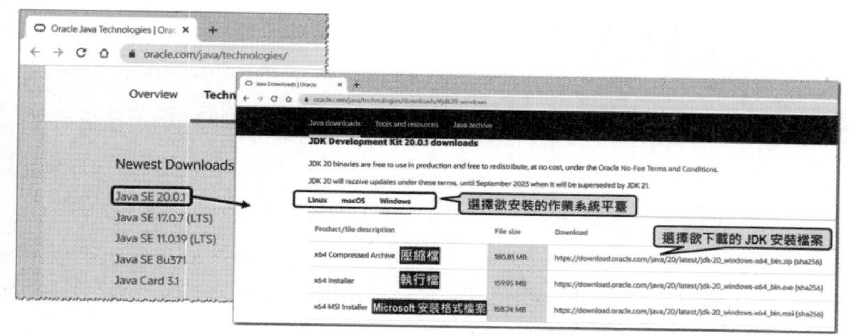

圖 1　下載 JDK 的安裝程式

3. JDK 安裝

於電腦執行下載的程式（如果下載的是壓縮檔，請先解壓縮），並依據執行時的畫面指示進行。安裝過程非常簡單，安裝時建議儘量保持預設的項目。

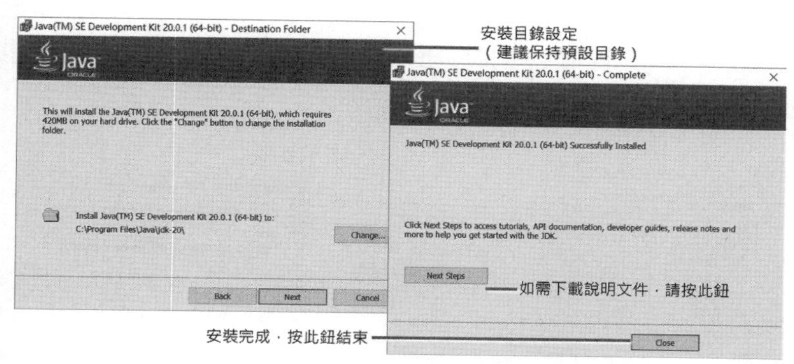

圖 2　JDK 安裝畫面

4. 開發工具安裝

學習程式語言，完全不使用開發工具，只透過作業系統的純文字編輯器（例如 Windows 的記事本、Mac OS 的 TextEdit）撰寫程式，才能夠完全了解程式語言從編寫、編譯到執行的所有細節與過程。但是缺點是需要耗費許多時間在掌握指令、語法與符號的除錯過程。如果需要快速、儘快能夠學習程式編寫的成果，使用開發工具是便捷的方式。程式開發工具，通稱為整合開發環境（Integrated Development Environment，IDE），將程式碼編輯、建置、除錯、測試和封裝等功能，整合至單一介面的應用程式。比較常見的工具軟體包括：IntelliJ IDEA、BlueJ、Xcode、JCreater、昇陽公司在發展 Java 時，搭配的 NetBean，以及免費、功能非常強大，但也相當複雜的 Eclipse。如果需要使用 IDE，本書採用 IntelliJ IDEA 程式開發工具，安裝與使用的簡易指引，請參見附錄 A。

2-2 環境變數設定

在安裝了 JDK 之後，爲了讓 Windows 能夠正確識別和執行 Java 相關的命令，需要設定一些環境變數，提供編譯 Java 時，系統能夠知道 JDK 的安裝位置。

Mac OS 不需要，可以跳過此節。如有安裝開發工具，例如本書附錄 A 使用的 intelliJ IDEA，亦可跳過此節。

1. 設定方式

如果沒有另外安裝開發工具，JDK 並不會自動幫作業系統設定執行的路徑。因此，Windows 作業系統需要在完成 JDK 安裝後，自行手動設定相關的環境變數。如圖 1 所示。於資料夾左方「本機」選項，按下滑鼠右鍵，選點「內容」。或是開啓「控制台」選擇「系統」。

(1) 在顯示的「關於」視窗，選擇「進階系統設定」，開啓的「系統內容」視窗內選點「環境變數」。

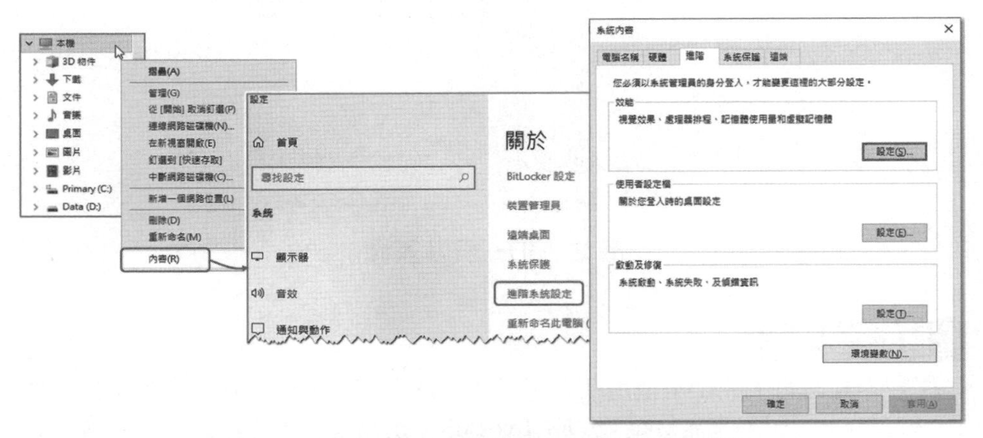

圖 1　開啓系統內容視窗，選擇環境變數

(2) 系統展開如圖 2 所示的「環境變數」設定視窗。

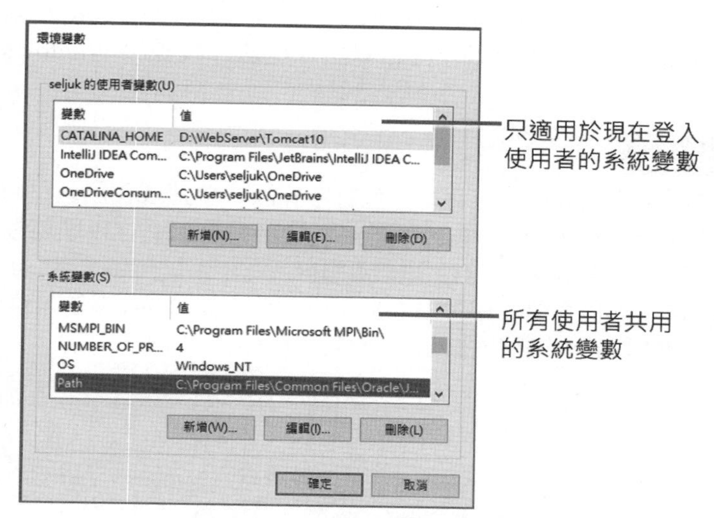

圖 2　環境變數視窗

「環境變數」視窗分兩個變數設定區塊：

①上方設定是專屬於現在登入的使用者；

②下方的設定是所有 Windows 作業系統的使用者共有。

可以自行考慮 JDK 的路徑設定只專屬於現在登入的使用者，還是所有可以登入這一台電腦的使用者都可以使用。

(3) 於環境變數中需要設定 JDK 所在路徑。選擇變數名稱「PATH」，參考圖 3 所示的欄位編輯模式，新增一欄輸入「C:\Program Files\Java\jdk-20\bin」。或是使用文字編輯模式，在變數值最後加上「;C:\Program Files\Java\jdk-20\bin」。（因為 Windows 提供兩種編輯介面，如果使用文字編輯模式，必須在參數之間使用分號「;」做區隔）

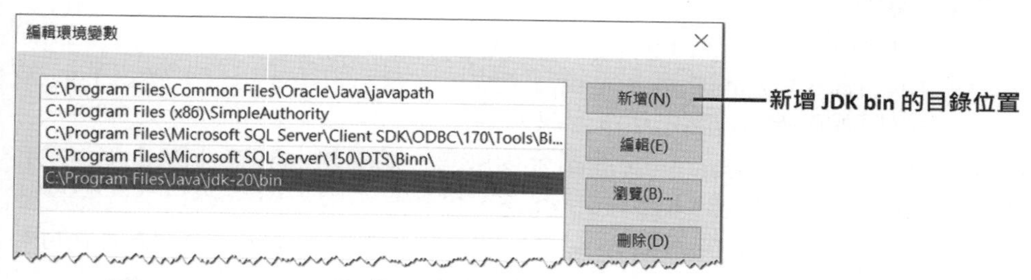

圖 3　Windows 作業系統環境變數 path 加入 JDK 目錄位置

2. 設定原因

bin 目錄是存放 JDK 執行檔案的目錄，包括編譯使用的 javac 和執行程式使用的 java 執行檔。因此需要將 bin 目錄所在位置，設置於 Windows 的 PATH 環境變數。

3. 確認目錄位置

設定 PATH 環境變數時，若有遺漏或打字錯誤，會造成實際執行時，系統無法依據路徑執行 JDK 的執行檔案。因此，請務必確認 PATH 環境變數設定的路徑，與實際安裝的 JDK 目錄位置完全相符。

如圖 4 所示，JDK 預設安裝在 Windows 的 Program Files 系統目錄的 Java 子目錄內。（實際目錄會依據安裝 JDK 的版本可能會有不同）

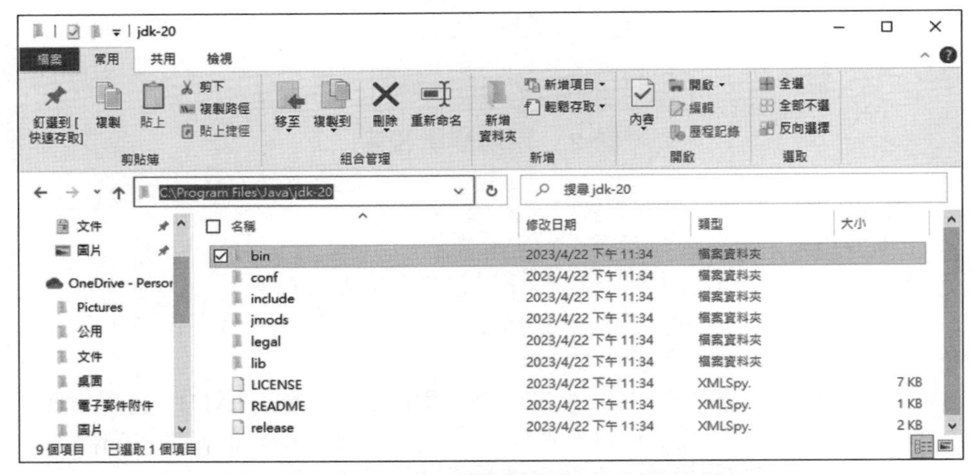

圖 4 確認 Windows 實際安裝 JDK 的目錄位置

4. 驗證版本

(1) 開啓命令提示字元（Command Prompt）。

(2) 於顯示如圖 5 所示的命令字元視窗，輸入 java -version 指令，確認 Java 是否已經配置正確，並顯示版本資訊。

輸入指令 java 與 -version 之間請至少保有一個空格。其中「java」爲 JDK 提供的指令，連字符號（hyphen、dash，也就是減號或破折號）之後的是參數。如果需要知道有哪些參數，可以輸入 java -? 顯示「java」這一個指令的所有參數。

命令提示字元

```
Microsoft Windows [版本 10.0.19045.3448]
(c) Microsoft Corporation. 著作權所有，並保留一切權利。

C:\Users\Seljuk>java -version
java version "20.0.2" 2023-07-18
Java(TM) SE Runtime Environment (build 20.0.2+9-78)
Java HotSpot(TM) 64-Bit Server VM (build 20.0.2+9-78, mixed mode, sharing)

C:\Users\Seljuk>
```

圖 5　驗證 JDK 配置與安裝的版本

2-3 作業系統環境的編譯與執行

學習程式語言，**建議先不要使用開發工具**（例如附錄 A 介紹的 IntelliJ IDEA），而是先使用單純的文字編輯器。開發工具簡化許多程式撰寫的程序，能夠加速程式開發的效率，並自動幫忙塡入許多程式碼，使初學者會忽略到許多細節。因此，建議先避免使用開發工具來學習，專注每一行的程式碼。

若能了解：程式撰寫→儲存→編譯→執行的完整過程，再使用開發工具來協助快速的完成程式的撰寫、執行與除錯。

1. 使用作業系統內建環境

記事本編輯程式，再於「命令提示字元」（DOS mode）環境編譯執行。

圖 1 表示本節示範的程式撰寫、編譯，到執行顯示結果程序的示意圖。

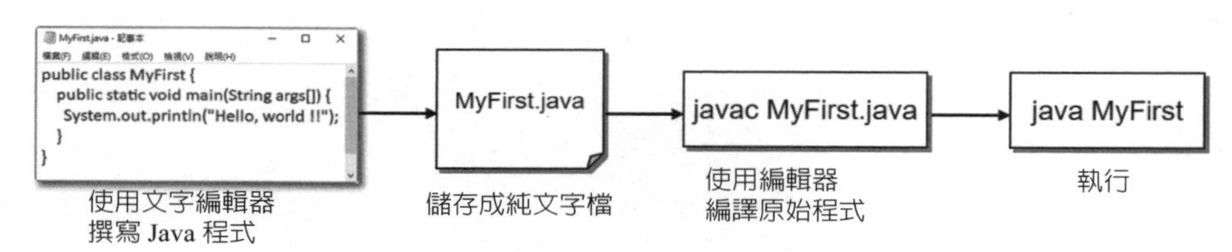

圖 1　撰寫程式到執行的步驟

2. 使用 IDE 程式開發工具

使用 IntelliJ IDEA 工具軟體撰寫程式、編譯與執行的操作過程，簡介如下：

(1) 建立專案：(如果已有專案，則可忽略此項操作)

IntelliJ IDEA 程式開發工具軟體的程式單元，需存在於專案（Project）之下，以類別為單位加入各 Java 程式。

開啓 IntelliJ IDEA → 主選單「File」→「New」→「Project...」，於開啓的「New Project」視窗 Name 欄位輸入專案名稱後，按下「Create」按鈕。

(2) 新增類別

Java 程式以類別爲單位，新增程式等同於新增類別。如圖 2 所示，於左方檔案結構區，專案項目之下的 src ，按下滑鼠右鍵，於浮動視窗選擇「New」→「Java Class」。在顯示「New Java Class」視窗輸入新增類別的名稱，也就是程式的名稱。

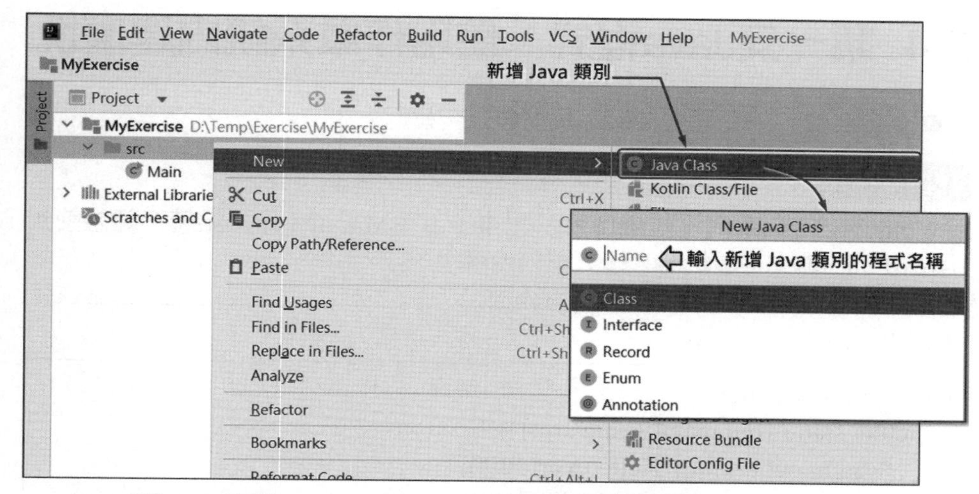

圖 2　使用 IntelliJ IDEA 工具軟體新增並編寫 Java 程式

(3) 編寫程式。

(4) 編譯執行：

程式編寫完成，如圖 3 所示，於該程式頁籤按下滑鼠右鍵，選擇「Run '*類別名稱* .main()'」，或直接按下 Ctrl+Shift+F10 快捷鍵執行程式，或以滑鼠選點右上方的綠色三角箭號。

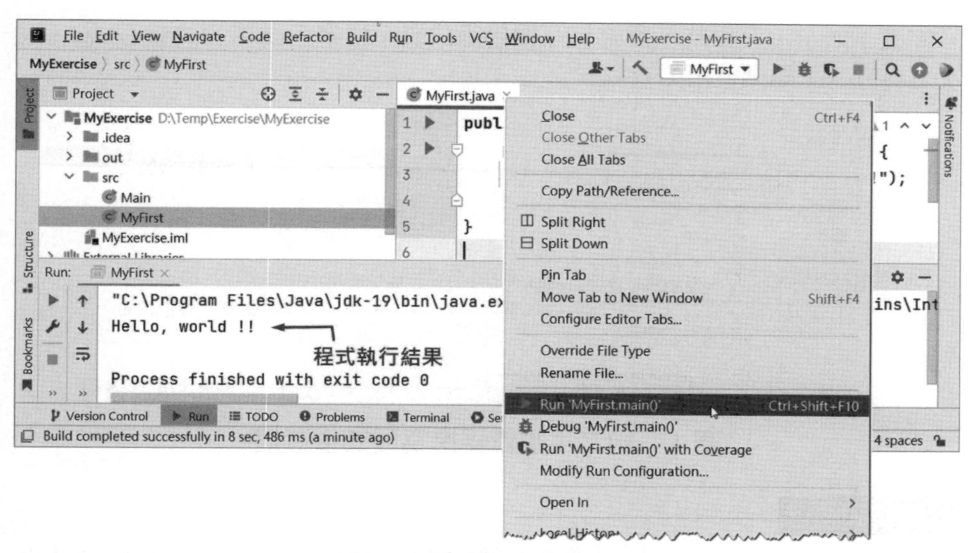

圖 3　編譯與執行程式

2-4 第一支Java程式：使用作業系統內建環境

● 學習目標：Java 程式結構、類別觀念與執行方式。

1. 撰寫程式

Windows 作業系統，建議使用「記事本」；Mac OS 作業系統，建議使用「TextEdit」純文字編輯器，輸入下列內容：

程式檔名：MyFirst.java

```
public class MyFirst {
   public static void main(String args[]) {
      System.out.println("Hello, world !!");
      System.out.println(" 你好，世界 !!");
   }
}
```

縮格（Ident）：段落開始往內縮的空格，稱爲縮格。Java 縮格只是作爲視覺上容易區隔程式的區塊，方便程式的閱讀，並沒有控制的作用。所以，沒有限制一定要縮格，也沒有縮格的空格數量。

如圖 1 所示，存檔時，需確認存檔目錄位置；檔案名稱爲 MyFirst.java（大小寫有分）；編碼使用 UTF-8。

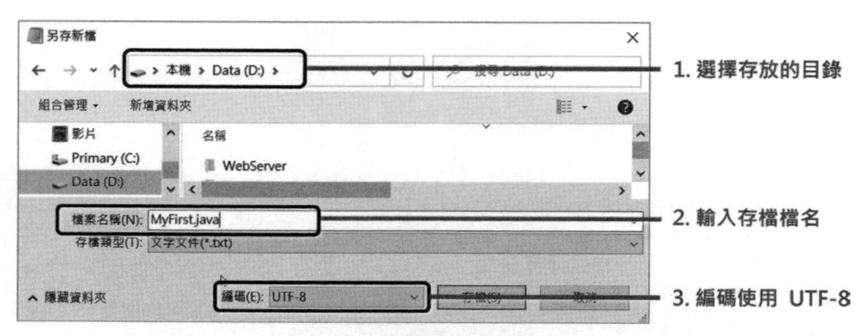

圖 1　純文字編輯器撰寫程式後存檔

2. 編譯與執行

如圖 2 所示，執行 Windows 作業系統的「命令提示字元」，使用 DOS 指令切換到圖 2 程式所儲存的目錄。依據下列程序二選一的方式編譯執行。如果編譯不成功或執行結果不符，就必須回頭修改程式，再重複前述的步驟。

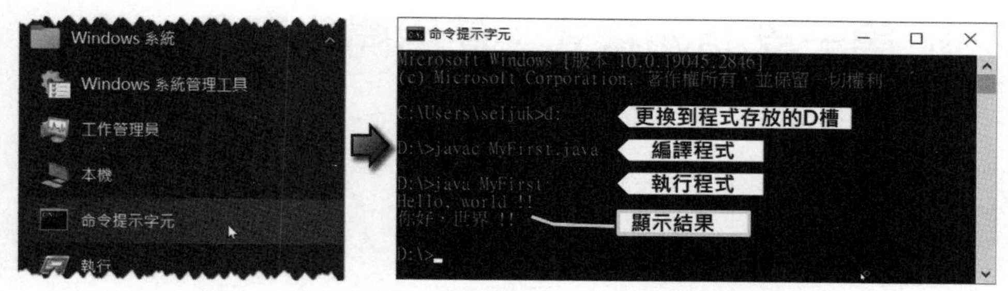

圖 2　使用「命令提示字元」執行 Java 程式

(1) 使用 **指令「java 程式完整檔名」**將原始程式編譯並執行，顯示結果。
(2) 使用 **指令「javac 程式完整檔名」**將原始程式碼編譯，產生副檔名為 .class 的二進位碼（Bytecode，中間碼）。再使用 **指令「java　程式主檔名」**執行，顯示結果。

3. 說明

(1) 圖 2 執行「命令提示字元」，先進入撰寫程式所存放的目錄。因為筆者示範的 MyFirst.java 程式儲存於磁碟 D 槽，因此先使用指令「d:」更換到 D 槽。進入 D 槽之後，可以使用指令「dir」確認檢視一下 Java 程式是否有在此目錄內。
(2) JDK 的 bin 目錄，包含兩個程式：
　① javac 程式，為編譯器，負責將撰寫的程式碼轉譯成 byte code 的檔案；
　② java 程式，為解譯器（或稱直譯器），負責將 byte code 的檔案轉譯成 JVM 能夠執行的目的碼，並連結 JVM 予以執行。

> 請特別注意：
> ● **使用 javac 程式編譯時，檔名必須包含完整的附檔名（.java）；**
> ● **使用 java 程式執行時，檔名不要包含副檔名。**

(3) 存檔時，如果類別有宣告為 public（公用），檔案名稱就要和宣告 class 的名稱相同，副檔名則用 .java。以上述程式為例，存檔時檔名為 MyFirst.java。
(4) 如果類別沒有宣告為 public，則檔案名稱可以和類別名稱不同。不過編譯後產生的Byte code檔名，會與程式中的類別名稱相同，且副檔名為 .class。（在程式中宣告 class 前面的 public，表示修飾語，其作用請參見 11-1 節「修飾語」的介紹）
(5) Java 對語法要求非常嚴格，請特別注意程式中的符號：字串的前後要有雙引號（"），敘述的結束要有分號（;），程式區塊使用大括號 { } 表示範圍。
(6) 請試試將程式的「Hello, world !!」改成一段中文字。不過，請記得前後的雙引號不要漏掉，存檔時的編碼使用 UTF-8，否則中文會顯示亂碼。

2-5 第一支Java程式：使用開發工具

使用 IntelliJ IDEA，如果尚未有專案，請先建立一個專案，或是開啓本書所附的專案：「Chap02」。

1. 新增程式

參考圖 1 所示：

(1) 先確定焦點（highlight）在專案 src 目錄內。

(2) 以滑鼠右鍵選點，或是主選單→「New」→「Java Class」。在顯示「New Java Class」視窗輸入新增類別的名稱「MyFirst」。

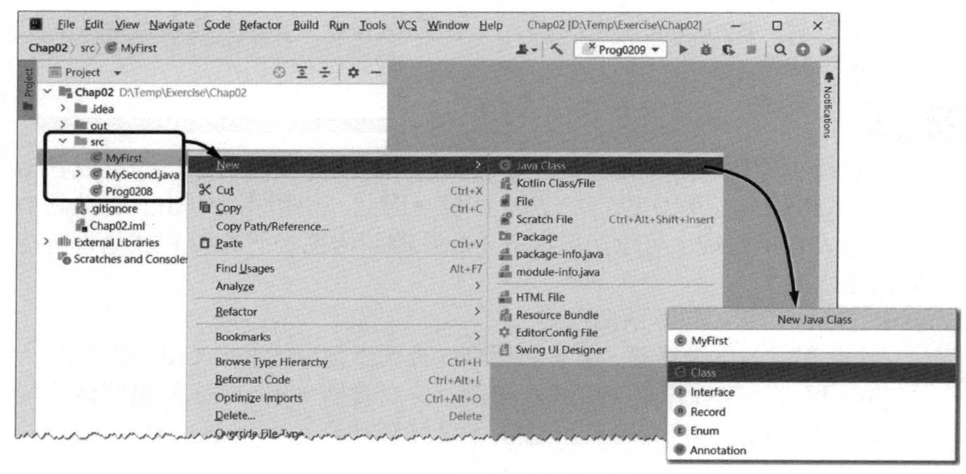

圖 1　新增 Java 程式

2. 編寫程式內容

如圖 2 所示，參考下列 MyFirst 類別的程式碼，於 Intellij IDEA 程式開發工具的程式編輯區，撰寫程式內容：

```
public class MyFirst {
    public static void main (String[] args) {
        System.out.println("Hello World!!");
        System.out.println(" 你好，世界。");
    }
}
```

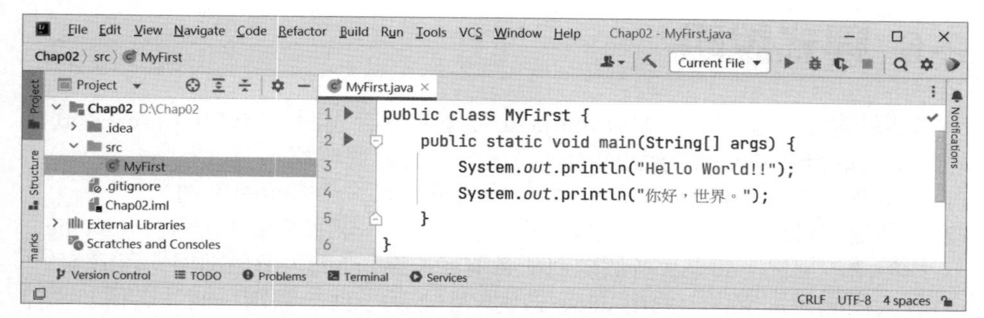

圖 2　編寫 MyFirst 類別的程式內容

3. 編譯與執行

程式編寫完成，按下程式右上方的綠色三角符號，或是於該程式頁籤按下滑鼠右鍵，選擇「Run 'MyFirst.main()'」，或直接按下 Ctrl+Shift+F10 快捷鍵執行程式。如圖 2 所示，如果編譯成功，執行的結果會顯示在視窗下方。

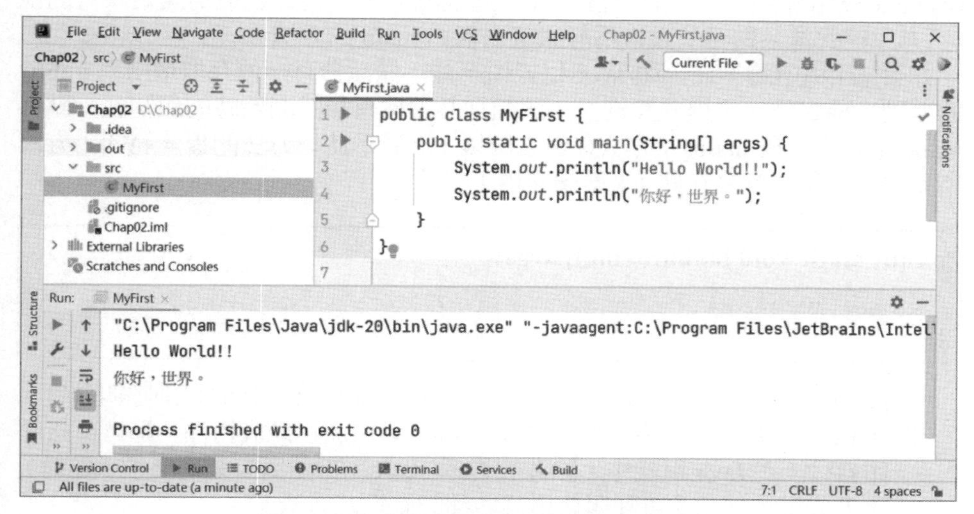

圖 2　程式執行結果顯示在視窗下方

如果編譯不成功或執行結果不符，就必須回頭修改程式，再重新編譯與執行第 3 項的步驟。

2-6 程式說明

本節針對第一支程式：MyFirst.java 檔案的內容說明。MyFirst.java 程式雖短，但包含許多 Java 的語法觀念，建議一定要確實理解。

(1) Java 程式必須以類別（class）型態爲單位，且大小寫有所區別。

(2) 一個檔案可以包含一個以上的類別，但只能有一個宣告成「公用」（public）修飾語，反之，如果有多個類別都必須宣告爲 public，請個別獨立存檔。

(3) 程式內的類別宣告，使用 class 識別字，並給予此一類別一個「名稱」，存檔時檔案名稱必須與此類別名稱相同。類別宣告之後以 { } 表示此一類別擁有的程式「範圍」（scope）。

```
public class MyFirst {
        ... ...
}
```

(4) Java 應用程式，必須有一個「程式進入點」，作爲程式最初開始執行的地方。程式進入點必須宣告爲靜態且名稱爲 main 的方法。

如第 (2) 項所述，在一個 Java 程式檔案裡，僅能擁有一個存取權限爲 public 的類別，稱之爲「主程式類別」，該類別必須擁有程式開始時的最初執行點－main( ) 方法，在 main( ) 方法宣告之後以 { } 表示此一方法的程式範圍，方法所要執行的程式就寫在此 { } 範圍之內：

```
public static void main(String[] args){
        ... ...
}
```

① public：公用的修飾語。表示此方法允許外部程式及其他類別呼叫執行；

② static：靜態方法。表示此一方法不需經過類別建構成物件，即可直接呼叫執行（在 Java 程式中，除非宣告成 static，不然所有類別必須「建構」產生成爲物件，才可呼叫使用其內部的屬性或方法）；

③ void：回傳型態。void 表示此一方法沒有回傳值。

④ String[ ] args：接收的參數，也就是，執行時由外部傳入的參數值。String 表示是字串類型，方括號表示陣列，args 是對接收的資料所自行命名的名稱。因此「String[] args」表示接收一個名稱爲 args 的物件，類型爲字串陣列（array）型態儲存的資料。

(5) 資料透過 System 類別的 out 屬性的 println( ) 方法輸出。

① 標示物件擁有的方法或屬性，使用的描述符號（qualify）爲句點「.」。因此，System 的 out 屬性，在程式中標示爲 System.out。而 out 屬性本身又

是一個物件類型，因此 out 亦具備有其方法與屬性。println( ) 是 out 的一個方法，作用是將其內的值輸出到螢幕。因此其程式碼為：

```
System.out.println（"Hello, world !!"）；
System.out.println(" 你好，世界。");
```

表示分別將「Hello, world!! 」與「你好，世界。」字串輸出到螢幕顯示。

② 字串的前後必須以雙引號「"」標示，以便電腦能夠知道字串內容的起迄範圍。

③ Java 預設使用的字碼是 UTF-8，因此，輸出資料到螢幕，可以是中文或是任何語文。

④ println( ) 方法的「ln」是 Line Feed「換行」與 Carriage Return「游標回到字行開頭」之意。所以執行完 println( ) 方法，顯示的資料最後結束的地方，游標會移到下一行。

ln 是 LN 的小寫，不是 IN。

(6) 在 Java 程式裡，每一個完整的「程式敘述」必須以分號「;」結尾。

依據上述對 MyFirst 程式的說明，如圖 1 所示，歸納下列 Java 程式撰寫的特性：

(1) 程式是由特定語法與指令構成一行一行的程式敘述（statement），除了可以使用大括號「{ }」表示範圍外，每行程式結束必須使用分號「;」結尾。

(2) 程式的執行由「程式進入點」main( ) 方法開始，原則是由上而下，由左而右執行。

(3) Java 嚴格區別大小寫與符號的意義，因此建議初學者應該親自將程式鍵入電腦編譯與執行，若因打字錯誤或遺漏符號，才清楚自己容易疏忽的狀況。

(4) 分辨屬性與方法最簡單的方式是：屬性名稱後面不會有括號，但方法名稱後面一定有括號。括號內表示要傳遞給方法的參數，實際上需傳遞多少參數，必須由當初撰寫該方法時的宣告而定。

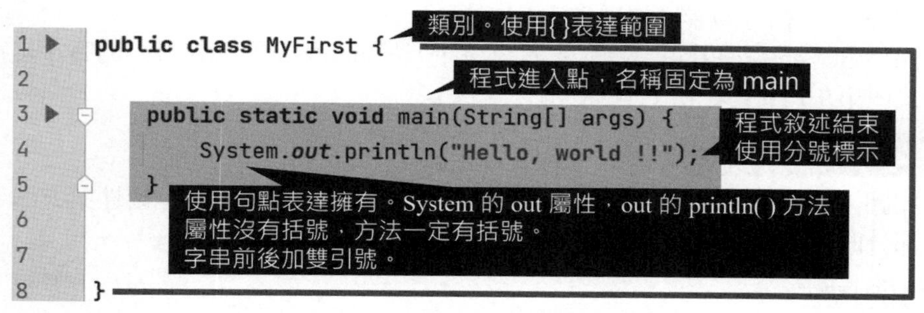

圖 1　Java 程式基本撰寫的特性

2-7 第二支程式：類別的宣告

● 學習目標：類別主程式將自訂類別建構（create）成物件。

第二支練習的 MySecond.java 程式，宣告 MySecond 與 Printer 兩個類別。完整程式碼如下：

```
1  public class MySecond {
2      public static void main(String[] args){
3          Printer pt = new Printer();
4          pt.sno=1234;
5          pt.hello();
6      }
7  }
8  class Printer {
9      public int sno; //定義類別的屬性
10     public void hello(){
11         System.out.println("你好，Java");
12         System.out.println("序號："+sno);
13     }
14 }
```

1. 程式流程

程式執行的流程：

(1) 程式最初由第 2 行 MySecond 類別的程式進入點 main( ) 方法開始。

(2) 第 3 行：將 Printer 類別建構一個名稱為 pt 的物件。

將類別建構成一個物件的語法為：

類別 物件名稱 = new 建構子（引數 , ...）;

其中，建構子是和類別同名的一個方法。執行完成第 3 行，表示即存在一名稱為 pt 的物件，此物件具備 Printer 類別所宣告的屬性與方法。

(3) 第 4 行：將 1234 指定給 pt 物件的 sno 屬性。

(4) 第 5 行：執行 pt 物件的 hello( ) 方法。

因為 pt 物件是 Printer 類別建構的物件，其 hello( ) 方法執行的內容，是在程式內第 10 行至第 13 行範圍的程式。

2. 類別的組成與宣告

如圖 1 所示，Printer 類別的結構包含以下三個部分：類別、屬性與方法，各部分的宣告方式為：

(1) 類別宣告

類別的宣告語法：（屬性與方法宣告，沒有先後次序）

```
修飾語 class 類別名稱 {
        屬性宣告;
        方法宣告;
}
```

如果撰寫的類別需要給其他任何 Java 程式使用，修飾語宣告爲 public。若未指定 public，表示只能讓同一套件內的其他類別使用。最重要的是：同一個 .java程式檔案內，可以定義好幾個類別，但最多只能有一個宣告爲 public 類別。

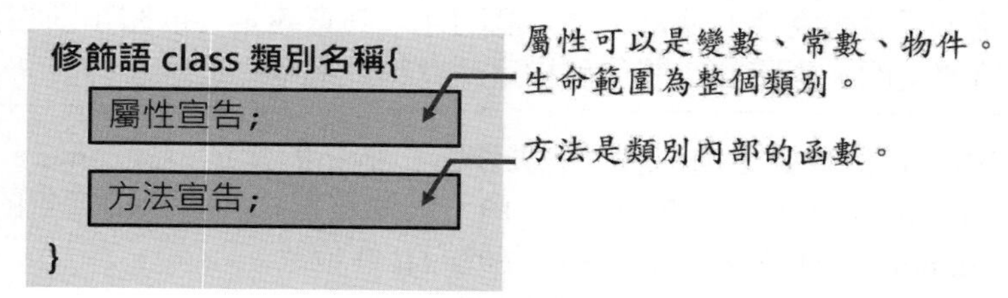

圖 1　類別宣告的結構

(2) 屬性宣告

屬性是類別內部的資料，可以是簡單資料的變數、常數，也可以是複雜資料的物件。屬性的宣告語法爲：

```
修飾語 類型 屬性名稱 [ = 初始設定 ];
```

此處語法使用方括號 [ ] 符號表示「不使用時，可以省略」。

- 簡單資料：只能存放一個值，例如：變數、常數。
- 複雜資料：具備屬性與方法的物件。

以 Printer 類別爲例，第 9 行宣告一個類型爲整數，名稱爲 sno 的屬性，用以儲存序號。public **修飾語**用於定義存取特性，表示該屬性可以提供外部其他類別（或類別建立的物件）使用。

(3) 方法宣告

方法是類別內部的函數，表達類別的行爲。方法的宣告語法爲：

```
修飾語 回傳值類型 方法名稱 ( 接收的參數 , ...){
        程式敘述;
}
```

程式的第 10 至 第 13 行是宣告 Printer 類別一個名稱爲 hello 的方法。修飾語 public 可以提供外部其他類別（或類別建立的物件）使用。回傳值 void 表示執行此方法完成時，沒有回傳值。

- 引數（argument）：傳遞給對方的資料。
- 參數（parameter）：接收他方傳遞的資料。

2-8 建構物件

2-7 節介紹建構（create）物件使用 new 的語法為：

類別　物件名稱 = new 建構子 (引數 , ...) ;

程式執行完成這一敘述，Java 就會依據指定的類別，產生一個物件，指定給該物件名稱。

> 實際來說，「建構物件」就是建立一個物件，其意義是：依據類別的宣告，配置記憶體空間，再將該空間位址指定給該物件名稱。

練習建構物件的程式之前，我們先要學習一個新的類別：Scanner。Scanner 類別存放在 java.util 套件（Package）內。因此在程式內，類別宣告的外部，必須使用 import 告訴編譯程式該類別存放的套件位置。

宣告語法為：

import 套件名稱 . 類別名稱 ;

import 套件名稱 .*;

【說明】

- Java 的套件是將相關的類別，以資料夾（或稱目錄）的形式，分門別類組織在一起的方式，以便更好地管理和重複使用程式碼。通常，套件會按照功能或主題進行組織，並使用句點「.」分隔層次結構，例如 java.util 或 java.lang。開發者可以將自己的程式碼放在自行定義的套件內，以便更好地組織和管理它們，也可以使用其他第三方提供的套件。
- 程式執行必須要有明確的指令，而指令組合程式碼。電腦必須依據程式碼的執行，才能完成指定的事情。反之，沒有程式碼，電腦就不知如何運作。如果程式有使用到他人撰寫的類別，程式內必須具備該類別的程式碼。這就是需要使用 import 匯入套件的原因。
- 套件內存放的類別，是經過編譯過的 .class 檔案，並非原始的程式碼。除非反組譯，不然是無法知道套件內類別的程式碼是如何撰寫的。所以如果自行開發的套件，分享給他人使用，既可達到分享與重複使用的好處，又可以保持原始撰寫程式的隱密性。
- 套件的使用方式，請參見 3-8 節的說明；建立自訂的套件，請參見第十五章的介紹。

Scanner 類別的套件位置是在 java.util 內，所以程式的敘述可以是：

import java.util.Scanner;

也可以使用萬用字元表示：

import java.util.*;

使用星號「*」表示萬用字元，代表裡面名稱相符的就是。執行 Scanner 類別的建構子，必須傳入一個參數：System.in，表示電腦的輸入設備，也就是鍵盤，因此建構的 Scanner 物件就代表電腦的鍵盤。執行該 Scanner 物件的 next( ) 方法，可以取得使用者在鍵盤上輸入的字串；nextByte( )、nextShort( )、nextInt( )、nextLong( ) 方法可以取得鍵盤上輸入的整數；nextFloat( ) 和 nextDouble( ) 方法可以取得鍵盤上輸入的浮點數值；next( ) 方法可以取得輸入的字串。

參考 Prog0208.java 程式，練習輸入資料的判斷。程式判斷的方式，使用「? :」三元運算子語法，這部分會在 4-6 節作詳細的介紹。

```
1  import java.util.Scanner;
2  public class Prog0208 {
3      public static void main(String[] args) {
4          Scanner scanner = new Scanner(System.in);
5          System.out.print("請輸入學生分數：");
6          int scoreOfStudent = scanner.nextInt();
7          System.out.println("該生是否及格? " +
8                  (scoreOfStudent >= 60 ? '是' : '否'));
9      }
10 }
```

程式第 8 行，依據所輸入的分數，判斷學生成績是否大於等於 60 分，以決定成績是否及格。如果大於等於 60 分，則回傳字元「是」，否則回傳字元「否」。請注意，字串的前後使用雙引號標示，例如："請輸入學生分數："，而單一字元則是使用單引號作為標示，例如：'是'。

字串表示具備多個字元（character）的資料，使用雙引號標示；字元表示具備單一個字元的資料，使用單引號標示。如果將一個字元當作字串處理，就可以使用雙引號。

類別中包含屬性（attribute）、方法（method），以及建構子（constructor）。建構子也是類別的方法，是類別產生成物件時，最先被執行的方法。建構子與方法的差別是：

1. 方法有回傳值；
2. 建構子沒有回傳值，且名稱與類別名稱完全相同。

範例 Prog0208 編寫完成，按下程式右上方的綠色三角符號，或是於該程式頁籤按下滑鼠右鍵，選擇「Run 'Prog0208.main( )'」，或直接按下 Ctrl+Shift+F10 快捷鍵執行程式。如果編譯成功，執行結果顯示如下（執行時，請自行輸入整數值）：

```
請輸入學生分數：92
該生是否及格? 是
```

第3章
基礎語法

學習程式其實並不難，因為程式語法基本就只有：指定、迴圈、條件這三個部分。但是物件導向程式語言，除了語法，還需要包含類別與物件的觀念、符號規則，以及程式的結構。

3-1 註解

註解（Comment，或稱為標註），如圖 1 所示，不同程式語言各有不同的註解符號，但都有共同的特性，就是：註解是給人看的，對編譯器會隱藏註解內容的意義，執行時電腦會完全忽略註解的內容。Java 程式的類別、方法、變數、參數和套件等，都可以使用註解。

1. 單行註解

單行註解的寫法，是在註解內容開始的地方，加入兩個斜線「//」符號。例如下列程式範例，以斜體字標示的部分都是註解：

```
public class Chap0301{
    public static void main(String args[]){ //這是程式進入點
        //註解可以單獨一行
        System.out.println("Hello Java"); //註解也可以寫在程式的後面
    }
}
```

2. 多行註解

多行註解是在開頭前加上斜線及星號「/*」，並在結尾後加上星號斜線「*/」。註解不得成巢狀，例如：/ *... / *....* / ...* / 是不正確的。參考下列程式範例，以斜體字標示的部分表示是多行註解：

```
public class Chap0301{
    public static void main(String args[]){ // 這是程式進入點
        /* 這是一個多行的註解
            多行的註解
            在標示範圍內可以有很多行 */
        System.out.println("Hello Java");
    }
}
```

3. 使用時機

依據溝通、說明或標註等不同的目的，註解大致可以區分爲下列類型：

(1) 文件註解：每一個程式檔案的開頭描述版權、內容、版本等說明資訊。
(2) 類別註解：描述類別的功能和用法。
(3) 函數註解：於宣告處描述函數的功能；於定義處描述函數的實作方式。
(4) 變數註解：如果名稱無法明確表達用途或是限制等情況，可藉由註解提供額外的說明。
(5) 實作註解：提供程式中特殊演算法，或任何重要的程式邏輯加以說明。
(6) 待辦註解：對那些臨時的、短期的解決方案、已經完成但仍不完美，或預留下階段再撰寫程式的待辦（to-do-list）註解。
(7) 澄清（clarification）註解：類似待辦註解，用來提示程式碼可能需要維護、重構或擴充的資訊。通常是認爲程式碼撰寫的過於雜亂，而提供給後續程式人員進行簡化的說明。
(8) 棄用註解：透過註解標示範圍內的程式碼，電腦並不會執行。如還須保留程式碼，卻又暫時不要執行，則可以使用註解方式達成，並在區域內說明棄用的原因。利用註解來除錯程式，是設計師常用的技巧之一。藉由註解暫時棄用部分程式碼，讓程式設計師通過該方式，找出造成執行錯誤的程式碼。

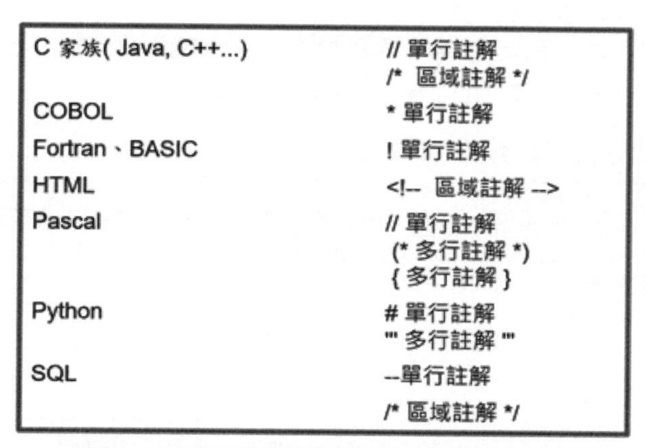

語言	註解符號
C 家族(Java, C++...)	// 單行註解 /* 區域註解 */
COBOL	* 單行註解
Fortran、BASIC	! 單行註解
HTML	<!-- 區域註解 -->
Pascal	// 單行註解 (* 多行註解 *) { 多行註解 }
Python	# 單行註解 ''' 多行註解 '''
SQL	--單行註解 /* 區域註解 */

圖 1　不同程式語言使用註解的符號

3-2 資料類型

1. 變數與常數

程式在執行的過程中，需要執行許多的運算，也需要儲存許多的資訊，這些資訊可能是由使用者輸入、從檔案中取得，甚至是由網路上得到。在程式運行的過程中，這些資訊可以使用變數或常數加以儲存，以便程式隨時取用。

(1) 變數（Variable）：儲存的內容可以改變；

(2) 常數（Constant）：宣告變數時的資料類型前面加上 final，就成爲常數，設定初值後的內容無法再做任何更改。

2. 基本資料類型

Java 提供了幾種基本資料類型（Primitive Data Types），或稱爲原生資料類型（Native Data Types）。這些資料類型包括一個變數用來指向一個記憶體空間，也就是這些資料類型的資料是直接儲存在記憶體空間中。由於資料在儲存時所需要的容量不一，不同的資料必須要配給不同的空間大小來儲存，因此 Java 宣告時需要指定「資料類型」（Data type），以便配置適當的儲存空間。

如表 1 所示，基本資料類型區分爲 4 種：

(1) 整數：不帶小數的整數字。

(2) 浮點數：可以包含小數的數字。

(3) 字元：文字。儲存爲字元資料類型的數字，會視爲文字。

(4) 布林：儲存布林邏輯的值（true、false）。

表 1　Java 原生的資料類型一覽表

名稱	說明	資料類型	可儲存之數值範圍	占用空間
整數	只儲存整數數值（不可儲存小數數值，如有小數會產生錯誤）。	byte	-128~127	1 byte
		short	-32768~32767	2 bytes
		int	-2147483648~2147483647	4 bytes
		long	-9223372036854775808~9223372036854775807	8 bytes
浮點數	用來儲存小數數值，也可以用來儲存範圍更大的整數。可分為**浮點數（float）**與**倍精度浮點數（double）**。倍精度浮點數所使用的記憶體空間比浮點數來得多，可表示的數值範圍與精確度也比較大。	float	$-3.4*10^{38}$~$3.4*10^{38}$ 有效位數約為 7	4 bytes
		double	$-1.7*10^{308}$~$1.7*10^{308}$ 有效位數約為 17	8 bytes

名稱	說明	資料類型	可儲存之數值範圍	占用空間
字元	用來儲存字元，Java 的字元採 **Unicode** 編碼，其中前 128 個字元編碼與 ASCII 編碼相容。由於採用 Unicode 編碼，一個中文字與一個英文字母在 Java 中同樣都是用一個字元來表示。	char	一個字元（character） '\u0000'~'\uffff'	2 bytes
布林	占記憶體 **2** 個位元組，可儲存 **true** 與 **false** 兩個數值，分別表示邏輯的「真」與「假」。	boolean	true, false	2 bytes

3. 參考資料類型

除了基本資料類型，Java 還支援參考資料類型（Reference Data Types），這些類型不直接存儲資料，而是存儲對物件的參考。主要的參考資料類型包括：

(1) 類別（Class）：用於創建物件的模板，定義物件的屬性和方法。

(2) 介面（Interface）：定義了一組方法，實現類別可以實現這些方法。

(3) 陣列（Array）：用於存儲同類型的元素集合。

如圖 1 所示，回顧 1-3 節，圖 3「簡單與複雜資料的差異」：

(1) 使用基本資料類型宣告的變數或常數，只能存放一個值，屬於**簡單資料**。

(2) 使用參考資料類型，也就是類別建構的物件，包含屬性與方法，屬於**複雜資料**。

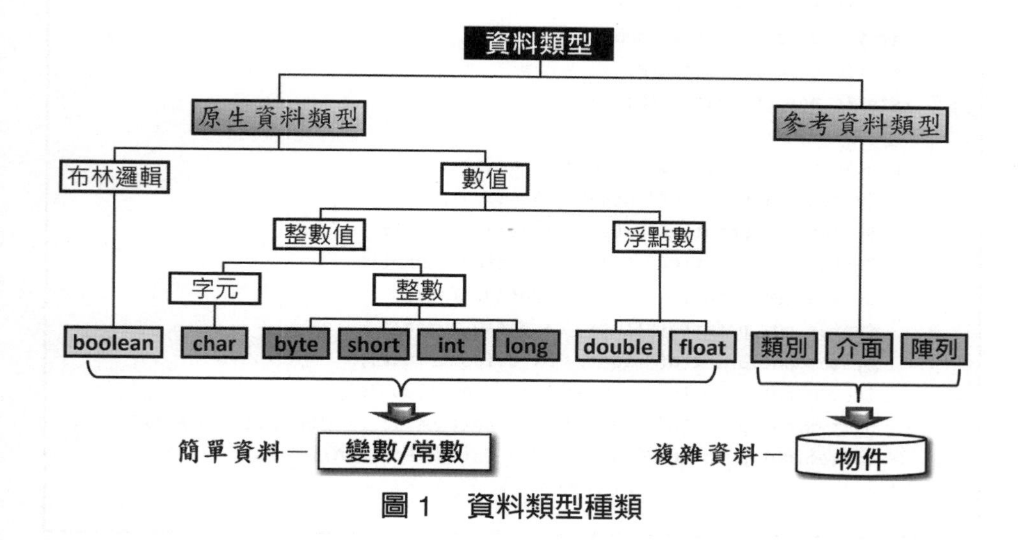

圖 1　資料類型種類

4. 預設值

使用資料類型宣告一個變數時，如果沒有指定初值，會依據該變數的資料類型自動設定一個預設值。各個基本資料類型宣告變數時的預設值，請參見表 2 所列：

表 2

名稱	資料類型	沒有指定初值的預設值
整數	byte, short, int, long	0
浮點數	float, double	0.0
字元	char	null（內碼為 '\u0000'）
布林	boolean	False

參考範例 Prog0302.java 程式，類別須告的屬性並未指定初始值，實際使用時系統會自動指定預設值。

```
1  public class Prog0302 {
2    // 基本資料類型的預設值會在類別的屬性宣告自動初始化
3    static byte defaultByte;
4    static short defaultShort;
5    static int defaultInt;
6    static long defaultLong;
7    static float defaultFloat;
8    static double defaultDouble;
9    static char defaultChar;
10   static boolean defaultBoolean;
11
12   public static void main(String[] args) {
13     System.out.println("Default values:");
14     System.out.println("byte: " + defaultByte);
15     System.out.println("short: " + defaultShort);
16     System.out.println("int: " + defaultInt);
17     System.out.println("long: " + defaultLong);
18     System.out.println("float: " + defaultFloat);
19     System.out.println("double: " + defaultDouble);
20     System.out.println("char: " + defaultChar); // 輸出為 null (虛無)字元
21     System.out.println("boolean: " + defaultBoolean);
22   }
23 }
```

執行結果顯示如下：

```
Default values:
byte: 0
short: 0
int: 0
long: 0
float: 0.0
double: 0.0
char: NUL
boolean: false
```

Java 程式內具有小數的數值，稱爲浮點數，其類型預設爲 double。如果強制指定某一浮點數爲 float 類型時，必須在該數值後加上「f」，例如 2.5f。另外一種方式是使用「強制型別轉換」，使用方式請參見 3-7 節的介紹。

3-3 變數的宣告與命名

1. 宣告

Java 是一種嚴格型態（Strong-typed）的程式語言，變數在使用之前一定要先宣告，標示該變數所要儲存的資料類型。宣告的主要目的是依據資料類型的種類，配置記憶體空間。若程式中已經宣告的變數，之後就可以直接使用，否則會造成重複宣告的錯誤。宣告的語法如下：

資料類型 變數名稱 [= 初值];

> 註：語法內使用方括號 [ ]，表示非必要時可以省略之意。

同時宣告一個以上，且資料類型相同的變數時，宣告的語法如下：

資料類型 變數名稱 1, 變數名稱 2, … ;

同時宣告一個以上，資料類型相同的變數，且同時指定初值的宣告語法如下：

資料類型 變數名稱 1 = 初值 , 變數名稱 2 = 初值 , … ;

參考下列 Prog0303.java 程式，宣告 i, j 兩個變數的範例：

```
1  public class Prog0303 {
2      public static void main (String[] args){
3          int i, j=10;  //宣告 i, j 兩個整數變數，將 10 只指定給變數 j
4          i=20;         //將 20 指定給變數 i
5          System.out.println( "變數i的內容=" + i );
6          System.out.println( "變數j的內容=" + j );
7      }
8  }
```

(1) 程式第 3 行，宣告 i, j 兩個**整數**變數，整數資料類型爲 int。宣告時 i 並未指定任何值，j 則有指定 10。

(2) 程式第 4 行，i = 20 是將數值 20 指定給變數 i。此時，變數 i 的內容是整數值 20；變數 j 的內容是整數值 10。Java 程式執行時，會依據資料類型所占的位元數（byte），在記憶體預留一塊空間，用以存放實際的資料。

執行結果，顯示如下：

```
變數i的內容 = 20
變數j的內容 = 10
```

【說明】

掌握兩個重要原則：
(1) 建議不要將「=」念成「等於」，請將它念成「指定」（因為「等於」是用來判斷兩者之間是否相等，Java 使用「==」符號表示等於）
(2) 程式語言的「指定」都是將指定符號「=」右邊的內容指定給左邊。例如：

A = B;　　表示將變數 B 的內容指定給變數 A。
A = 20;　　表示將 20 這一個數值指定給變數 A。
A = A+20;　　表示將變數A的內容加上20之後，再指定給變數A。

但是不會有下列這種程式敘述：

20 = A;

因為 20 是一個數值，無法接受變數 A 的內容。

2. 命名規則

良好的命名規則，不僅方便辨識變數代表的意義，也方便辨識其所屬的資料類型或類別。普遍採用的命名規則是由微軟公司的 Charles Simonyi 制定的匈牙利命名（Hungarian notation）規則。

匈牙利命名規則使用「資料類型縮寫 + 有意義的單字」命名，方便辨識變數的類型與用途。例如：intScore 表示一個存放整數的成績，ftCount 表示一個浮點數的計算數量。相關細節可以參考維基百科的介紹（網址：https://zh.wikipedia.org/zh-tw/ 匈牙利命名法）。

Java 的命名規則，對於類別、方法、屬性（包括物件名稱與一般變數）、常數的命名方式，請參見表 1 所示。

表 1　Java 命名規則

類型	命名規則	範例
類別名稱（Class）	每一個有意義的單字字首大寫。	Flight、CommercialFlight、SevenSegmentDigits
方法（Method）	第一個單字字首小寫，其餘字首大寫。命名時通常是動作+用途。	getCodeBase、createCompatibleImage
變數名稱（Variable）	第一個單字字首小寫，其餘字首大寫。命名時通常是類型+用途。	sText、iCount、bFlag、fScore
常數名稱（Constant）	每一字元均大寫，並使用底線 (_) 區隔每一單字。	MAX_INBOUND_FLIGHTS

名稱的命名有其基本規則，雖然並不強迫要求一定要遵照該規則來命名，但命名時，仍有下列的限制必須遵守：

(1) 不能與 Java 所用的關鍵字、保留字相同，且大小寫有差別。
(2) 名稱必須以英文大小寫字母、底線（_）或錢號（$）作為開頭，其餘組成可以是英文大小寫、數字、底線（_）、錢號（$）。

3-4 資料的輸出

Java 變數的內容使用 System 的 out 屬性的 print( )、println( ) 或 printf( ) 方法輸出至螢幕。

1. print( ) 方法：資料顯示後，不會換行。
2. println( ) 方法：資料顯示後，會執行換行的動作。ln 是表示換列 line feed 和歸位 carriage return 的縮寫字。
3. printf( ) 方法：使用精準的格式化顯示資料。

1. print ( ) 方法

print() 用來將一項資料接著一項資料，顯示在螢幕上。所謂一項資料，可以是字元、數字、字串或布林邏輯。當螢幕上的一行擠滿了，沒有空間，資料就會從下一行繼續顯示。參考 Prog0304.java 程式的練習，示範使用 print( ) 方法輸出資料顯示在螢幕：

程式	輸出
System.out.print(" 五南 "); System.out.print(" 出版 "); System.out.print(" 圖解系列 ");	五南出版圖解系列
System.out.print("Java"+19+" 版 "); System.out.print(" 發行日期 :"+2023+" 年 ");	Java19 版發行日期：2023 年

2. println( )

println( ) 使用方式和 print( ) 相同，只是 println( ) 的輸出會自動的在輸出結果後面換行。例如將上述範例使用 println( ) 方法：

程式	輸出
System.out.println(" 五南 "); System.out.println(" 出版 "); System.out.println(" 圖解系列 ");	五南 出版 圖解系列
System.out.println("Java"+19+" 版 "); System.out.println(" 發行日期 :"+2023+" 年 ");	Java19 版 發行日期 :2023 年

3. printf( ) 方法

Printf( ) 沿用了 C 語言中的格式化輸出方式。支援的格式包括：

%nd　　　　十進位整數。

%m.nf	十進位浮點數。m.n 表示浮點數值的格式。
%no	八進位數（其中的 o 是英文字母小寫，而非數字 0）。
%nu	無符號的十進位數字。n 表示數值。
%nx	十六進位數。n 表示整數值。
%nc	單一個字元。
%ns	字串。
%%	輸出 % 號。

其中標示的 m.n 或 n 的值，表示顯示的固定長度。如果沒有標示 m.n 或 n 表示依據資料本身實際長度。例如下列範例：

// 變數宣告
int x=100;
double y=200.5;	

System.out.printf("%s: x=%d, y=%f "," 資料 ", x, y);	資料：x=100, y=200.500000
System.out.printf(" 資料：x=%4d, y=%5.2f ", x, y);	資料：x= 100, y=200.50

運作原理請參見圖 1 所示。其中，%4d 表示輸出的第一個整數值，輸出長度為 4 格寬度；%5.2f 表示輸出的第二個浮點數，輸出長度整數部分為 5 格寬度，小數部分為 2 格寬度。

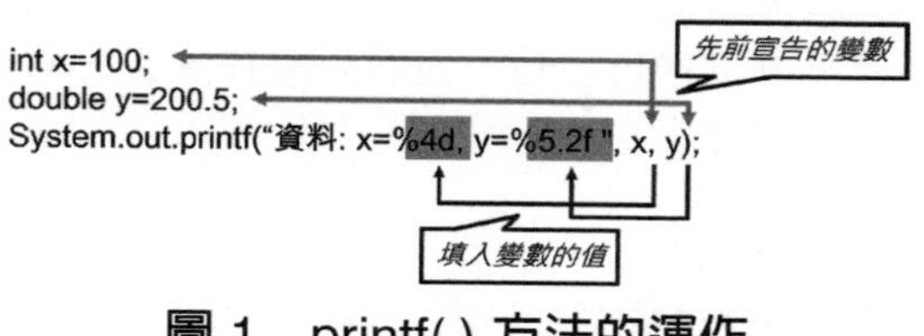

圖 1　printf( ) 方法的運作

指定長度的資料，如果資料需要靠左排，可以在 % 後加上減號「-」（加號表示靠右排列，為預設的格式，通常省略不標示）。例如下列範例，在數值前後增加顯示方括號，以方便看得出是靠左排列：

System.out.printf(" 資料 : x=[%5d],y=[%8.2f]",x,y); System.out.println(); *// 換行* System.out.printf(" 資料 :x=[%-5d],y=[%-8.2f]",x,y);	資料 : x=[100],y=[200.50] 資料 :x=[100],y=[200.50]

3-5 有效範圍

變數或物件的有效範圍（scope），俗稱「生命週期」。Java 程式使用大括號 { }，表示某一個程式區塊。當有一變數或物件在該程式區塊內建立，該變數或物件的生存範圍僅限制於被宣告時的程式區塊內，越過程式區塊，便失去了效用，而被回收。

Java 支援四種不同存取有效範圍的變數：

(1) 區塊（block）變數：只能在區塊內存取。

(2) 區域（local）變數 : 在方法內宣告，只能在方法內存取。

(3) 實例（instance）變數：在類別中宣告，可以被類別內除了宣告爲 static 以外的任何方法存取。就是跟物件有關，跟類別無關的非靜態（non-static）屬性。

(4) 類別（class）變數：在類別中宣告，可以被類別內任何方法存取。也就是跟類別有關，跟物件無關的靜態 (static) 屬性。

【說明】

> Java 使用 { } 表示區塊的範圍。區塊可以是指一個類別、一個方法、或是之後要學習的條件、迴圈的範圍，也可以單獨使用 { } 劃分出一個區塊的範圍。

程式區塊可能經由多層次的程式區塊所構成，也就是說，區塊內可以再出現子程式區塊，子程式區塊內又可以再出現更內層的子程式區塊，依此類推層層包圍。每一層次區塊都可以宣告變數，變數只能在宣告的層次區塊內使用。參考 Prog0305_1.java 程式範例：

```
1   public class Prog0305_1{
2       public static void main(String[] args){
3           int i = 10; //宣告變數並設定起始值
4           {
5               int i=20;  //不能使用。變數 i 已經宣告
6               int j=20;
7               System.out.println("i="+i);
8               System.out.println("j="+j);
9           }
10          System.out.println("i="+i);
11          System.out.println("j="+j); //不能使用。變數 j 已越過了程式區塊而被回收
12      }
13  }
```

編譯時，第 5 行發生錯誤，因爲變數 i 在第 3 行已經宣告。在子程式區塊內，第 3 行宣告的變數 i 生命仍舊存在，所以第 5 行的「重覆宣告」是不合法的。第 11 行發生錯誤，因爲變數 j 在第 6 行的子程式區塊內宣告，離開子程式區塊後，即會被虛擬機器（JVM）回收而無法使用。

參考 Prog0305_2.java 程式範例：

```
1  public class Prog0305_2 {
2      public static void main(String[] args) {
3          int i = 1;
4          {
5              int j = 2;
6              System.out.println("j的值=" + j);
7          }
8          //System.out.println("j的值=" + j); //錯誤!!已離開j的有效範圍
9          if (i >= 1) {
10             int k = 20;
11             System.out.println("k的值=" + k);
12         }
13         //System.out.println("k的值=" + k); //錯誤!!已離開k的有效範圍
14     }
15 }
```

編譯時，因爲在第 5 行宣告的變數 j 有效範圍是在第 4 行至第 7 行大括號 { } 之內宣告。離開 { } 範圍後，變數 j 便會被回收。同樣道理，第 10 行的變數 k 宣告範圍是在 if 敘述後第 9 行至第 12 行程式的 { } 範圍內，因此離開 if 敘述的 { } 範圍，變數 k 便會被回收。而變數 i 是宣告在 main( ) 方法之內，並不是宣告在 main( ) 方法內的其他任何 { } 之內，所以變數 i 的有效範圍就是在整個 main( ) 方法裡。

3-6 逸出字元

逸出字元（Escape Character，或稱跳脫字元）有兩種非常重要的使用目的：
(1) 表示裝置命令或無法被字母符號直接表示的特殊資料。
(2) 用於表示無法在目前上下文中被鍵盤表示的字元，例如字串中的換行符號。

資料輸出時，如果有需要輸出特殊的字元，可以使用逸出字元控制資料的輸出。逸出字元包含反斜線「\」，後面跟著一個字母或數字的組合。各字母或數字的意義，請參考表 1 所示。

表 1　逸出字元一覽表

字元	說明
\b	退格鍵（Backspace）。
\f	換頁字元（很少使用）。
\n	換行（更換到新的一列）。
\r	歸位。結合換行字元（\r\n），即可製作輸出格式。
\t	水平定位鍵（tab）。
\"	雙引號（"）。
\'	單引號（'）。
\\	反斜線（\）。
\n	以八進位數字。n 表示的 ASCII 字元。n 的值必須介於 0 到 377（八進位）的範圍中。
\xhh	以兩位數的十六進位數字 hh 表示的 ASCII 字元。
\uhhhh	以四位數的十六進位數字 hhhh 表示的 Unicode 字元。

例如字串資料前後必須使用雙引號「"」標示，如果資料本身含有雙引號，電腦就會跟資料前後的雙引號混淆。所以資料裡面如果需要有雙引號，就必須使用逸出字元 \" 來表示。

以 System.out 的 print( ) 和 println( ) 爲例，print( ) 輸出顯示資料後不會換行，println( ) 輸出顯示資料後自動換行。因此，圖 1 所示的兩行程式碼，執行結果完全相同：

內容包含逸出字元：\n
會在內容顯示最後輸出換行

```
System.out.print("顯示資料\n");
System.out.println("顯示資料");
```

圖 1　使用逸出字元輸出換行的範例

逸出字元的表示，如同網頁標示語言 HTML 的實體（Entity）用途。例如網頁上要出現大於、小於符號，就要使用實體 > 和 < 來表示，因為大於、小於符號是 HTML 用來作為標籤的標示符號。所以，逸出字元的作用，就是類似於 HTML 的實體，只是逸出字元還包含許多的控制符號，例如水平定位、換行等。

參考 Prog0306.java 程式範例的執行結果：

```
1  public class Prog0306 {
2      public static void main(String args[]) {
3          System.out.println("資料\n換行");
4          System.out.println("資料\t定位\t顯示");
5          System.out.println("\"雙引號\"");
6          System.out.println("\'單引號\'");
7          System.out.println("\\倒斜線\\");
8      }
9  }
```

執行結果，顯示如下：

```
資料
換行
資料 定位 顯示
"雙引號"
'單引號'
\倒斜線\
```

3-7 資料類型轉換

數值之間的運算，必須考量指定「=」符號左邊能夠接收的資料類型種類（例如不能將一個有小數的浮點數值，直接指定給一個整數變數），也有時數值與數值之間的運算，各數值的類型不一定相同（例如要將整數與小數相加），爲了考量資料類型的一致性，就必須執行資料類型的轉換（type casting）。

Java 支援兩種資料類型的轉換：自動轉換（隱式轉換）和強制轉換（顯式轉換）。自動轉換是指在較小資料類型放入較大資料類型時進行自動的轉換，而強制轉換是通過程式特定的方式轉換，達到較大資料類型放入到較小資料類型的轉換。

1. 自動轉換

在相同資料類型，但精確度不一樣的情況（參見 3-2 節，表 1 Java 原生的資料類型一覽表），占用空間小的數值資料，可以直接指定給使用占用空間較大資料類型的變數。雖然 long 資料類型占用 8 bytes 空間，但因爲不含小數，所以可以存入 float 資料類型的變數，並自動增加小數位數。例如將整數 2 存入 float 或 double 類型的變數，其內容會自動轉換爲 2.0。如圖 1 所示，左邊的資料指定給右邊的變數，都會自動轉換成右邊變數的類型。

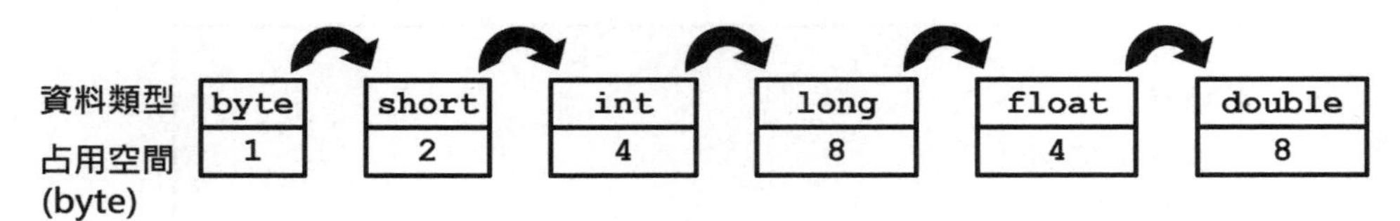

圖 1　自動型別轉換

參考程式 Prog0307_1.java ，執行將數值資料指定給占用空間較大的變數時，自動型類轉換的練習。

```
1  public class Prog0307_1 {
2      public static void main(String[] args){
3          int i = 5;        //宣告整數變數 i，指定 5 給 變數 i
4          long j = i*i;     //宣告長整數變數 j，將 i 的內容指定給 j
5          float k = j*j;    //宣告浮點數變數 K，將 j 的內容指定給 k
6          //顯示變數內容
7          System.out.println("整數 i 的值為："+i);
8          System.out.println("整數 j 的值為："+j);
9          System.out.println("整數 k 的值為："+k);
10     }
11 }
```

執行顯示結果為：

```
整數 i 的值為：5
整數 j 的值為：25
整數 k 的值為：625.0
```

2. 強制轉換

除了自動轉換之外，其他類型之間的轉換，例如需要將占用空間較大的數值資料，指定給占用空間較小的數值變數，都必須使用強制類型轉換的命令來處理，否則會發生類型不相容（incompatible types）的錯誤。例如下列程式碼是錯誤的，變數 a 的內容是具備小數的浮點數，占用較大的記憶體空間，無法指定給整數變數 b：

```
float a = 12.34f;
int b = a;
```

強制轉換的語法，是在資料前方使用圓括弧，內寫上需轉成的類型名稱。例如：

(int)i	強制將變數 i 的內容轉變成 int 資料類型
(char)i	強制將變數 i 的內容轉變成 char 資料類型
(double)i	強制將變數 i 的內容轉變成 double 資料類型

例如上述範例可以改為下列程式。將浮點變數 a 的內容轉為整數後，再指定給整數變數 b：

```
float a = 12.34f;
int b = (int)a;
```

參考程式 Prog0307_2.java ，執行將數值資料指定給占用空間較小的變數時，強制型類轉換的練習。其中，整數除以整數可以得到商數，因為整數除以整數的結果是整數。整數除以浮點數或是浮點數除以整數，才可以得到正確結果。

```java
public class Prog0307_2{
    public static void main(String[] args) {
        int i = 5, j = 12;
        double k = 0;
        //使用自動轉換的方式
        k= j/i;
        System.out.println(j+"除以"+i+"的結果為"+k);
        //使自強至轉換的方式
        k=(double)j/(double)i;
        System.out.println(j+"除以"+i+"的結果為"+k);
    }
}
```

執行結果爲：

```
浮點 k 的值為：12
12除以5的結果為2.0
12除以5的結果為2.4
```

參考下列示範自動與強制轉換的範例，Prog0307_3.java 程式模擬使用開根號乘以 10 的加分方式計算最後的成績分數。

```java
public class Prog0307_3 {
  public static void main(String[] args){
    int score = 85;
    double newScore = score;  // 自動轉換為 double 浮點數資料型態
    System.out.println("原始成績："+ newScore);
    newScore = Math.sqrt(score) * 10;
    System.out.println("開根號乘10後的成績："+ newScore);
    score = (int)(newScore+0.5);  //強制轉換回整數資料類型
    System.out.println("四捨五入後的成績："+ score);
  }
}
```

(1) 程式第 3～4 行，雖然可以直接簡化成 double newScore = 85; 但是此一程式目的是練習資料類型的轉換，所以請別太在意。
(2) 程式第 6 行，執行 Math 類別的靜態方法 sqrt( )，將傳入的 score 變數內容值計算開根號值，再將結果乘以 10 之後，指定回給 newScore 變數。
(3) 程式第 8 行，將 newScore 變數內容值加上 0.5 後，強制轉換成整數，指定回給 newScore 變數。

執行結果為：

```
原始成績：85.0
開根號乘10後的成績：92.19544457292886
四捨五入後的成績：92
```

請思考程式第 8 行，newScore 變數內容值加上 0.5 的意義是什麼？

3-8 套件的匯入

1. 套件

套件（package）是特定相關用途的類別集合。物件導向的方式，開發出許多特定領域用途的類別，例如用於網路通訊的類別、用於檔案處理的類別、用於繪圖製作的類別等，經過分門別類打包起來，就是套件。Java 提供「套件」來管理類別（編譯後的 *.class 檔案）。可以將套件視爲一個包含許多類別的類別庫（Library），並使用目錄、子目錄的方式分層建立。

2. 匯入

電腦執行任何運作，必須依據指令。指令加上語法組成的敘述，形成的程式。程式中使用到類別，一定有其相對的程式。因此，程式如果使用到自己撰寫之外的類別，必須要將該類別的程式包含進來，系統才有執行該類別的指令。使用他方開發的類別，必須將該類別所在的套件包含進來，稱之爲匯入（import）。

3. 套件匯入語法

匯入套件的語法，使用 import 關鍵字並標示套件所在的目錄、子目錄，宣告在撰寫的程式類別的範圍（也就是大括號 { }）之外，通常宣告在程式最開頭：

import 套件目錄 . 子目錄 . 類別名稱；

或是使用萬用字元「*」代替類別名稱：

import 套件目錄 . 子目錄 .*；

例如：日期類別 Date 存在於 java.util 目錄；視窗對話框類別 JOptionPanel 存在於 javax.swing 目錄。匯入此二個類別的程式可以撰寫成：

```
import java.util.Date;
import javax.swing.JOptionPanel;
```

或使用萬用字元「*」代表該套件內的所有類別：

```
import java.util.*;
import javax.swing.*;
```

4. 預設套件

java.lang 套件內包含了 Java 程式撰寫時常需要使用的類別，例如：System、String、Integer，以及各個例外類別。因此，Java 預設每個程式自動包含匯入 java.lang 套件。也就是說，撰寫的程式不需指定，程式會自動匯入 java.lang 套件。

除了預設套件會自動匯入之外，如果沒有匯入使用類別的套件，編譯程式時，就會產生如圖 1 顯示無法解析的錯誤：

```
1  public class Prog0308_1 {
2      public static void main(String[] args) {
3          Date dt = new Date();
4          System.out.println("現在時間："+dt );
5      }
6  }
```

```
java: cannot find symbol
  symbol:   class Date
```

圖 1　程式若未匯入使用的類別，編譯器會發生無法解析的錯誤訊息

圖 1 範例程式中的 Data 類別存在於 java.util 套件內，程式必須使用 import 指令，將其套件匯入，方能正常執行：

```
1  import java.util.*;
2  public class Prog0308_1 {
3      public static void main(String[] args) {
4          Date dt = new Date();
5          System.out.println("現在時間："+dt );
6      }
7  }
```

5. 自訂套件

Java 程式使用 package 指令，指定類別歸屬的套件。該類別應該在 Classpath 可以存取到的路徑下找到，沒有設定套件的類別會歸爲「預設套件」（default package）。

例如，範例程式 Prog0308_2.java，將類別指派歸屬於 MyPackage 套件：

```
1  package MyPackage;  //將 Prog0308_2 類別指派到 MyPackage 套件內
2  import java.util.*;
3  public class Prog0308_2 {
4      public static void main(String[] args) {
5          Date dt = new Date();
6          System.out.println("現在時間："+dt );
7      }
8  }
```

3-9 資料輸入

程式經常需要跟使用者透過互動的方式，決定程式的執行邏輯。本節介紹某個變數的值是由使用者從鍵盤輸入的程式撰寫。

1. Scanner 類別

Scanner 類別是一個簡單的文字讀取器，用於接收鍵盤輸入的資料，並解析字串成各個基本資料類型。Scanner 類別存放在 java.util 套件內，必須使用 import 匯入套件。

2. 實體化

Scanner 是一個類別，類別需要實體化，也就是建構成物件才能使用。建構一個可以讀取鍵盤輸入資料流的 Scanner 物件，必須傳入一個參數：System.in，表示電腦的輸入設備，也就是鍵盤，因此建構的 Scanner 物件就代表電腦的鍵盤：

圖 1　Scanner 類別建購物件的程式碼

●類別（Class）是一個程式碼的模板，類似於藍圖，描述了一個物件的屬性和方法。

●實例（Instance）或稱為「類別實例」或「物件」，是基於類別定義建構的具體物件。

當實體化一個類別，就是建構了一個實例，也就是根據類別定義產生一個物件。換句話說，一個實例是一個存在於記憶體中的、具有一組特定屬性和方法行為的物件，這些屬性和方法行為是根據類別定義來的。

將類別建構物件的語法是：

```
類別 物件名稱 = new 建構子 ( 引數 , ... ) ;
```

如果需要匯入特定套件的類別，語法是：

```
import 套件名稱 . 類別名稱 ;
```

或

```
import 套件名稱 .*;
```

語法說明請回顧 2-7 與 2-8 節的介紹。

3. Scanner 類別的方法

Scanner 可以把鍵盤輸入的整行（line）的字串切成很多的符記（token），預設是以空白（或 tab）分隔，並經由表 1 所列的方法，解析並轉換成需要的資料類型：

表 1 Scanner 取得鍵盤輸入資料的方法

回傳類型	方法	描述
String	next( )	回傳鍵盤輸入的字串。
String	nextLine( )	回傳鍵盤輸入的整行的字串，包含空白，直到換行符號為止。
byte	nextByte( )	將鍵盤輸入的數字內容，轉換成 byte 類型回傳。
short	nextShort( )	將鍵盤輸入的數字內容，轉換成 short 類型回傳。
int	nextInt( )	將鍵盤輸入的數字內容，轉換成 int 類型回傳。
long	nextLong( )	將鍵盤輸入的數字內容，轉換成 long 類型回傳。
double	nextDouble( )	將鍵盤輸入的數字內容，轉換成 double 類型回傳。
float	nextFloat( )	將鍵盤輸入的數字內容，轉換成 float 類型回傳。

參考程式 Prog0309_1.java ，依據所輸入的分數來判斷學生成績是否大於等於 60 分，以決定其是否及格，如果是則傳回字元「是」，否則傳回字元「否」。此處要注意的是字串的前後使用雙引號做標示，例如：" 請輸入學生分數："，而單一字元則可以使用單引號作爲標示，例如：' 是 '。

```
1  import java.util.Scanner; //匯入 Scanner 類別的套件
2  public class Prog0309_1 {
3      public static void main(String[] args) {
4          Scanner scanner = new Scanner(System.in);
5          System.out.print("請輸入學生分數：");
6          int scoreOfStudent = scanner.nextInt();
7          System.out.println("是否及格? " + (scoreOfStudent >= 60 ? '是' : '否'));
8      }
9  }
```

執行結果顯示如下。例如輸入 95，會顯示「是否及格？是」；例如輸入 56，則會顯示「是否及格？否」。因爲使用 nextInt( ) 方法，輸入的數字必須是符合 int 資料類型的整數，否則程式會發生例外而中止。

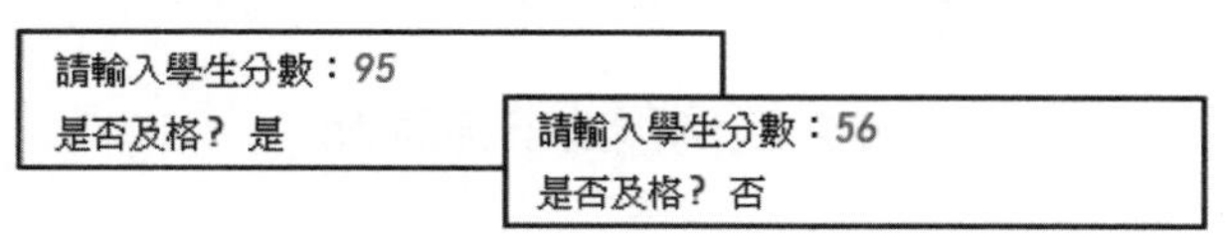

請輸入學生分數：95
是否及格? 是
請輸入學生分數：56
是否及格? 否

參考程式 Prog0309_2.java ，分別輸入可以包含小數的身高與體重。因此，程式使用 nextDouble( ) 方法傳回鍵盤輸入的身高與體重。依據「公斤體重 / 公尺身高 ^{2}」計算身體質量指數（BMI）。

```
import java.util.Scanner; //匯入 Scanner 類別的套件
public class Prog0309_2 {
    public static void main(String[] args) {
        Scanner sc = new Scanner(System.in);
        System.out.print("請輸入身高(公分)：");
        double h = sc.nextDouble()/100;  //將輸入的公分轉換成公尺
        System.out.print("請輸入體重(公斤)：");
        double w = sc.nextDouble();
        double bmi = w / (h*h);
        System.out.println("身體質量指數（BMI）:" + bmi);
    }
}
```

程式 Prog0309_2.java 的流程圖如下，將 Scanner 類別建構一個名稱為 sc 的物件，分別執行兩次輸入身高 h 與體重 w 的浮點數，輸入身高的同時執行 h/100 將公分轉換成公尺。

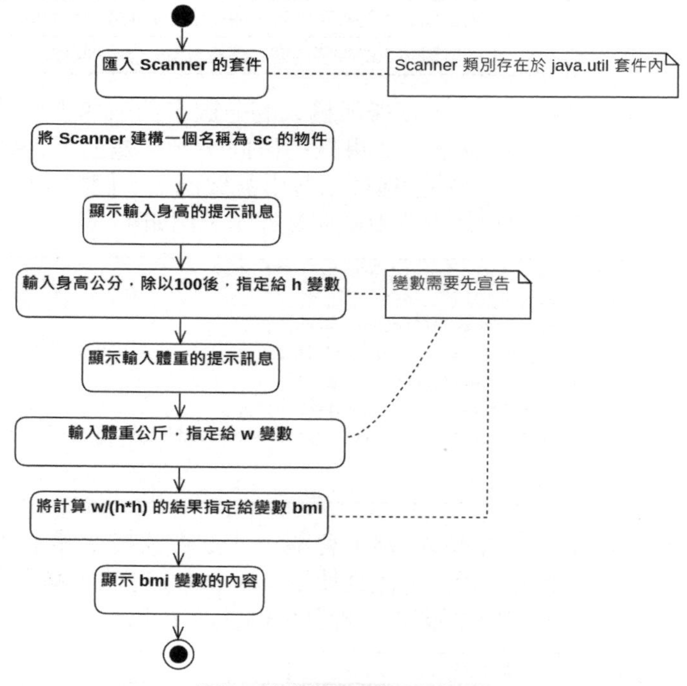

圖 2 範例程式的流程圖

執行結果顯示如下。

```
請輸入身高(公分)：175
請輸入體重(公斤)：72.5
身體質量指數（BMI）:23.6734693877551
```

第4章
運算子

運算子是執行各種數學、邏輯、位元等操作的符號，可以用於計算、比較和控制程式的流程等。Java 運算子可以分為許多個類型，例如算術運算子、比較運算子、邏輯運算子和位元運算子等。在 Java 中，運算子的使用方法和優先順序是有明確規定，能夠執行複雜計算和操作。因此，善用運算子，是程式設計非常重要的技巧與關鍵。

4-1 運算子與運算元

如圖 1 所示，一個運算式（Expression）是由運算元（Operant）和運算子（Operator）所組成。

(1) 運算元（Operand）：運算式中做為運算的資料稱為運算元。運算元可以是數值、常數、變數、函數或運算式。

(2) 運算子（Operator）：介於運算元間的運算符號稱為運算子，用於決定運算式運算方式的符號。例如「+」、「-」、「*」、「/」等運算子。

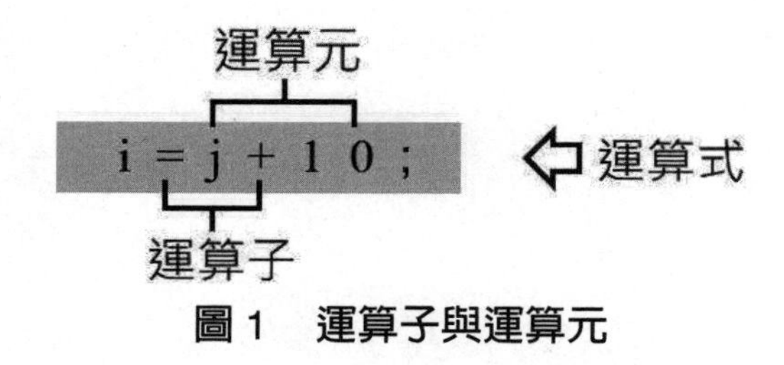

圖 1　運算子與運算元

Java 提供多樣、功能完整的運算子。依據運算子功能的區分，主要包含如表 1 所示的七種類型：

表 1　Java 運算子種類

類型	運算子	說明	
指定運算子	=	指定	將右方運算的結果指定給左方的變數或某物件的屬性。
算術運算子	+	加	利用加、減、乘、除等算術運算子可以執行一般的數學四則運算。
	-	減	
	*	乘	
	/	除	
	%	餘數	
	-	負數	
	+	字串連結	

類型	運算子	說明	
一元運算子	++	遞增運算	遞增／遞減運算元的值。
	--	遞減運算	
關係運算子	<	小於	進行條件比較。
	>	大於	
	<=	小於等於	
	>=	大於等於	
	==	等於	
	!=	不等於	
邏輯運算子	&&	And（和）	進行多個條件之間的邏輯比較。
	||	Or（或）	
	!	Not（反）	
位元運算子	～	取補數	改變位元的狀態。
	&	AND 運算	
	|	OR 運算	
	^	XOR 運算	
	<<	有號左平移	
	>>	有號右平移	
	>>>	無號右平移	
特殊運算子	+=	a+=b 就是 a=a+b; 的意思。	
	-=	a-=b 就是 a=a-b; 的意思。	
	*=	a*=b 就是 a=a*b; 的意思。	
	/=	a/=b 就是 a=a/b; 的意思。	
	%=	a%=b 就是 a=a%b; 的意思。	
	?:	三元運算子。	

4-2 基本運算子

1. 指定運算子（Assignment Operator）

Java 使用指定運算子的符號爲等號「=」。運作方式是將指定符號「=」右邊運算式的結果、運算元或值，指定給左邊的變數或物件的屬性。

例如：a = 1+2 表示將 1+2 的結果，也就是 3 指定給 a。又例如：a=a+1 表示將 a 的內容值加 1 後，再指定給 a。

2. 算術運算子（Arithmetic Operator）

算術運算子如表 1 所示，是用來執行基本的算術運算。

表 1　算術運算子

優先權	運算子	說明	範例	當 a = 11, b = 4 的執行結果
1	-	負數	-a	-11
2	*	乘	a * b	44
2	/	除	a / b	2
3	%	餘數	a % b	3
4	+	加	a + b	15
4	-	減	a – b	7
	+	字串連結	"123"+"456"	"123456"

參考表 1 優先權所列，不同的算術運算子會有執行的先後優先權，規則大致和數學運算的先乘除後加減原則相同。括號中的運算式會被優先執行，因此如果不確定先後執行的順序，可以善用括號，確保運算子執行的次序。例如以下的運算式，執行結果，i 的值爲 25：

```
i = 3 + ( 5 * ( 2 % 3 ) + 1 ) * 2;
```

參考程式 Prog0402_1.java ，執行基本數值運算的練習。

```
public class Prog0402_1{
    public static void main(String[] args){
        int a=22, b=8, c;
        c= a+b;
        System.out.println("加法運算："+a+"+"+b+"="+c);
        c= a-b;
        System.out.println("減法運算："+a+"-"+b+"="+c);
        c= a*b;
        System.out.println("乘法運算："+a+"*"+b+"="+c);
        c= a/b;
        System.out.println("除法運算："+a+"/"+b+"="+c);
        c= a%b;
        System.out.println("餘數運算："+a+"%"+b+"="+c);
    }
}
```

執行結果爲：

```
加法運算：22+8=30
減法運算：22-8=14
乘法運算：22*8=176
除法運算：22/8=2
餘數運算：22%8=6
```

算數運算子需要特別注意的是除法運算，Java 整數除以整數的結果是整數，例如程式 Prog0402_1.java 第 10 行計算 a/b ，依據變數內容運算 22/8 的結果應該是 2.75，但因爲「整數除以整數，結果是整數」的原則，其執行結果爲 2。

參考程式 Prog0402_2.java，使用強制型態轉換的方式，執行除法的運算結果：

```
public class Prog0402_2 {
    public static void main(String[] args){
        int a=22, b=8;
        float c = (float)a/b;  //將變數 a 的值轉為浮點數再進行運算
        System.out.println(a+"/"+b+"="+c);
    }
}
```

程式第 6 行，無論是只將變數 a 轉成浮點數，或是只將變數 b 轉成浮點數，還是將變數 a 與 b 均轉成浮點數後，再進行除法運算，都能獲得正確的結果。也就是說，只要不是「整數除以整數」，結果不會是整數。

4-3 一元運算子

一元運算子（Unary Operator），也稱爲遞增 / 遞減運算子，只需要一個符號執行操作。如表 1 所示，執行遞增 / 遞減 1。也就是說，x++ 相當於 x=x+1；x-- 相當於 x=x-1。

表 1　一元運算子

運算子	說明
++	遞增運算。變數內容加 1 的運算。
--	遞減運算。變數內容減 1 的運算。

參考範例 Prog0403_1.java，執行遞增 / 遞減的運算。

```
1  public class Prog0403_1 {
2      public static void main(String[] args){
3          int a=10;
4          a++;
5          System.out.println("遞增後 a="+a);
6          a--;
7          System.out.println("遞減後 a="+a);
8      }
9  }
```

執行遞增，變數 a 的內容累加 1；執行遞增，變數 a 的內容累減 1，其執行結果如下：

```
遞增後 a=11
遞減後 a=10
```

1. 應用時機

Java 的 ++（遞增）和 --（遞減）常見使用的情況包括：

(1) 迴圈

在迴圈中，常使用 ++ 或 -- 控制迴圈的遞增或遞減。例如，for 迴圈中的計數器可以使用遞增操作來控制迴圈的執行次數。（迴圈的介紹請參見 5-4、

5-5、5-6、5-7 節的介紹）

```
for (int i = 0 ; i < 5 ; i++) {
   // 迴圈內容
}
```

(2) 變數值加 1 或減 1 的遍歷

++ 和 -- 運算子可方便地使用於變數的內容值加 1 或 減 1。

```
int count = 0;
count++; // count 增加 1
int value = 10;
value--; // value 減少 1
```

加 1 或減 1 的遍歷（travseral 或譯為尋訪），主要是搭配迴圈的使用，逐一遍歷陣列的每一個元素（陣列的介紹請參見第七章）。

```
int[] numbers = {10, 20, 30, 40, 50};
int i=0, sum=0;
while (i < numbers.length) {
   sum += numbers[i++];
}
System.out.println(" 陣列內容加總 = " + sum);
```

(3) 遞增或遞減的指定操作

當需要對變數進行遞增或遞減的指定操作時。

```
int x = 5;
int y = x++;  // y 為 5，x 遞增為 6
int z = ++x;  // z 為 7，x 遞增為 7
```

2. 優先權

遞增／遞減運算子可以放在變數的前面，也可以放在變數的後面。放在運算元前面或後面的優先權並不一樣。

(1) 前置：++/-- 放在運算元前面，則會先執行遞增／遞減的運算，再執行運算式。

(2) 後置：++/-- 放在運算元後面，則會先執行運算式，再執行遞增 / 遞減的運算。

例如 Prog0403_2.java 執行的遞增 / 遞減運算：

```
1  public class Prog0403_2{
2      public static void main(String[] args) {
3          int a=10, b=5, c;
4          c = a++ * --b;
5          System.out.println("a="+a+", b="+b+", c="+c);
6      }
7  }
```

程式第 4 行「c = a++ * -- b;」遞增 / 遞減放在運算元前面優先權最高；放在運算元後面優先權最低，此運算式依優先權可分解成如下執行順序：

(1) --b　　　計算結果 b 的內容為 4。

(2) c = a * b　　此時 a 的內容為 10，b 的內容為 4，計算結果 c 的內容為 40。

(3) a++　　　計算結果 a 的內容為 11。

執行結果顯示如下：

```
a=11, b=4, c=40
```

例如 Prog0403_3.java 執行的遞增 / 遞減運算：

```
1  public class Prog0403_3 {
2      public static void main(String[] args) {
3          int a = 10, b = 10, c = 10;
4          System.out.println(a++ + ++a);
5          System.out.println(++b + ++b);
6          System.out.println(c++ + c++);
7          System.out.println("a="+a+", b="+b+", c="+c);
8      }
9  }
```

第 4 行執行「 a++ + ++a」，此運算式依優先權可分解成如下執行順序：

(1) ++a　　　計算結果 a 的內容為 11。

(2) a + a 執行 (1) 之後 a 的值爲 11。因此運算式等於是 11+11 結果是 22。
(3) a++　最後再遞增 a 的值，結果 a 的內容爲 12。

第 5 行執行「 ++b + ++b 」，此運算式依優先權可分解成如下執行順序：
(1) ++b　運算式包含兩個 ++b，因此分別執行兩次，第一個 ++b 計算結果 b 的值爲 11，第二個 ++b 計算結果 b 的值爲 12。
(2) b + b　執行 (1) 計算所的第一個 ++b 的值與計算第二個 ++b 的值。因此運算式等於是 11+12 結果是 23。

第 6 行執行「 c++ + c++」，此運算式依優先權可分解成如下執行順序：
(1) 第一個 c++　因爲是後置運算，先把 c 放入堆疊後，此時 c 的值爲 10，運算式依優先權最後計算 c++，最終結果 c 的值爲 11。
(2) 第二個 c++　將 c 放入堆疊時 c 的值爲 (1) 最終的值爲 11，運算式依優先權最後計算 c++，最終結果 c 的值爲 12。
(3) c + c　先從堆疊中取出 (1) c 的值，其值爲 10；再從堆疊取出 (2) c 的值，其值爲 11。因此，運算式等於是 10+11 結果是 21。

程式執行結果，顯示如下：

```
22
23
21
a=12, b=12, c=12
```

4-4 關係運算子與邏輯運算子

1. 關係運算子（Relational Operator）

關係運算子用於比較兩個運算式或數值之間大小或相似的關係，並傳回比較結果的布林（Boolean）值。如表 1 所示，若是「眞」（成立）則傳回 true；若是「假」（不成立）則傳回 false。

表 1　關係運算子

運算子	說明	範例	當 a = 11, b = 4 的執行結果
<	小於	a < b	false
>	大於	a > b	true
<=	小於等於	a <= b	false
>=	大於等於	a >= b	true
==	等於	a == b	false
!=	不等於	a != b	true

參考範例 Prog0404_1.java，執行關係運算子的運算。

```
1  public class Prog0404_1 {
2      public static void main(String[] args){
3          int value = (int)(Math.random()*100);
4          System.out.println("隨機亂數=" + value);
5          System.out.println( value+" 大於 50：" + (value > 50));
6          System.out.println( value+" 大於等於 50：" + (value >= 50));
7          System.out.println( value+" 小於 50：" + (value < 50));
8          System.out.println( value+" 小於等於 50：" + (value <= 50));
9          value = 50; //將變數 value 內容指定為 50
10         System.out.println( value+" 等於 50：" + (value == 50));
11         System.out.println( value+" 不等於 50：" + (value != 50));
12     }
13 }
```

程式第 3 行，使用 Math 類別的靜態方法 random( ) 產生一個介於 0～1 之間的小數亂數。將該亂數乘以 100，使用強制類型轉換爲整數，等同於隨機取一個 0～100 之間的整數（0 ≦ 數值 < 100）。

將隨機亂數值存入變數 value 後，進行與 50 的比較判斷，執行結果顯示如下：

```
隨機亂數=64
64 大於 50：true
64 大於等於 50：true
64 小於 50：false
64 小於等於 50：false
50 等於 50：true
50 不等於 50：false
```

2. 邏輯運算子（Logical Operator）

邏輯運算子可用來對運算式做 AND（和）、OR（或）、NOT（反）的邏輯判斷，並傳回布林值（true 或 false）結果。使用符號如表 2 所示。

(1) &&（和邏輯）：對運算式進行邏輯上的交集運算，當兩個運算式都為 true 時，則傳回 true；當兩者都為 false 或只要有一為 false，則傳回 false。

(2) ||（或邏輯）：對運算式進行邏輯上的聯集運算，當兩個運算式中只要有一個是 true 時，則傳回 true；當兩者都為 false 時，才傳回 false。

(3) !（反邏輯）：對運算式執行反向判斷，當運算式為 true 時，則傳回 false，其中必須注意的是運算式必須以括號（ ）括起來，才不會辨別錯誤。

表 2　邏輯運算子

運算子	說明
&&	AND（和邏輯）
||	OR（或邏輯）
!	NOT（反邏輯）

表 3　邏輯的運算結果

a	b	a && b	a || b
true	true	true	true
true	false	false	true
false	true	false	true
false	false	false	false

參考範例 Prog0404_2.java，隨機產生 2 個整數，執行邏輯運算子的運算。

```
public class Prog0404_2 {
    public static void main(String[] args){
        int value1 = (int)(Math.random()*100);
        int value2 = (int)(Math.random()*100);
        System.out.printf("value1=%d, value2=%d \n",value1, value2); //顯示隨機的整數內容
        System.out.println("兩個數都大於 50："+(value1>50 && value2>50));
        System.out.println("兩個數沒有全都大於 50："+!(value1>50 && value2>50));
        System.out.println("兩個數至少一個大於 50："+(value1>50 || value2>50));
    }
}
```

執行結果，顯示如下。會依隨機亂數產生的整數值不同，而有不同的執行結果：

```
value1=68, value2=61
兩個數都大於 50：true
兩個數沒有全都大於 50：false
兩個數至少一個大於 50：true
```

可以多個邏輯運算子共同使用，例如閏年的判斷條件。一個閏年的定義是：能夠被 4 整除但不能被 100 整除，或者能夠被 400 整除。因此，需要使用 (year % 4 == 0 && year % 100 != 0) || (year % 400 == 0) 來判斷是否是閏年。參考範例 Prog0404_3.java 程式，根據輸入的年份，程式會判斷輸出該年是否爲閏年。

```
import java.util.Scanner;
public class Prog0404_3 {
  public static void main(String[] args){
    Scanner scanner = new Scanner(System.in);
    System.out.print("請輸入一個年份：");
    int year = scanner.nextInt();
    // 使用邏輯運算符判斷閏年
    System.out.println( (year % 4 == 0 && year % 100 != 0) || (year % 400 == 0)?
        "閏年":"非閏年");
  }
}
```

執行結果，顯示如下。

```
請輸入一個年份：2024
閏年
```

4-5 位元運算子

位元運算子（Bitwise Operator），用來對運算元在記憶體中的位元資料（所有資料都是以位元形式儲存在記憶體中，不同資料類型所占的位元數各不相同）做運算。使用符號如表 1 所示。

表 1　位元運算子

運算子	說明
&	位元的 AND 運算。
|	位元的 OR 運算。
～	取補數。
^	位元的 XOR 互斥運算。
<<	有號左平移，移動得到的空位以零填充。
>>	有號右平移，移動得到的空位以零填充。
>>>	無號右平移，移動得到的空位以零填充。

1. &（AND運算）

對運算元的位元進行 AND 運算時，當兩個運算元所對應的位元都是 1，才傳回 1，否則會傳回 0。例如：10&12，因爲 10 的二進位爲 1010，12 的二進位爲 1100，兩者做 AND 運算的結果爲 1000，也就是十進位的 8。

2. |（OR運算）

對運算元的位元進行 OR 運算時，只要兩個運算元相對應的位元有 1 個是 1，就傳回 1，否則就傳回 0。例如：10|12，因爲 10 的二進位爲 1010，12 的二進位爲 1100，兩者做 OR 運算的結果爲 1110，也就是十進位的 14。

```
         1010(#10)             1010(#10)
(AND)    0011(#3)      (OR)    0011(#3)
------------------     ------------------
(10&8)   0010(#2)      (10|3)  1011(#11)
```

圖 1　AND 和 OR 位元運算範例

3. ～（補數運算）

取某數之 1 的補數（1's Complement），也就是對運算元的位元進行

NOT 運算時，將運算元的位元由 0 變成 1，由 1 變成 0。例如：～10，因爲 10 的二進位值爲 00001010（以八位元爲例），對 10 做 1 的補數運算後爲 11110101，第一位的 0 或 1 表示數字的正 / 負符號，所以其十進位表示爲 -11。參考範例 Prog0405_1.java 程式執行 AND、OR 與補數運算的練習。

```
1  public class Prog0405_1 {
2    public static void main(String[] args) {
3      int num1 = 0b11001100; // 二進位表示 204
4      int num2 = 0b10101010; // 二進位表示 170
5
6      // AND 運算
7      int andResult = num1 & num2;
8      System.out.printf("AND 運算結果：%s （十進位：%d）\n",
9        Integer.toBinaryString(andResult), andResult );
10     // OR 運算
11     int orResult = num1 | num2;
12     System.out.printf("OR 運算結果：%s （十進位：%d）\n",
13       Integer.toBinaryString(orResult), orResult );
14     // NOT 運算
15     int notResultNum1 = ~num1;
16     System.out.printf("NOT 運算 num1 結果：%s （十進位：%d）\n",
17       Integer.toBinaryString(notResultNum1), notResultNum1 );
18     int notResultNum2 = ~num2;
19     System.out.printf("NOT 運算 num2 結果：%s （十進位：%d）\n",
20       Integer.toBinaryString(notResultNum2), notResultNum2 );
21   }
22 }
```

程式使用了兩個 8 位數的二進位數字（num1 和 num2，數值的前方標示 0b 或 0B 表示二進位）。

(1) & 運算子執行 AND 運算，對每個對應的位元進行 AND，只有當兩個位元都是 1 時，結果位元才是 1。

(2) | 運算子執行 OR 運算，對每個對應的位元進行 OR，只要有一個位元是 1，結果位元就是 1。

(3) ~ 運算子執行 NOT 運算，對每個位元進行反向操作，將 0 變爲 1，將 1 變爲 0。

執行結果顯示如下：

```
AND 運算結果：10001000 （十進位：136）
OR 運算結果：11101110 （十進位：238）
NOT 運算 num1 結果：11111111111111111111111100110011 （十進位：-205）
NOT 運算 num2 結果：11111111111111111111111101010101 （十進位：-171）
```

4. ^（XOR互斥運算）

對運算元的位元進行 XOR 運算時，當只有一個 1 時才傳回 1，否則傳回 0。參考圖 2 所示的範例，10^8 的結果是 2；10^3 的結果是 9。

```
        1010 (#10)            1010 (#10)
(XOR)   1000 (#8)     (XOR)   0011 (#3)
(10^8)  0010 (#2)     (10^3)  1001 (#9)
```

圖 2　XOR 位元運算範例

參考範例 Prog0405_2.java 程式，執行 5 與 3 的 XOR 運算：

```java
1  public class Prog0405_2{
2    public static void main(String[] args) {
3      int num1 = 5; // 二進位：0101
4      int num2 = 3; // 二進位：0011
5      int result = num1 ^ num2; // 進行XOR運算，結果：二進位：0110，十進位：6
6      System.out.printf("num1: %d (%s) \n",num1, Integer.toBinaryString(num1) );
7      System.out.printf("num2: %d (%s) \n",num2, Integer.toBinaryString(num2) );
8      System.out.printf("結果: %d (%s) \n",result, Integer.toBinaryString(result) );
9    }
10 }
```

5 的二進位數值爲 0101；3 的二進位數值爲 0011，XOR 運算結果二進位值爲 0110，也就是十進位的 6。執行結果顯示如下：

```
num1: 5 (101)
num2: 3 (11)
結果: 6 (110)
```

5. 位元平移

平移運算：如表 2 所示，其方式是使用二進位值執行位移的計算。

(1) 左移（<<）

左移運算會將數值的所有位元向左移動指定的位數。左移的位元會被丟棄，而右側會以 0 填充。例如：數值 5 的二進位爲 0101。左移 1 位（5 << 1），結果爲 1010，等於十進位的 10。

(2) 右移（>>）

右移運算會將數值的所有位元向右移動指定的位數。右移時，左側的位元會以原來的最左位填充（根據符號位填充）。例如：數值 10 的二進位表示爲 1010。右移 1 位（10 >> 1），則變成 0101，等於十進位的 5。

(3) 無符號右移（>>>）

無符號右移和右移類似，但左側的位元都以 0 填充，不考慮符號。例如，數值 -10，二進位表示爲 11111111111111111111111111110110。進行無符號右移 1 位（-10 >>> 1），變成 01111111111111111111111111111011。

表 2 為元運算子的平移計算

原始值	運算式	結果	說明
int i=4	i = i<<1	i 的值為 8	將 i 的二進位值向左移 1 個位元。
int j=4;	j = j<<2	j 的值為 16	將 j 的二進位值向左移 2 個位元。
int k=64	k = k>>4	k 的值為 4	將 j 的二進位值向右移 4 個位元。

參考範例 Prog0405.java，執行關係運算子的運算。

```
1  public class Prog0405_3 {
2      public static void main(String[] args){
3          int num = 0B00001010; //十進位 10 的二進位為：1010
4          String bin=String.format("%8s",Integer.toBinaryString(num)).replace(' ','0');
5          System.out.printf("數值：%d（二進位值：%s）\n", num, bin);
6          int i = num << 2;
7          System.out.printf("左移 2 位元的值：%d（%s）\n"
8              ,i, String.format("%8s",Integer.toBinaryString(i)).replace(' ','0' ) );
9          i = num >>> 2;
10         System.out.printf("無號右移 2 位元的值：%d（%s）\n"
11             ,i, String.format("%8s",Integer.toBinaryString(i)).replace(' ','0' ) );
12     }
13 }
```

(1) 程式第 4~5 行，以字串形式將數值轉成二進位的字串形式顯示。

(2) 第 6 行：將整數 num 的二進位值 00001010，左移兩位成爲 00101000。

(3) 第 11 行：將整數 num 的值，以無號右移兩位，成爲 00000010。

程式執行結果，顯示如下。

```
數值：10（二進位值：00001010）
左移 2 位元的值：40（00101000）
無號右移 2 位元的值：2（00000010）
```

4-6 特殊運算子

1. 複合指定運算子（Compound Assignment Operator）

當指定運算子的左右都有**相同的變數名稱**時（例如：i=i+5，左右兩邊都有 i），就可以使用複合指定運算子的方式來表示。使用時，指定運算子左邊必須爲變數、或某物件的屬性，絕不可以是運算式。Java 的複合運算子如表 1 所示。

表 1　複合指定運算子

運算子	運算式範例	說明
+=	i+=5 相同於 i=i+5	i 的內容加上 5 之後再將結果指定給 i
-=	i-=5 相同於 i=i-5	i 的內容減去 5 之後再將結果指定給 i
*=	i*=5 相同於 i=i*5	i 的內容乘以 5 之後再將結果指定給 i
/=	i/=5 相同於 i=i/5	i 的內容除以 5 之後再將結果指定給 i
%=	i%=5 相同於 i=i%5	i 的內容除以 5 的餘數指定給 i

參考範例 Prog0406_1.java，執行複合指定運算子的運算。

```
1  public class Prog0406_1 {
2      public static void main(String[] args){
3          int a = 5, b=3;
4          a+=b;   //執行 a = a+b
5          System.out.println("a = "+a);
6          a*=b;   //執行 a = a*b
7          System.out.println("a = "+a);
8          a%=b+=2;    //執行 a = a%b
9          System.out.println("a = "+a+", b = "+b);
10     }
11 }
```

程式執行結果，顯示如下。

```
a = 8
a = 24
a = 4, b = 5
```

(1) 程式第 4 行：執行 a+=b，等同於 a=a+b，將變數 a 與 b 的內容相加後，指定給 a。

(2) 程式第 6 行：執行 a*=b，等同於 a=a*b，將變數 a 與 b 的內容相乘後，指定給 a。

(3) 程式第 8 行：執行 a%=b+=2，其中包含 a%=b 及 b+=2 兩個計算。依據指定符號「=」右邊指定給左邊的原則，先計算 b+=2 ，結果 b 的值爲 5，再計算 a%=b，得到 a 的值爲 20%5 的餘數 4。

2. 三元運算子（Ternary Operator）

在程式執行過程中，如果想要在條件成立時，執行某個敘述；條件不成立時，執行另一個敘述時，可以用三元運算子依據條件判斷決定對應的結果，其語法如下：

(條件判斷) ? 敘述 1 : 敘述 2;

如圖 1 所示的流程，當條件式判斷的結果爲 true 時，會執行敘述 1 的程式；當判斷的結果爲 false 時，則執行敘述 2 的程式。

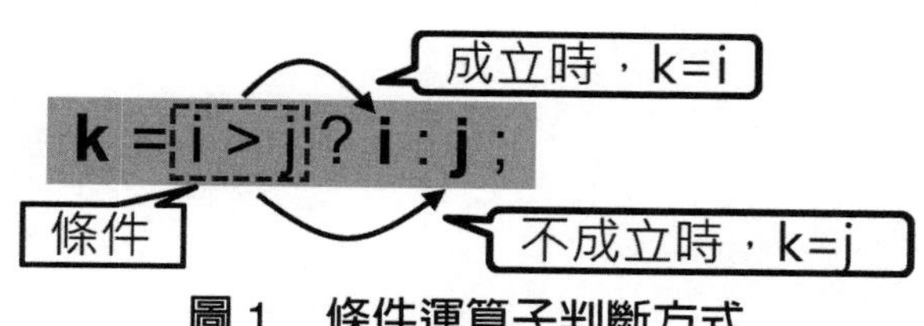

圖 1　條件運算子判斷方式

參考範例 Prog0406_2.java，使用條件運算子判斷的應用：

```
1  public class Prog0406_2 {
2      public static void main(String[] args){
3          int score = 55;
4          System.out.println("原始分數："+score);
5          score= (score>=50 && score<60 ? 60 : score);
6          System.out.println("計算後分數："+score);
7          System.out.println("成績:"+ (score>=60?"及格":"不及格"));
8      }
9  }
```

程式執行結果，顯示如下。

```
原始分數：55
計算後分數：60
成績:及格
```

(1) 程式第 5 行：使用三元運算判斷，若變數 score 內容大於等於 50 且 小於 60，則 score 指定爲 60，否則維持原來內容。
(2) 程式第 7 行：使用三元運算判斷，若變數 score 內容大於 60 就輸出顯示「及格」，否則輸出顯示「不及格」。

第5章
流程控制

5-1 if 判斷
5-2 if 的複合程式敘述
5-3 switch 條件式
5-4 for 迴圈
5-5 for 巢狀迴圈
5-6 while 迴圈
5-7 do...while 迴圈
5-8 無窮迴圈
5-9 break 與 continue

流程控制是程式中，用於控制或選擇執行某一段程式敘述的方式。流程控制分爲判斷與迴圈兩種。

(1) **判斷**：利用條件判斷，進而決定要執行哪一段程式的敘述。Java 的條件式包括兩種：
   ① if
   ② switch

(2) **迴圈**：利用條件判斷，進而控制某一段程式重複的執行。Java 的迴圈包括下列三種：
   ① for
   ② while
   ③ do...while

5-1 if 判斷

if 條件的語法如下。注意 if 內使用的條件判斷，一定要有小括號括起來，括號內是判斷的條件程式：

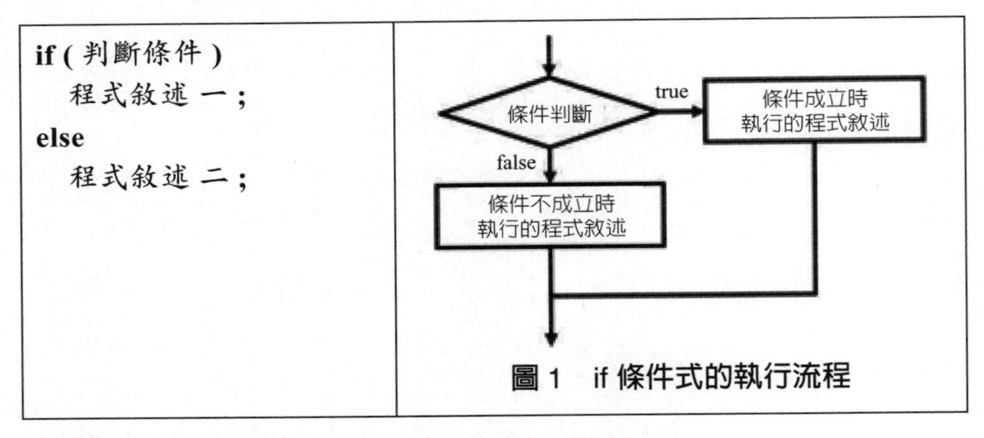

```
if ( 判斷條件 )
   程式敘述 一;
else
   程式敘述 二;
```


圖 1 if 條件式的執行流程

判斷條件的結果，一定是 true 或 false。如圖 1 所示：

(1) 當條件式成立時（true），則執行「程式敘述 一」，判斷條件不成立（false）時，則執行「程式敘述 二」。

(2) 如果判斷條件不成立時，不執行任何事，則 else 可以省略。

參考 Prog0501_1.java 程式。輸入一個整數，如果大於等於 60 分就顯示「成績及格 !」：

```
1  import java.util.Scanner;
2  public class Prog0501_1 {
3      public static void main(String[] args) {
4          System.out.print("請輸入成績:");
5          Scanner sc = new Scanner(System.in);
6          int grade = sc.nextInt();
7          if (grade >= 60) {
8              System.out.println("成績及格!");
9          }
10     }
11 }
```

程式執行結果如下：

```
請輸入成績:95
成績及格!
```

5-2 if 的複合程式敘述

在 if 後如果有兩個以上的程式敘述，稱之爲「複合程式敘述 」（Compound statement），此時必須使用大括號 { } 將複合程式敘述括起來，例如：

```
if ( 判斷條件 ) {
  程式敘述 一 ;
  程式敘述 二 ;
}
else {
  程式敘述 三 ;
  程式敘述 四 ;
}
```

參考 Prog0502_1.java 程式輸入一個整數，判斷是奇數還是偶數。判斷奇數還是偶數的方式很簡單，就是判斷數值能否被 2 整除。可以使用求餘數的 % 算數運算子來處理：

```
1  import java.util.Scanner;
2  public class Prog0502_1 {
3      public static void main(String[] args) {
4          Scanner sc = new Scanner(System.in);
5          System.out.print("請輸入一個整數字: ");
6          int value = sc.nextInt();
7          int remain = value % 2;
8          if(remain == 1) {
9              System.out.printf("%d 除以 2 的結果，餘數是 %d \n", value, remain);
10             System.out.println(value + "為奇數");
11         }else
12             System.out.println(value + "為偶數");
13     }
14 }
```

程式執行結果如下：

```
請輸入一個整數字: 33
33 除以 2 的結果，餘數是 1
33為奇數
```

【說明】

> =是「指定」的運算子，
> 比較兩者是否相等的條件式，必須使用 == 運算子，千萬不要弄錯。

if 或 else 處理的程式敘述只有一行時，可以省略 { }。如果要處理多行程式敘述，就必須使用 { } 標示執行的範圍。

參考 Prog0502_2 範例，若是輸入的成績大於等於 60 分，會執行 if 內的兩行敘述，否則會執行 else 內的兩行敘述。無論是 if 成立與否，最後都會繼續往下執行到顯示「"-- 程式結束 --"」。

```
1  import java.util.*;
2  public class Prog0502_2 {
3      public static void main(String[] args){
4          Scanner sc = new Scanner(System.in);
5          System.out.print("請輸入成績:");
6          int score = sc.nextInt();
7          if (score>=60){
8              System.out.println("恭喜及格了");
9              System.out.println("成績是:"+score);
10         }else{
11             System.out.println("抱歉沒有及格");
12             System.out.println("分數還差:"+(60-score));
13         }
14         System.out.println("--程式結束--");
15     }
16 }
```

程式執行結果如下：

```
請輸入成績:95
恭喜及格了
成績是:95
--程式結束--
```

在 if 中也可以再包含下一層的判斷條件。例如下列的語法中，要執行「程式敘述 二」，必須同時滿足「判斷條件 A」與「判斷條件 B」才行；但只要滿足「判斷條件 A」，就一定會執行「程式敘述 一」與「程式敘述三」：

```
if (判斷條件 A) {
    程式敘述 一;
    if (判斷條件 B)
        程式敘述 二;
    程式敘述 三;
}
```

再例如下列的範例：

```
if (判斷條件 A) {
    程式敘述 一;
    程式敘述 二;
    ......
} else if (判斷條件 B)
    程式敘述 三;
```

如果「判斷條件式 A」不滿足，就會執行 else 中的敘述。基於這個方式，可以如下設定多個條件：

```
if (判斷條件 A)
    程式敘述 一;
else if (判斷條件 B)
    程式敘述 二;
else if (判斷條件 B)
    程式敘述 三;
else
    程式敘述 四;
```

「程式敘述 四」會在判斷條件 A、B、C 都不成立時執行才會執行。上述的程式語法因爲縮格（indent）排列的原因，容易誤會以爲一個 if 可以有多個 else。其實判斷條件之間應該是如圖 1 所表現的關係：

```
if (判斷條件 A)
    程式敘述 一;
else if (判斷條件 B)
        程式敘述 二;
    else if (判斷條件 C)
            程式敘述 三;
        else
            程式敘述 四;
```

圖 1　if 條件式階層關係

參考 Prog0502_3.java 程式，處理學生成績等級的範例：

```
1  import java.util.Scanner;
2  public class Prog0502_3 {
3      public static void main(String[] args) {
4          Scanner sc = new Scanner(System.in);
5          System.out.print("輸入分數：");
6          int score = sc.nextInt();
7          if(score >= 80)
8              System.out.println("A級");
9          else if(score >= 70)
10             System.out.println("B級");
11         else if(score >= 60)
12             System.out.println("C級");
13         else if(score >= 50)
14             System.out.println("D級");
15         else
16             System.out.println("加油(E級)");
17     }
18 }
```

程式執行結果，顯示如下：

```
輸入分數：77
B級
```

需要注意的是 if 與 else 是依據最接近的一組來配對，例如圖 2 左方語法中 else 敘述是與哪一個 if 配對？很多人會誤以爲判斷條件 A 的 if 會與 else 配對，事實上是判斷條件 B 的 if 與 else 配對，加上大括號 { } 並正確縮格，就可以比較清楚表示之間的關係：

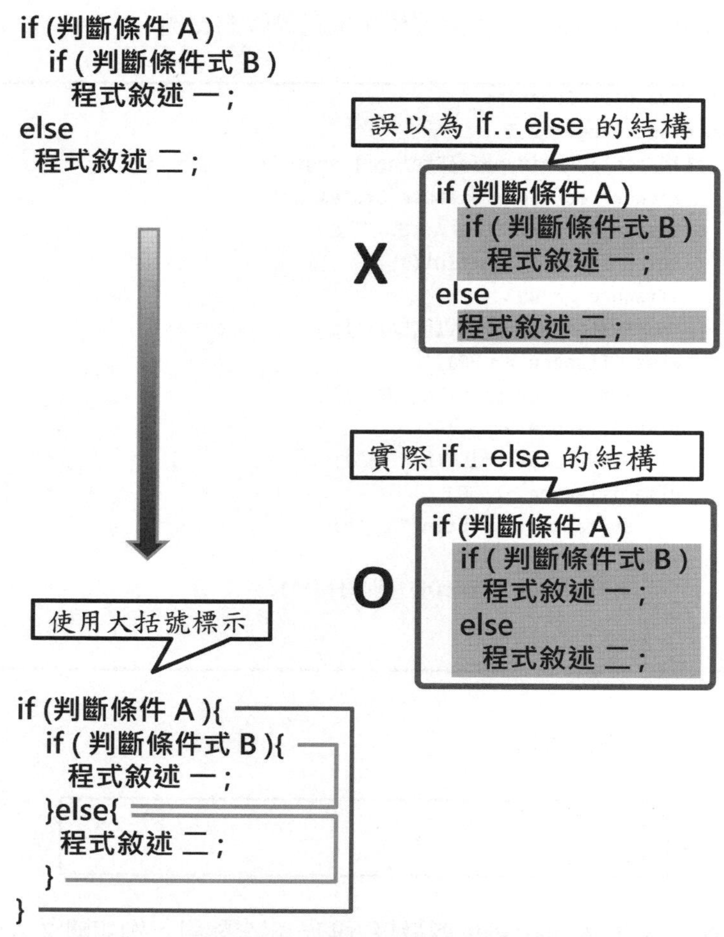

圖 2　if ... else 配對關係容易混淆時，應善用大括號避免混淆

程式中常有多個 if 判斷，各 if 判斷之間沒有關係。參考 Prog0502_4.java 程式，處理不同成績的範例，假設數學成績需要 60 分及格；英文成績亦是 60 分及格，但介於 50～60 分之間，均已 60 分計算；國文成績需要 80 分及格且須要區分程度：

```
1  import java.util.*;
2  public class Prog0502_4 {
3      public static void main(String[] args){
4          Scanner sc = new Scanner(System.in);
5          System.out.print("請輸入數學成績：");
6          int mathScore = sc.nextInt();
7          System.out.println("成績："+(mathScore>=60?"及格":"不及格"));
8          System.out.print("請輸入英文成績：");
9          int engScore = sc.nextInt();
10         if (engScore >= 50) {
11             if (engScore < 60)
12                 engScore = 60;
13             System.out.println("及格");
14         }else System.out.println("不及格");
15         System.out.print("請輸入國文成績：");
16         int chiScore = sc.nextInt();
17         if (chiScore >= 80) {
18             System.out.println("優秀");
19         }else if (chiScore >= 60) {
20             System.out.println("不錯");
21         }else System.out.println("加油(不及格)");
22     }
23 }
```

程式執行結果，顯示如下：

```
請輸入數學成績：75
成績：及格
請輸入英文成績：55
及格
請輸入國文成績：92
優秀
```

5-3 switch條件式

switch 是 Java 提供的另一個條件判斷敘述式，它只能比較數值或字元，不過別以爲這樣它就比 if 來得沒用，適當的使用可以比 if 判斷式來得有效率。switch 的語法架構如下，其流程圖請參考圖 1 所示：

```
switch ( 變數或運算式 ) {
   case 符合數字或字元 :
        程式敘述 一 ;
        break;
   case 符合數字或字元 :
        程式敘述 二 ;
        break ;
   default :
        程式敘述 三 ;
}
```

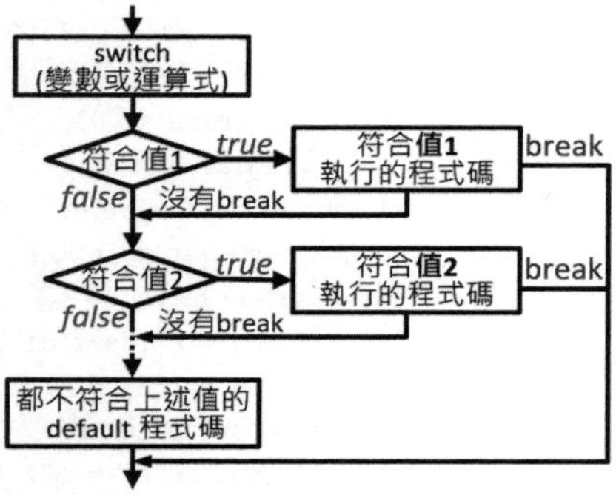

圖 1　switch 的執行流程圖

程式依據 switch 括號內變數或運算式的值，由上往下判斷符合條件的 case，如果符合就執行該 case 以下的程式敘述，直到遇到 break 後離開 switch 區塊。如果都沒有符合的值，就會執行 default 後的程式敘述。default 不一定需要，可視情況省略。

將 5-2 節使用 if 判斷處理學生成績等級的練習（程式：Prog0501_4.java），改用 switch 語法撰寫爲 Prog0503_1.java 程式：

```
1  import java.util.Scanner;
2  public class Prog0503_1 {
3      public static void main(String[] args){
4          Scanner sc = new Scanner(System.in);
5          System.out.print("請輸入分數: ");
6          float score = sc.nextFloat();
7          int level = (int) score/10;
8          switch(level) {
9              case 10:
10             case 9:
11             case 8:
12                 System.out.println("A級");
13                 break;
14             case 7:
15                 System.out.println("B級");
16                 break;
17             case 6:
18                 System.out.println("C級");
19                 break;
20             case 5:
21                 System.out.println("D級");
22                 break;
23             default:
24                 System.out.println("加油(E級)");
25         }
26     }
27 }
```

(1) 第 7 行的程式碼，如果沒有執行資料類型的**強制轉換**，編譯會發生錯誤。因爲，score 是 float 類型的變數，無法將其內容值直接指定給 int 類型的變數，必須先強制轉換成爲整數類型。
(2) 程式在各個 case 程式區塊後，如果沒有加入 break 結果，不會有不同。因爲 case 是判斷是否相同於 level 變數的值。有加上 break 會使程式執行較快，例如 level 爲 9 時，符合 case 9:，執行之後仍會繼續往下判斷其他的 case，實際上不會有再符合的；若有 break，則滿足一個 case 情況後，就會結束 switch 的程式區塊。此外，在 case 後的符號是冒號而不是分號；如果比對的是字元，則記得加上單引號，例如：case 'A':

程式執行結果，顯示如下：

```
請輸入分數: 85.5
A級
```

如果有多個 case 判斷執行的程式碼相同，則可以將 case 合併寫在同一行，以便精簡程式的長度。例如 Prog0503_2.java 程式的內容：

```
1  import java.util.Scanner;
2  public class Prog0503_2 {
3      public static void main(String[] args) {
4          Scanner sc = new Scanner(System.in);
5          System.out.print("請輸入月份（1-12）：");
6          int month = sc.nextInt();
7          String season;
8          switch (month){
9          case 12:case 1: case 2:
10             season = "冬季"; break;
11         case 3: case 4: case 5:
12             season = "春季"; break;
13         case 6: case 7: case 8:
14             season = "夏季"; break;
15         case 9: case 10:case 11:
16             season = "秋季"; break;
17         default:
18             season = "無效的月份";
19         }
20         System.out.println(month + "月份的季節是：" + season);
21     }
22 }
```

程式執行結果，顯示如下：

```
請輸入月份（1-12）：5
5月份的季節是：春季
```

5-4 for迴圈

Java 提供的重複性執行敘述之一是 **for** 迴圈式，其基本語法如下：

```
for ( 初始化 ; 判斷條件式 ; 遞增式 ) {
    程式敘述 一 ;
    程式敘述 二 ;
}
```

(1) 如果程式敘述只有一個，也就是非複合程式敘述，可以省略大括號 { }。

(2) for 迴圈的第一個初始化的程式敘述只會執行一次，之後每次重新進行迴圈時，都會根據條件式來判斷是否執行下一個迴圈，只要判斷的結果是成立（true），就會繼續執行迴圈區域內的程式，而每次執行完迴圈區域的程式之後，都會執行遞增式一次。

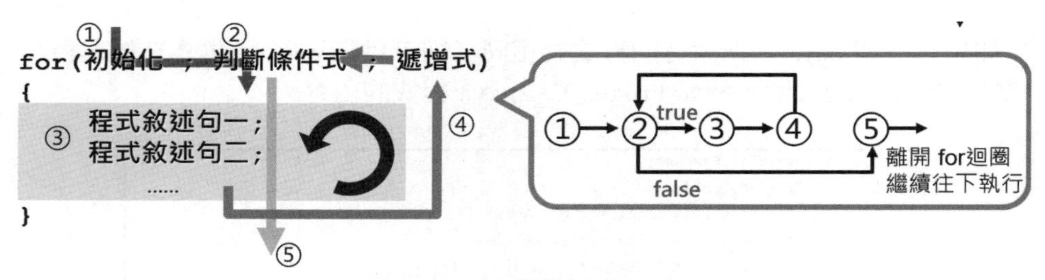

圖 1　for 迴圈執行流程

參考圖 1 的流程：

(1) 執行 for 迴圈時，最初會先執行①初始化。

(2) 接著執行②條件式的判斷，如果成立（true）就執行迴圈③區域內的程式，如果不成立就離開 for 迴圈的程式範圍，往下執行⑤的程式。

(3) 執行程式區域內的程式敘述。

(4) 執行完③後，先執行④遞增，然後再執行②判斷條件式，如果判斷結果成立（true）就再繼續執行③迴圈區域內的程式，如此重複，直到判斷條件式不成立（false）爲止。

參考 Prog0504_1.java 程式，輸出遞增的結果：

```
1  public class Prog0504_1 {
2      public static void main(String[] args){
3          for(int i = 0; i < 10; i++)
4              System.out.print(" " + i);
5      }
6  }
```

執行結果，顯示如下：

```
0 1 2 3 4 5 6 7 8 9
```

可以直接在 for 中宣告變數與指定初始值，這個宣告的變數，以及任何在 for 迴圈範圍內宣告的變數，迴圈結束後都會被回收。（參見 3-5 節「有效範圍」）。

參考 Prog0504_2.java 程式，修改上述例子，將之改為 ∑ 級數和 1+2+3+…+10 與 ! 階層積 1*2*3*...*10 的運算練習：

```
1  public class Prog0504_2 {
2      public static void main(String[] args){
3          int sum=0, factorial=1;
4          for(int i = 1; i <= 10; i++)
5              sum+=i;
6          for(int i = 1; i <= 10; i++)
7              factorial*=i;
8          System.out.println("級數和："+sum+"\t階層積:"+factorial);
9      }
10 }
```

執行結果，顯示如下：

```
級數和：55    階層積:3628800
```

for 迴圈的「遞增式」不一定是「增加」某一個變數值，遞增式其實只是迴圈區域程式執行後會接著執行的敘述。可以跳號，也可以累加或遞減。例如 Prog0504_3.java ，使用遞減跳 2 號的方式，計算 100 倒數至 1 的偶數和：

```
1 public class Prog0504_3 {
2     public static void main(String[] args){
3         int sum=0;
4         for(int i=100; i >= 0 ; i-=2)
5             sum+=i;
6         System.out.println("100+98+...+0="+sum);
7     }
8 }
```

執行結果，顯示如下：

```
100+98+...+0=2550
```

5-5 for巢狀迴圈

巢狀迴圈是指在一個迴圈中包含另一個迴圈。例如下列 Prog0505_1.java，執行輸出九九乘法的練習：

```
1  public class Prog0505_1 {
2      public static void main(String[] args){
3          for(int j = 1; j < 10; j++){
4              for(int i = 1; i < 10; i++){
5                  System.out.print(i+"*"+j+"="+i*j+"\t");
6              }
7              System.out.println();
8          }
9      }
10 }
```

程式使用 System.out.print( ) 方法，執行時不會換行，每個乘法表使用逸出字元「\t」控制定位。每次單一數由 1 計算到 9 時，也就是執行完程式第 4～6 行迴圈之後，再執行 System.out.println( ) 方法，產生換行。程式執行結果顯示如下：

```
1*1=1	2*1=2	3*1=3	4*1=4	5*1=5	6*1=6	7*1=7	8*1=8	9*1=9
1*2=2	2*2=4	3*2=6	4*2=8	5*2=10	6*2=12	7*2=14	8*2=16	9*2=18
1*3=3	2*3=6	3*3=9	4*3=12	5*3=15	6*3=18	7*3=21	8*3=24	9*3=27
1*4=4	2*4=8	3*4=12	4*4=16	5*4=20	6*4=24	7*4=28	8*4=32	9*4=36
1*5=5	2*5=10	3*5=15	4*5=20	5*5=25	6*5=30	7*5=35	8*5=40	9*5=45
1*6=6	2*6=12	3*6=18	4*6=24	5*6=30	6*6=36	7*6=42	8*6=48	9*6=54
1*7=7	2*7=14	3*7=21	4*7=28	5*7=35	6*7=42	7*7=49	8*7=56	9*7=63
1*8=8	2*8=16	3*8=24	4*8=32	5*8=40	6*8=48	7*8=56	8*8=64	9*8=72
1*9=9	2*9=18	3*9=27	4*9=36	5*9=45	6*9=54	7*9=63	8*9=72	9*9=81
```

巢狀迴圈內，也不限只有一個內部迴圈。例如下列 Prog0505_2.java，繪製一個三角圖形的練習。巢狀迴圈內部，包含一個控制空格數量的迴圈，以及一個負責繪製「*」數量的迴圈：

```
1  public class Prog0505_2 {
2      public static void main(String[] args) {
3          int num = 5; //三角形高度
4          for(int i=1; i<=num; i++) {
5              for (int j = num - i; j > 0; j--)      //輸出空格數
6                  System.out.print(" ");
7              for (int k = 1; k <=(i * 2 - 1); k++) //輸出 * 符號
8                  System.out.print("*");
9              System.out.println(); //換行
10         }
11     }
12 }
```

程式執行的顯示結果：

```
    *
   ***
  *****
 *******
*********
```

參考 Prog0505_3.java，更進一步地使用巢狀迴圈練習繪製一個聖誕樹的圖形：

```
1  public class Prog0505_3 {
2      public static void main(String[] args) {
3          int treeHeight = 10; // 聖誕樹的高度
4          int maxTreeWidth = 2 * treeHeight - 1;      //聖誕樹最大寬度
5          for (int i = 0; i < treeHeight; i++) {      //逐行印出聖誕樹
6              int starsInRow = 2 * i + 1;// 每一行要印出的星號數量
7              int spacesInRow = (maxTreeWidth - starsInRow)/2; //每一行要印出的空白數量
8              for (int j = 0; j < spacesInRow; j++)   //輸出空格數
9                  System.out.print(" ");
10             for (int k = 0; k < starsInRow; k++)    //輸出 * 符號
11                 System.out.print("*");
12             System.out.println(); // 換行
13         }
14         // 印出聖誕樹的樹幹
15         int trunkHeight = treeHeight/3; //樹幹高度為聖誕樹高度的三分之一
16         int trunkWidth = treeHeight/3; //樹幹寬度為聖誕樹高度的三分之一
17         int spacesBeforeTrunk = maxTreeWidth/2 - trunkWidth/2; //樹幹前面的空格數
18         for (int i = 0; i < trunkHeight; i++) {
19             for (int j = 0; j < spacesBeforeTrunk; j++) //輸出空格數
20                 System.out.print(" ");
21             for (int k = 0; k < trunkWidth; k++)        //印出樹幹
22                 System.out.print("*");
23             System.out.println(); //換行
24         }
25     }
26 }
```

程式執行的顯示結果：

```
         *
        ***
       *****
      *******
     *********
    ***********
   *************
  ***************
 *****************
*******************
        ***
        ***
        ***
```

5-6 while迴圈

Java 提供 while 包括兩種迴圈的語法：

(1) 前測式迴圈 while：先判斷，條件符合則執行迴圈內的敘述。

(2) 後測式迴圈 do…while：先執行迴圈內的敘述，之後再判斷。

for、while、do... while 三者功能類似，經常可以互相取代。通常的區別是：

(1) 有明確起、迄迴圈執行次數，使用 for；

(2) 沒有明確執行迴圈的次數，須先判斷條件，再執行區域內程式的情況，使用 while；

(3) 沒有明確執行迴圈的次數，須先執行區域內的程式，再判斷條件的情況，使用 do...while。

如圖 1 所示，while 迴圈的語法如下：

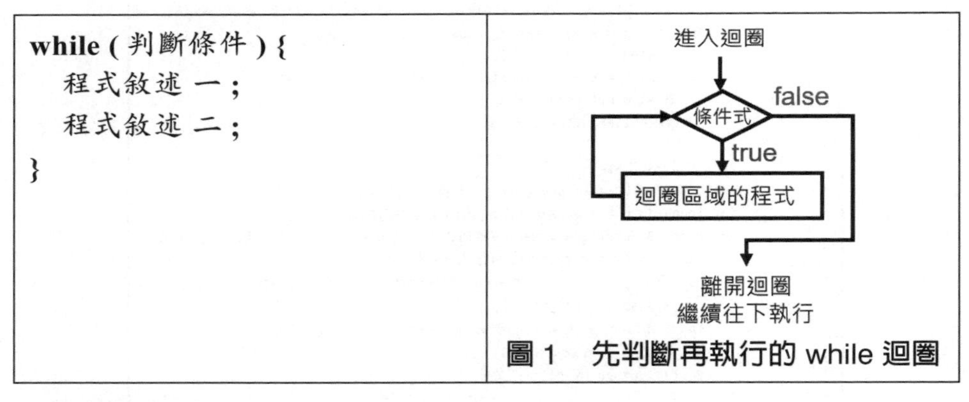

圖 1　先判斷再執行的 while 迴圈

如果迴圈區塊內只有一個程式敘述，則 while 的 { } 可以省略不寫。和 for 比較，使用 while 迴圈的差異：

(1) for 迴圈包含初始值與遞增式。while 必須自行撰寫初始與遞增的程式。

(2) while 會先條件判斷再執行迴圈區域內的程式。如果最初條件判斷不成立（false），則完全不會執行迴圈區域內的程式。

參考下列 Prog0506_1.java，使用 while 迴圈累計 1～100 偶數值的練習：

```
1  public class Prog0506_1 {
2      public static void main(String[] args) {
3          int sum = 0, i = 2; // i 先指定最初的偶數
4          while ( i<=100 ){
5              sum += i;  //將 i 的值加入 sum 變數內
6              i += 2; //將 i 的值累加 2
7          }
8          System.out.println("1~100的偶數和(2+4+...+100)=" + sum);
9      }
10 }
```

執行結果，顯示如下：

```
1~100的偶數和(2+4+...+100)=2550
```

例如下列 Prog0506_2.java 計算輸入成績平均的程式範例，只有當輸入 -1 的成績時，才會結束迴圈的執行：

```
1  import java.util.Scanner;
2  public class Prog0506_2 {
3      public static void main(String[] args){
4          Scanner sc = new Scanner(System.in);
5          int score = 0;        //成績分數
6          int sum = 0;          //總分
7          int cnt = -1;         //人數
8          while(score != -1) {
9              cnt++;            //人數累加
10             sum += score;     //將score分數累加至sum總分
11             System.out.print("輸入分數(-1結束)：");
12             score = sc.nextInt();
13         }
14         System.out.println("學生人數："+cnt+", 平均分數：" +(double)sum/cnt);
15     }
16 }
```

執行結果，顯示如下：

```
輸入分數(-1結束)：85
輸入分數(-1結束)：73
輸入分數(-1結束)：96
輸入分數(-1結束)：92
輸入分數(-1結束)：-1
學生人數：4, 平均分數：86.5
```

程式第 7 行，變數 cnt 設定人數爲 -1，是考量執行迴圈區域的程式內，最初在第 9 行 cnt 即會先累加 1，此外最後輸入分數 -1 時，也應扣除不計入人數。所以程式實際人數會比眞實人數多 2，因此先將 cnt 初始值設定爲 -1。

5-7 do...while 迴圈

while 迴圈是先判斷條件，條件成立才執行迴圈的程式區塊。do...while 則是先執行程式區塊後，再判斷條件，判斷成立就繼續執行程式區塊。就好比餐廳用餐，while 迴圈有如先付款再用餐，如果沒有付款，就都不能用餐。do...while 就像是先用餐再付款，吃完付不了錢，但至少吃了一頓。

如圖 1 所示，do...while 迴圈的語法如下：

```
do {
   程式敘述 一;
   程式敘述 二;
} while ( 判斷條件 ) ;
```

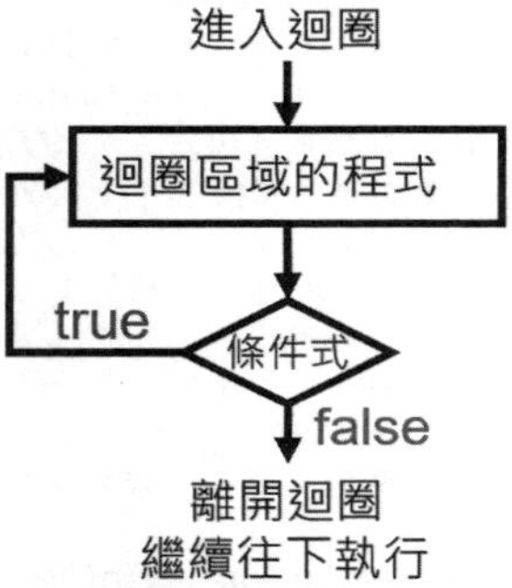

進入迴圈

迴圈區域的程式

條件式

true

false

離開迴圈
繼續往下執行

圖 1　先執行再判斷的 do...while 迴圈

參考下列 Prog0507_1.java 程式，使用 do ... while 迴圈計算執行次數的練習：

```
1  public class Prog0507_1 {
2      public static void main(String[] args){
3          int i=1;
4          do {
5              System.out.println("這是第"+i+"次執行迴圈");
6          } while(i++<4);  //執行完畢後i的值為5
7          System.out.println("執行完畢，i 的值 = "+i);
8      }
9  }
```

執行結果：

```
這是第1次執行迴圈
這是第2次執行迴圈
這是第3次執行迴圈
這是第4次執行迴圈
執行完畢，i 的值 = 5
```

程式 i 是從 1 開始，且 do…while 會先執行一次迴圈內第 5 行的程式區塊，才進行第6行的判斷。判斷式(i++<4)表示先檢查i的值是否小於4之後，再累加1。

通常，for、while、do...while 迴圈可以相互取代，例如 5-5 節 Prog0505_1.java 使用 for 迴圈的九九乘法表，改用 do ... while，可以如下列 Prog0507_2.java 程式範例：

```
1  public class Prog0507_2 {
2      public static void main(String[] args){
3          int i=1, j; //設定初值
4          do{
5              j=1;
6              do{
7                  System.out.print(j + "*" + i + "=" + (i * j) + "\t");
8                  j++;  //累進 j 的值
9              }while( j<=9 );
10             System.out.println();
11             i++;        //累進 i 的值
12         }while( i<=9 );
13     }
14 }
```

但是，當需要讓使用者至少輸入一次資料時，使用 do-while 迴圈就較為合適。參考下列 Prog0507_3.java 程式，使用 do...while 玩猜數字的遊戲：

```
1  import java.util.Scanner;
2  public class Prog0507_3 {
3      public static void main(String[] args) {
4          Scanner sc = new Scanner(System.in);
5          int ans = (int) (Math.random() * 10); //取一個 0 <= ans < 10的整數
6          int guess; //使用者輸入猜的數
7          do {
8              System.out.print("請猜猜電腦的整數字：");
9              guess = sc.nextInt();
10             if (guess > ans)
11                 System.out.println("太大");
12             else if (guess < ans)
13                 System.out.println("太小");
14         } while (guess != ans);
15         System.out.println("恭喜，猜中了");
16     }
17 }
```

程式使用 Math 類別的 random( ) 方法產生一個 0～1 的小數，乘以 10 後取整數，作為電腦隨機取的 0～10 之間的數值，提供使用者猜。因為使用者猜數字，需要先輸入，再判斷是否猜中，所以程式較適合採用 do... while 迴圈的寫法。

5-8 無窮迴圈

for、while、do...while 迴圈依據條件判斷，決定是否重複迴圈的執行。只要判斷條件一直成立，迴圈區塊內的敘述就會不斷地重複執行，稱爲無窮迴圈（infinite loop）。

無窮迴圈發生時，若是在如圖 1 所示的命令提示字元環境執行，需要同時按下 Ctrl + C 中斷鍵，方能強迫結束迴圈的執行。

1. 手動中斷：

在執行程式時，使用手動強制中斷程式執行來停止無窮迴圈。無窮迴圈發生時，若是在如圖 1 所示的命令提示字元環境執行，需要同時按下 Ctrl + C 中斷鍵，方能強迫結束迴圈的執行。

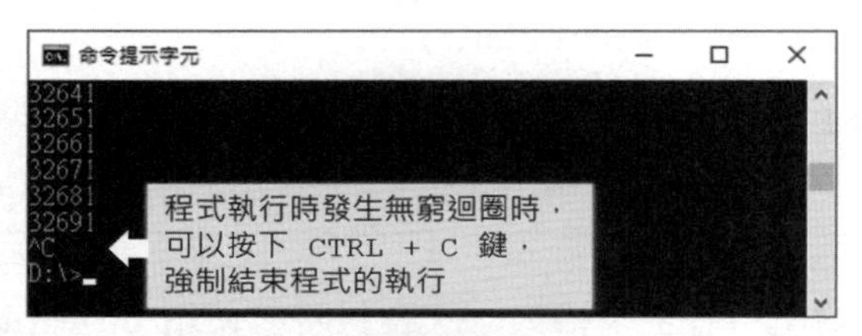

圖 1　命令字元環境執行環境使用 Ctrl+C 強迫結束無窮迴圈

若是使用程式開發軟體執行程式時，發生無窮迴圈，需要依據各軟體的提供強制結束程式的功能而定。如圖 2 所示，按下 IntelliJ IDEA 執行視窗的左方紅色方形的按鈕，可以強制結束無窮迴圈的執行。

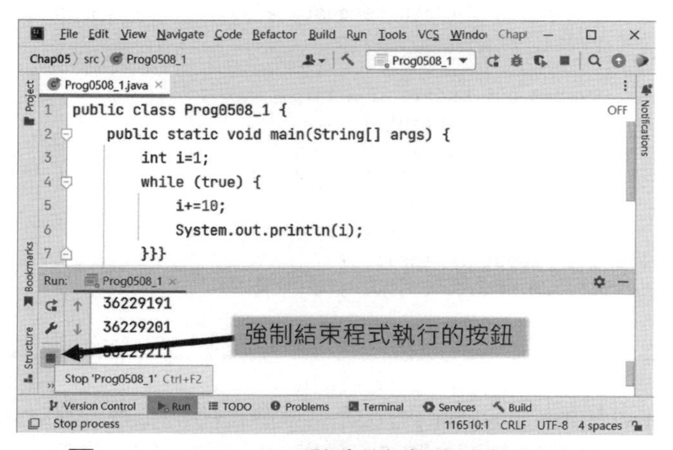

圖 2　InteliJ IDEA 強制結束程式執行按鈕

2. break 指令

如果程式開發時，能夠預知無窮迴圈的發生，或是有限迴圈但需要在某一條件成立時強迫結束，可以由本身迴圈中的某個條件式或使用 **break** 指令來結束，也可以由外部程式的終止或函數呼叫的終止來結束，例如下列迴圈內部終止的範例：

```
while ( true ) {
  程式敘述；
  if ( 判斷條件 ) break; // 跳離迴圈
  ……
}
```

參考 Prog0508_2.java，程式執行迴圈。重複在迴圈中隨機產生一個 1～100 之間的整數亂數，直到產生的亂數值等於 100 才停止迴圈的執行，並將執行次數顯示出來。程式中使用 break 指令中斷迴圈的執行，此 break 與 switch 中的 break 作用是一樣的，都表示是結束，並離開當時的程式區塊。

```
1  public class Prog0508_2 {
2      public static void main(String[] args) {
3          int cnt=0, value=0;
4          while (true){
5              value=(int)(Math.random()*100+1); //產生 1~100 的整數亂數
6              if (value == 100)
7                  break;
8              cnt++; //累計產生亂數的次數
9          }
10         System.out.println("累計產生亂數次數："+cnt+", 才產生 100 的數。");
11     }
12 }
```

程式執行結果（因爲是隨機產生亂數，所以會執行的次數不定）：

```
累計產生亂數次數：80, 才產生 100 的數。
```

雖然在這個程式中使用了 break 指令來停止無窮迴圈，但使用這種方式應該謹慎。如果沒有明確的停止條件，無窮迴圈就會一直運行下去，占用系統資源。

3. System.exit(0) 方法

break 指令是強制結束迴圈的執行，並繼續執行迴圈之後的程式。如果在發生無窮迴圈的時候，需要強制結束整個程式的執行，可以使用 System 類別的 exit(0) 方法。

例如 Prog0508_3.java 程式在 i 等於 100 條件成立時，強制結束程式的執行，而不會執行到第 9 行的程式。

```
1  public class Prog0508_3 {
2    public static void main(String[] args) {
3      int i=0;
4      while ( true ) {
5        i++;
6        if (1 == 100)
7          System.exit(0);
8      }
9      System.out.println("i = "+i);
10   }
11 }
```

【說明】

強制結束迴圈的執行，除了使用 break 指令與 System.exit(0) 方法之外，函數內的迴圈可以使用 return 強制結束；一般程式，也可以使用 throw 拋出例外的方式強制結束迴圈。return 與 throw 會在後面章節介紹。

使用 System.exit(0) 需要非常謹慎，因爲此方法會導致強迫中止整個程式的執行。建議可以如 Prog0508_4.java 程式示範，使用一個布林邏輯的變數作爲是否結束的判斷。

```
1  import java.util.Scanner;
2  public class Prog0508_4 {
3      public static void main(String[] args) {
4          Scanner sc = new Scanner(System.in);
5          boolean keepRunning = true; //用於判斷是否繼續執行的旗號
6          while (keepRunning) {
7              System.out.println("迴圈執行中... 輸入 'stop' 以終止迴圈：");
8              String userInput = sc.nextLine();
9
10             if (userInput.equalsIgnoreCase("stop")) {
11                 System.out.println("選擇停止迴圈。");
12                 keepRunning = false;
13             } else {
14                 System.out.println("未停止迴圈，繼續執行...");
15             }
16         }
17         System.out.println("程式結束。");
18     }
19 }
```

5-9 break 與 continue

1. break 的作用

在 switch 中用來結束程式敘述 進行至下一個 case 的比對；在 for、while 與 do…while 中，則是用於中斷目前迴圈，並繼續執行迴圈之後程式的執行。

2. continue 的作用

與 break 類似，主要使用於迴圈。兩者差異是：break 會結束迴圈的執行，而 continue 只會結束接下來區域中的程式敘述，並跳回迴圈區域的開頭繼續下一個迴圈，而不是離開迴圈。參考表 1，比較兩個程式執行的差異：

表 1　break 與 continue 敘述執行的差異

程式片斷	說明

for (int i = 1; i < 10; i++) {
  if (i == 5)
    break;
  System.out.println("i = " + i);
}
	此程式會顯示 i = 1 到 4。
	當 i 等於 5 時，就會執行 break 而離開迴圈。

for (int i = 1; i < 10; i++) {
  if(i == 5)
    continue;
  System.out.println("i = " + i);
}
	這段程式會顯示 1 到 4，與 6 到 9。當 i 等於 5 時，會執行 continue 直接結束此次迴圈，然後從區塊開頭執行下一次迴圈，所以 5 並沒有被顯示。

參考下列 Prog0509_3.java，使用 break 和 continue 的範例程式。

```
1  public class Prog0509_3 {
2      public static void main(String[] args) {
3          for(int i = 0; i < 100; i++) {
4              if(i == 74) break; // 離開迴圈
5              if(i % 9 != 0) continue; // 回到迴圈前端
6              System.out.print(i + "\t");
7          }
8          int i = 0;
9          while(true) {
10             i++;
11             int j = i * 27;
12             if(j == 1269) break; // 離開迴圈
13             if(i % 10 != 0) continue; // 回到迴圈前端
14             System.out.println(i);
15         }
16     }
17 }
```

1. 程式第 3 至 7 行，for 迴圈內，當 i 的值等於 74 就結束迴圈，繼續往下執行第 8 行之後的程式；當變數 i 的值不能被 9 整除，就跳回到第 3 行繼續下一輪迴圈。
2. 程式第 9 至 15 行，while 迴圈中，只要變數 j 的值等於 1269 就結束 while 迴圈的執行；當變數 i 的值不能被 10 整除，就跳回到第 9 行迴圈區域的開頭，繼續執行下一輪迴圈。

程式執行結果，顯示如下：

```
0   9   18  27  36  45  54  63  72  10
20
30
40
```

參考下列 Prog0509_4.java 範例程式。顯示九九乘法表，但是跳過兩數均相同時的運算，例如不顯示 2*2、3*3、4*4 等。

```
1  public class Prog0508_4 {
2      public static void main(String[] args) {
3          for (int i = 1; i <= 9; i++) {
4              for (int j = 1; j <= 9; j++) {
5                  if (i == j) {
6                      continue; // 當 i = j 時，跳回到第 4 行繼續下一輪迴圈
7                  }
8                  System.out.print(i + "*" + j + "=" + (i * j) + "\t");
9              }
10             System.out.println();
11         }
12     }
13 }
```

程式執行結果顯示如下：

```
1*2=2   1*3=3   1*4=4   1*5=5   1*6=6   1*7=7   1*8=8   1*9=9
2*1=2   2*3=6   2*4=8   2*5=10  2*6=12  2*7=14  2*8=16  2*9=18
3*1=3   3*2=6   3*4=12  3*5=15  3*6=18  3*7=21  3*8=24  3*9=27
4*1=4   4*2=8   4*3=12  4*5=20  4*6=24  4*7=28  4*8=32  4*9=36
5*1=5   5*2=10  5*3=15  5*4=20  5*6=30  5*7=35  5*8=40  5*9=45
6*1=6   6*2=12  6*3=18  6*4=24  6*5=30  6*7=42  6*8=48  6*9=54
7*1=7   7*2=14  7*3=21  7*4=28  7*5=35  7*6=42  7*8=56  7*9=63
8*1=8   8*2=16  8*3=24  8*4=32  8*5=40  8*6=48  8*7=56  8*9=72
9*1=9   9*2=18  9*3=27  9*4=36  9*5=45  9*6=54  9*7=63  9*8=72
```

Note

第6章 字串

字串（string）是表示由一系列字元（character）組成的資料，通常用於表示文字和數字格式，是程式語言中常用的資料類型。

6-1 String 字串類別

字串（string）是指前後使用雙引號「"」標示的任何字元符號組成的資料，可以使用加號「+」銜接其他字串。

參考程式 Prog0601_1.java 示範「數字字串」與數字的差異。

```
1  public class Prog0601_1 {
2      public static void main(String[] args){
3          String a = "123", b = "456"; // a, b 為字串變數
4          int c = 123, d = 456; // c, d 為整數變數
5          System.out.println( "a+b 的結果："+ (a + b) );
6          System.out.println( "c+d 的結果："+ (c + d) );
7      }
8  }
```

執行結果顯示如下，字串相加表示銜接；數字相加表示執行加法運算。

```
a+b 的結果：123456
c+d 的結果：579
```

1. 宣告

上述程式內的註解標示 a, b 為字串變數，實際上，字串並不是「變數」，而是物件。因為最常使用，所以 Java 簡化了字串物件的宣告，可以省略 new 的建構方式，而直接使用如同原生資料類型的變數宣告方式。

(1) 使用「變數」宣告的語法宣告並初始一個字串與使用方式：

String text = " **宣告一個字串實例** ";

text+=" **練習** ";

(2) 使用「物件」的建構方式宣告並初始一個字串：

String text = new String(" **宣告一個字串實例** ");

String 物件有一項非常重要的特性就是：**String 的內容不可改變**。乍看之下，上述的程式碼「text+=" **練習** ";」似乎是將字串物件 text 的內容銜接上「練習」後，再指定給原本的字串物件 text。如圖 1 所示，實際將原有字串物件的內容改變時，Java 會產生新的物件，原先的物件會由 JVM 的 Garbage Collection 回收。

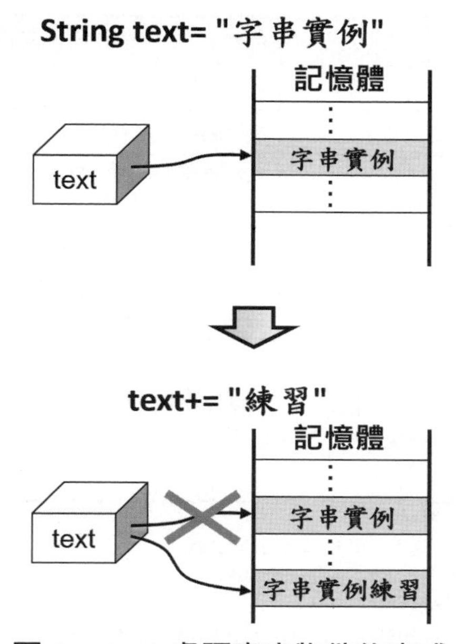

圖 1　Java 處理字串物件的方式

雖然，根據物件正規建構的程序，字串的宣告與指定資料應該是使用 (2)。不過上述程式對 Java 而言，實際是先由 new 建構了一個內容是空的字串物件 text。指定 " 宣告一個字串實例 " 時，Java 會先廢棄原先的字串物件，再另外產生一個指向內容 " 宣告一個字串實例 " 的字串物件 text。

也就是說，撰寫程式時直接使用如同一般變數的宣告方式即可，不需使用 new 建構字串物件。

2. 字串方法

因爲字串屬於物件，所以字串物件也具備了屬性與方法，參考表 1 所列一些常用的基本方法：

表 1　字串物件的基本方法

方法	功用
length()	取得字串的長度，也就是字串內含有的字元數量。
equals()	比較兩個字串的內容是否相同，若是相同則傳回 true。
toLowerCase()	轉換字串中的英文字元為小寫。
toUpperCase()	轉換字串中的英文字元為大寫。

方法	功用
substring(起始位址)	擷取起始位址之後的字串。
substring(起始 , 結束的下一個位址)	擷取起始位址到結束位址之間的字串。
indexOf(字串)	尋找特定的字元 / 字串，找到時傳回**第一次**出現的位址，找不到則傳回 -1。
lastIndexOf(字串)	尋找特定的字元 / 字串，找到時傳回**最後**出現的位址，找不到則傳回 -1。
replace(舊字元 , 新字元)	取代字元 / 字串。

參考程式程式 Prog0601_2.java，計算字串的長度、並判斷內容是否等於「學習」，如果含有「學習」，其位置爲何？

```
1  public class Prog0601_2 {
2      public static void main(String[] args){
3          String text = "Java 課程學習目標";
4          System.out.println("字串內容：" + text);
5          System.out.println( "字串長度:" + text.length() );
6          System.out.println( "使否等於「學習」" + (text.equals("hsih-hsin")?"是":"否") );
7          int position = text.indexOf( "學習" );
8          if (position >= 0)
9              System.out.println("「學習」在字串的位置為：" + position);
10     }
11 }
```

執行結果顯示如下：

```
字串內容：Java 課程學習目標
字串長度:11
使否等於「學習」否
「學習」在字串的位置為：7
```

如果需要將輸入的英文資料轉換成全大寫或全小寫，可以使用字串的 toUpperCase( ) 或 toLowerCase( ) 方法。參考 Prog0601_3.java 程式的示範：

```
1  import java.util.Scanner;
2  public class Prog0601_3{
3      public static void main(String[] args) {
4          Scanner sc = new Scanner(System.in);
5          System.out.print("請輸入資料：");
6          String data = sc.nextLine();
7
8          String uppercase = data.toUpperCase();
9          String lowercase = data.toLowerCase();
10         System.out.println("轉換成全大寫：\n" + uppercase);
11         System.out.println("轉換成全小寫：\n" + lowercase);
12     }
13 }
```

例如執行時輸入「JAVA Object-oriented Programming」，顯示結果如下：

```
請輸入資料：Java Object-oriented Programming
轉換成全大寫：
JAVA OBJECT-ORIENTED PROGRAMMING
轉換成全小寫：
java object-oriented programming
```

為何需要將字串都轉成全大小或全小寫，主要目的是方便比對。使用字串方法比對的練習可以參見下一節的介紹。

6-2 String 字串方法練習

1. 字串比對技巧

英文大小寫是不同的字元。因此，相同的英文字母但不同大小寫，視爲不同。英文字串的比對如果需要避免大小寫不同的因素，可以將比對字串的內容使用 toUpperCase( ) 方法或 toLowerCase( ) 方法，轉換成相同大寫或小寫，再進行比對。參考程式 Prog0602_1.java 的比對方式：

```
1  public class Prog0602_1 {
2      public static void main(String[] args){
3          String text = "Name is Leonardo DiCaprio, born in Los Angeles";
4          String qText= "Dicaprio";
5          int position = text.indexOf(qText);
6          if (position>=0)
7              System.out.println("直接比對："+text+"含有"+qText);
8          position = text.toUpperCase().indexOf(qText.toUpperCase());
9          if (position>=0){
10             System.out.println("轉換大寫比對："+text+" 含有 "+qText);
11             System.out.println("位置在第 "+position+" 字元");
12         }
13     }
14 }
```

執行結果顯示如下：

```
轉換大寫比對：Name is Leonardo DiCaprio, born in Los Angeles 含有 Dicaprio
位置在第 17 字元
```

2. 字串相等判斷

字串是物件，比對是否相等不能直接使用等於運算子「==」判斷，必須使用字串的 equals( ) 方法。參考 Prog0602_2.java 使用「==」運算子與 equals( ) 方法的差異：

```
1  import java.util.Scanner;
2  class Prog0602_2 {
3      public static void main(String args[]) {
4          Scanner sc = new Scanner(System.in);
5          System.out.print("請輸入第一個字串:");
6          String sA = sc.next();
7          System.out.print("請輸入第二個字串:");
8          String sB = sc.next();
9          System.out.println( "使用 == 比較，兩字串: " + (sA == sB ? "相同" : "不同") );
10         System.out.println( "使用 equals() 比較，兩字串:" + (sA.equals(sB) ? "相同" : "不同") );
11     }
12 }
```

執行時，分別輸入兩個相同內容的字串，使用「==」比較的結果爲不同，使用 equals( ) 方法比較的結果才會是相同。

```
請輸入第一個字串:世界第一等
請輸入第二個字串:世界第一等
使用 == 比較，兩字串: 不同
使用 equals() 比較，兩字串:相同
```

參考下列整合迴圈的判斷練習，比較輸入的答案是否等於問題答案的猜題的遊戲。

```
1  import java.util.Scanner;
2  public class Prog0602_3 {
3      public static void main(String[] args){
4          Scanner sc =new Scanner(System.in);
5          String test="米的媽媽是誰";
6          String testKey="花"; //因為花生米
7          boolean bingo=false; //判斷是否猜對，bingo=true表示猜對了
8          System.out.print( "題目：" + test + ", 你的答案是：");
9          do{
10             String answer = sc.next();
11             if ( testKey.equals( answer ) )
12                 bingo=true;
13             else System.out.print( "答錯，請再作答：" );
14         }while( !bingo ); //當 bingo 不是 true 就繼續執行迴圈
15         System.out.println( "恭喜，答對了" );
16     }
17 }
```

執行結果顯示如下：

```
題目：米的媽媽是誰, 你的答案是：米果
答錯，請再作答：花
恭喜，答對了
```

3. 字串擷取與取代

應用 6-1 節表 1 字串方法，實作字串的擷取與取代的練習。

```
1  public class Prog0602_4 {
2      public static void main(String[] args){
3          String text="學習程式，要有具體的目標，以及練習程式後的回饋";
4          String subText1=text.substring(text.length()-8);
5          String subText2=text.substring(5,12);
6          System.out.println("完整字串內容："+text);
7          System.out.println("子字串1="+subText1);
8          System.out.println("子字串2="+subText2);
9          System.out.println("\"程式\"最先出現的位址："+text.indexOf("程式"));
10         System.out.println("\"程式\"最後出現的位址："+text.lastIndexOf("程式"));
11         System.out.println("取代字串的結果："+text.replace("程式","繪畫"));
12     }
13 }
```

程式執行結果顯示如下：

```
完整字串內容：學習程式，要有具體的目標，以及練習程式後的回饋
子字串1=練習程式後的回饋
子字串2=要有具體的目標
"程式"最先出現的位址：2
"程式"最後出現的位址：17
取代字串的結果：學習繪畫，要有具體的目標，以及練習繪畫後的回饋
```

4. 字串搜尋與標示

許多資訊系統的查詢功能，通常會在資料內標明找到的字串，例如網頁使用不同顏色標示。參考 Prog0602_5.java 程式，示範在一段文章內找尋使用者輸入的單字。找尋的結果，會將符合的單字前後以方括號標示。

```java
import java.util.Scanner;
public class Prog0602_5 {
    public static void main(String[] args) {
        Scanner sc = new Scanner(System.in);
        String article ="學習程式設計，JAVA是一個重要的程式語言。"
                +"Java程式可以幫助理解物件導向和程式邏輯。"
                +"許多初學者的第一個語言就是java，因為它具有廣泛的應用。"
                +"Java程式，可以建立各種不同類型的應用，從網頁應用到手機應用"
                +"總之，掌握Java程式設計，對於成為一名優秀的程式開發者來說相當重要。";
        System.out.print("請輸入要搜尋的關鍵字：");
        String keyword = sc.nextLine().toLowerCase(); // 不區分大小寫
        int index = article.toLowerCase().indexOf(keyword.toLowerCase());

        if (index == -1) {
            System.out.println("未找到相符的單字。");
        } else {
            while (index != -1) {
                String foundWord=article.substring(index,index+keyword.length());
                article = article.substring(0, index)
                        + "[" + foundWord + "]"
                        + article.substring(index + keyword.length());
                index = article.toLowerCase().indexOf(keyword.toLowerCase(),
                        index + keyword.length() + 2);
            }
            System.out.println("結果：\n" + article);
        }
    }
}
```

程式第 23 行，增加 2 是因爲考量增加前後方括號所占用的 2 個字元。以輸入「java」一字爲例，執行結果顯示如下：

```
請輸入要搜尋的關鍵字：java
結果：
學習程式設計，[JAVA]是一個重要的程式語言。[Java]程式可以幫助理解物件導向和程式邏輯。許多初學者的第一個語言就是[java]，因為
```

6-3 外覆類別

原生資料類型宣告的變數，只能存放一個內容值，並不具備屬性與方法。為了有效處理各原生資料類型，Java 針對各原生資料類型定義了對應的類別，以便能夠將原生資料類型的內容值視同物件來處理。這些原生資料類型所對應的類別稱之為外覆類別（wrapper class，或稱包裝類別）：

外覆類別是用來將基本資料類型（如 int、char、boolean 等）轉換成物件，或是將物件轉換成基本資料類型。如表 1 所示，每個基本資料類型都有對應的外覆類別，外覆類別提供了許多方法和功能，可以對基本資料類型進行更多的操作和處理。

表 1　原生資料類型對應的外覆類別

類型	原生資料類型	外覆類別
整數	byte	Byte
	short	Short
	int	Integer
	long	Long
浮點數	float	Float
	double	Double
字元	char	Character
布林	boolean	Boolean

> 掌握命名的原則：原生資料類型的名稱都是小寫；類別名稱的第一個字母大寫。

外覆類別提供了許多原生資料形態相互轉換的靜態方法，其格式如下（**XXX** 代表該外覆類別所代表的原生資料類型）：

外覆類別 .XXXValue( );	將外覆類別型態的資料轉回原生資料類型
外覆類別 .parseXXX(***String str***);	將字串 str 內容轉回原生資料類型
外覆類別 .valueOf(***String str***);	將字串 str 內容轉成外覆類別型態的資料
外覆類別 .toString( );	將外覆類別型態的資料轉成字串

使用哪一個外覆類別，全賴轉換的字串是哪一類型的數字字串。例如轉換整數，就使用 Integer 類別，具備小數的就必須使用 Float 或 Double 類別。

因爲資料處理過程，有時需要將「數字字串」轉成數字，有時又需要將數字轉成「數字字串」，這時就可以藉由外覆類別來實現。外覆類別的幾個常見時機包括：

1. 在泛型中使用

泛型（Generic，請參見第十六章的介紹）需要使用物件，而不能直接使用基本資料類型。因此，當需要在泛型類別或方法中使用基本資料類型時，可以使用相對應的外覆類別。

2. 與集合類別一起使用

集合類別，例如：ArrayList、HashMap 等，僅能存儲物件，無法直接存儲基本資料類型。在集合中使用外覆類別可以將基本資料類型封裝成物件，以便存儲在集合中。

3. 傳遞基本資料類型作為物件參數

在某些情況下，例如：網頁資料的傳遞、網站 application、session、request 等物件的資料儲存與取用，需要將基本資料類型作爲物件參數傳遞給方法，這時可以使用外覆類別。

4. 提供更多功能和方法

外覆類別提供了許多方法和功能，可以對基本資料類型進行操作，以用於格式化、轉換、比較等處理。

5. 處理空值（null）

外覆類別允許虛值（null），例如，需要表示一個可能爲虛值的數字，可以使用 Integer 而不是 int。

參考 Prog0603_1.java 程式，將整數轉成字串；數字字串轉換成整數的練習：

```
1   public class Prog0603_1 {
2       public static void main( String[] args ){
3           //數字轉換成數字字串
4           int a=123, b=456;
5           System.out.println("數字相加=" + (a+b) );
6           System.out.println("數字轉字串後相加=" + Integer.toString(a)+Integer.toString(b) );
7           //數字字串轉換成數字
8           String i="111", j="222";
9           System.out.println("數字字串相加="+(i+j) );
10          System.out.println("字串轉數字後相加=" + (Integer.parseInt(i)+Integer.parseInt(j)) );
11      }
12  }
```

執行結果顯示如下：

```
數字相加=579
數字轉字串後相加=123456
數字字串相加=111222
字串轉數字後相加=333
```

外覆類別也可建構成物件，再進行資料的運用，宣告的方式如同 String 字串類別，可依宣告變數的方式直接宣告，也可依建構物件 new 指令的語法宣告（參見 6-1 節「宣告」的介紹）。

參考下列 Prog0602.java 程式，示範 Integer 整數外覆類別的物件、String 物件、整數變數之間，相互轉換的範例。

```
1   public class Prog0603_2 {
2       public static void main(String[] args) {
3           int num1, num2;
4           Integer ObjInt = 2000;
5           String str = "2000";
6   
7           num1 = ObjInt.intValue();          //Integer 轉成 int
8           ObjInt = Integer.valueOf(str);     //String 轉成 Integer
9           num2 = Integer.parseInt(str);      //String 轉成 int
10          str = ObjInt.toString();           //Integer 轉成 String
11          str = Integer.toString(num2);      //int 轉成 String
12      }
13  }
```

程式包括如圖 1 所示的兩個部分：①宣告與②指定。程式並沒有顯示輸出，僅單純示範不同類型資料之間的轉換。

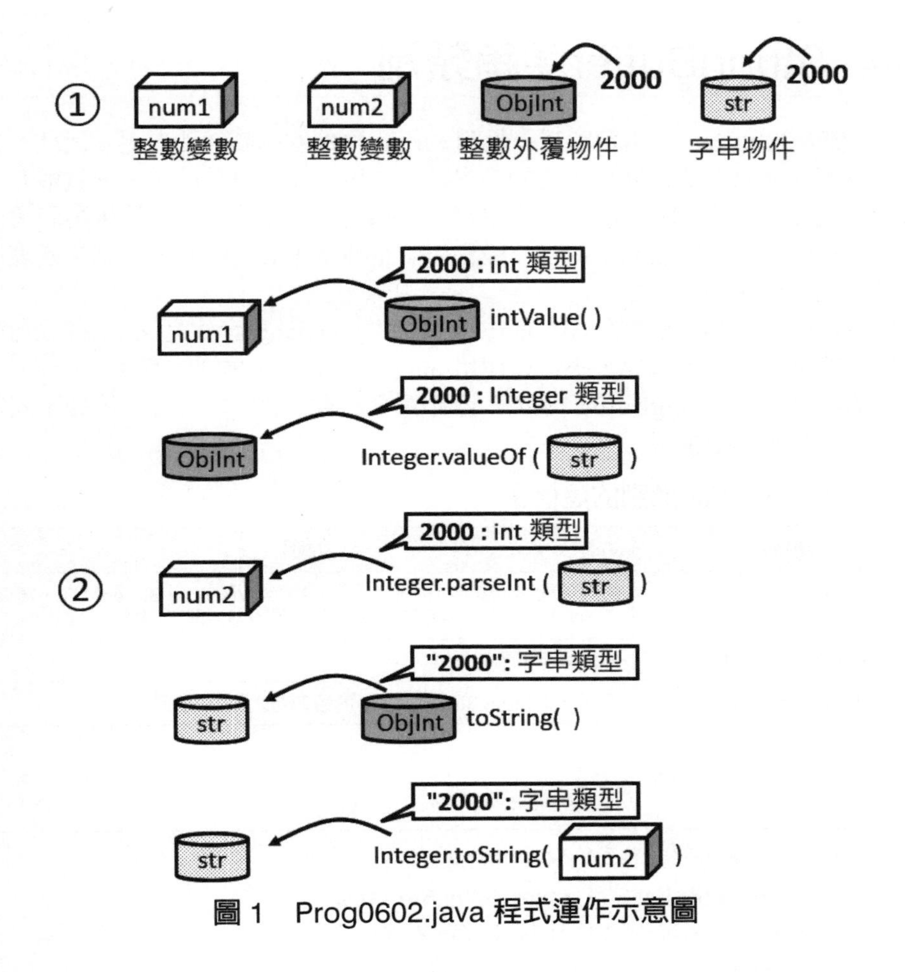

圖 1 Prog0602.java 程式運作示意圖

6-4 StringBuffer字串類別

6-1 節介紹 String 字串類別時，說明 String 物件的內容無法變更。因此，如果要處理一個需要經常變更內容的字串時，使用 String 物件的效率會比較差。因爲，每次變更字串內容時，系統都要建構新的 String 物件，然後再將舊的 String 物件作資源回收的工作。一般的作法是使用 StringBuffer 類別來處理經常變更內容的字串。

StringBuffer 類別放置於 java.lang 套件內。java.lang 套件是 Java 程式自動會匯入的唯一套件，因此，不需要使用 import 來匯入此類別的套件。

如表 1 所列，StringBuffer 提供三個建構子。產生物件時，可以依據不同需求，執行對應的建構子：

表 1　StringBuffer 類別的建構子

建構子	說明
StringBuffer( )	使用預設可以儲存 16 個字元的長度來建構 StringBuffer 物件，當儲存的資料超過 16 字元時，會自動配置更多的儲存空間。
StringBuffer(int length)	指定儲存字元的長度。
StringBuffer(String str)	建構一個 StringBuffer 物件，內容為傳入的 str 字串。

例如下列程式的片斷內容：

```
//建構一個可以儲存 16 字元的 StringBuffer 物件
        StringBuffer str1 = new StringBuffer( );
//建構一個可以儲存 20 字元的 StringBuffer 物件
        StringBuffer str2 = new StringBuffer( 20 );
//建構一個內容爲「Java 程式練習」的 StringBuffer 物件
        StringBuffer str3 = new StringBuffer( "Java 程式練習 " );
```

爲了方便字串的使用，String 可以直接使用宣告的方式指定內容：

String str = "Java 程式練習 ";

但是，StringBuffer 必須遵守類別建構物件的語法規則，以及使用方法和屬性的規範。更改 StringBuffer 物件的內容，必須使用方法來執行。StringBuffer 類別提供的方法和 String 類別的方法使用大致相同，但 StringBuffer 類別另外提供有關字串的操作方法，如表 2 所示：

表 2 StringBuffer 類別常用的字串操作方法

回傳值類型	方法	功用
無	append(Object obj)	將 obj 物件增加到 StringBuffer 物件的儲存空間的最後。obj 物件可以是原生資料類型或 String 字串物件。
int	capacity( )	取得 StringBuffer 儲存空間的大小。
char	charAt(int index)	取得 StringBuffer 物件內容指定索引位置的字元。
無	delete(int start, int end)	移除儲存空間中由 start 到 end 位置的字元。
無	deleteAt(int index)	移除儲存空間中索引位置的字元。
無	insert(int offset,Object obj)	將 obj 物件內容加入 StringBuffer 物件的 offset 位置之後。
int	length( )	傳回 StringBuffer 物件內容字串的長度。
無	replace(int start, int end, Object obj)	由 start 到 end 位置的字元取代為 obj 物件的內容。
無	reverse( )	將儲存空間中的字串反向排列。
無	setCharAt(int index, char x)	將指定索引位置的字元取代成 x 指定的字元。
String	substring(int start)	取得 StringBuffer 物件內容自 start 位置到最後的字串內容。
String	substring(int start, int end)	取得 StringBuffer 物件內容自 start 位置到 end 位置的字串內容。
String	toString( )	將 StringBuffer 物件轉換成字串物件。

在 StringBuffer 類別中，除了可以使用 length( ) 方法取得物件的長度之外，也可以使用 capacity( ) 方法取得物件的緩衝區的大小，參考 Prog0604.java 程式示範的練習：

```
1  public class Prog0604 {
2      public static void main(String[] args){
3          //宣告 StringBuffer 物件，並指定內容
4          StringBuffer sb = new StringBuffer("Java程式練習");
5
6          System.out.println("sb的內容為：" + sb);
7          System.out.println("sb的儲存空間為：" + sb.capacity());
8          System.out.println("sb的內容的長度量為：" + sb.length());
9
10         sb.append("-StringBuffer類別的範例練習");    //附加sb的內容
11         System.out.println("變更後，sb的內容為：" + sb);
12         System.out.println("變更後，sb的儲存空間為：：" + sb. capacity());
13         System.out.println("變更後，sb的內容的長度量為：" + sb.length());
14         String str = sb.toString();  //將StringBuffer物件轉換成字串
15         System.out.println("str字串物件內容為："+str);
16     }
17 }
```

程式執行結果，顯示如下：

```
sb的內容為：Java程式練習
sb的儲存空間為：24
sb的內容的長度量為：8
```

6-5 StringBuffer 實作練習

1. 字串內容刪除與附加

StringBuffer 使用 delete ( ) 方法刪除內容；使用 append( ) 方法附加資料。需要注意的是索引起始值爲 0，所以如果要刪除資料內的第 1 個字，索引值就會是 0，也就是要刪除第 0 字元。刪除與附加的練習，請參考 Prog0605_1.java 程式：

```
1   public class Prog0605_1 {
2       public static void main(String[] args) {
3           StringBuffer sb = new StringBuffer("Java程式練習");
4           sb.delete(4, 6); //刪除第4字元到第六字元之前的內容
5
6           System.out.println(sb);
7           sb.delete(0,sb.length());//刪除從第0開始，到資料的總長
8           System.out.println(sb); //沒有資料，因為全部刪光了
9
10          sb.append("Java程式的練習"); //重新指定資料
11          sb.deleteCharAt(6); //刪掉第六字元的內容
12          System.out.println(sb);
13      }
14  }
```

程式執行結果，顯示如下。

```
Java練習


Java程式練習
```

(1) 程式第 4 行，刪除字串內第 4 至「第 6 之前」索引的字元，也就是刪除第 4～5 兩個索引位置的字原資料。結果是將「程式」刪除。

(2) 程式第 7 行，刪除第 0 至資料長度之前所引的資料，就表示將整個字串內容刪除。因此，第 8 行的顯示沒有任何字串。

(3) 程式第 10 行，使用 append( ) 方法加入字串。第 11 行使用 deleteCharAt( ) 方法，刪除指定索引位置 6 的字元資料。結果是將「的」刪除。

2. 資料取值比對

請參考 Prog0605_2.java 程式，練習一支電腦閱卷程式。執行時分別輸入正

確答案，以及學生的答案。程式逐一比對，列出答題正確、錯誤的題數，以及全部答對的數量。（答案輸入時不需包含空格）

```
1   import java.util.Scanner;
2   public class Prog0605_2 {
3       public static void main(String[] args) {
4           Scanner sc = new Scanner(System.in);
5           System.out.print("請輸入正確答案：");
6           String keys = sc.nextLine();     //正確答案
7           System.out.print("請輸入學生答案：");
8           String stdAns = sc.nextLine();  //學生作答
9
10          StringBuffer result = new StringBuffer();   //批改結果
11          StringBuffer correct = new StringBuffer("答對：");  //紀錄答對的題號
12          StringBuffer wrong = new StringBuffer("答錯：");    //紀錄答錯的題號
13          int count = 0;  //答對題數
14          for (int i = 0; i < keys.length(); i++) {
15              if (i >= stdAns.length()) {  //有多出比學生作答的多餘答案，就停止繼續批改
16                  break;
17              }
18              if (keys.charAt(i) == stdAns.charAt(i)) {
19                  count++;
20                  correct.append("第" + (i + 1) + "題\t");
21              } else {
22                  wrong.append("第" + (i + 1) + "題，答案應是 " + keys.charAt(i) + "\t");
23              }
24          }
25          result.append("\n總共題目數："+keys.length( )+", 學生答對 " + count + " 題");
26          System.out.println( correct.toString() );
27          System.out.println( wrong.toString() );
28          System.out.println( result.toString() );
29      }
30  }
```

正確答案與學生答案請隨意輸入。學生作答的答案如果少於正確答案，只會批改有輸入的學生答案。之後不足的部分，會當作學生最後沒有答題完成，而結束批改的作業。程式執行結果，顯示如下。

```
請輸入正確答案：AABCADABCBABCDA
請輸入學生答案：ABBCADBCCAABCBA
答對：第1題	第3題	第4題	第5題	第6題	第9題	第11題	第12題	第13題	第15題
答錯：第2題，答案應是 A	第7題，答案應是 A 第8題，答案應是 B 第10題，答案應是 B	第14題，答案應是 D

總共題目數：15, 學生答對 10 題
```

Note

第7章
陣列

陣列（Array）屬於使用參考資料類型的變數，因此 Java 的陣列，是一個物件。一般變數每次只能儲存單一的值，如果需要儲存多項資料的變數，而且可以隨時知道儲存資料的數量，並依據數量逐一存取各項資料時，就是使用陣列的最佳時機。

7-1 一維陣列

1. 原生類型的陣列宣告

一維陣列就如同一串列車，儲存多個「相同」類型的資料。宣告語法使用方括號 [ ] 表示陣列類型：

資料類型 [ ] 陣列名稱；

資料類型 陣列名稱 [ ]；

上面兩個宣告的意義完全相同。由於陣列是物件，Java 程式使用 new 指令來產生一個物件並分配所需的記憶體。宣告的方式可以有下列三種方式：

(1) 先宣告，再給陣列大小（未指定陣列的內容值）：

```
int[ ] num;
num = new int[5];
```

(2) 宣告並直接給陣列大小（未指定陣列的內容值）：

```
int[ ] num = new int[5];
```

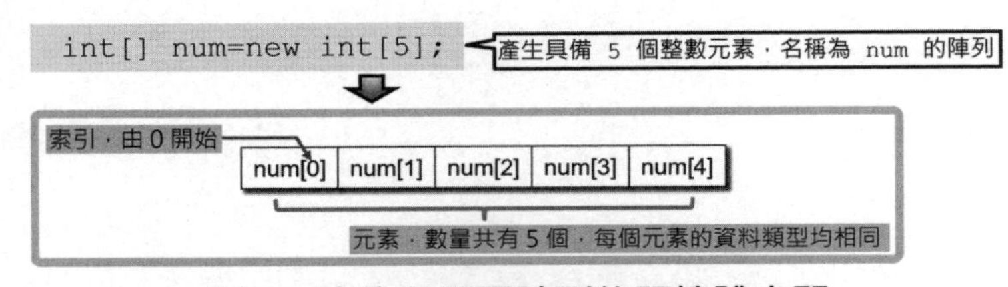

圖 1 宣告並配置陣列的記憶體空間

(3) 宣告並直接給內容值（同時指定陣列大小）：

如同宣告變數同時指定初值的方式，宣告一個陣列時可以同時初始陣列內容，宣告時使用大括號 { } 將內容值括起來。如果內容值是字串類型，記得要在資料前後加上雙引號：

```
int[ ] num = {73, 82, 65, 90, 97};
```

上述程式片斷宣告了一個資料類型爲 int、名稱爲 num 的陣列，其內容包括 73, 82, 65, 90, 97 共計五個元素。各個元素的內容如圖 2 所示。

73	82	65	90	97
num[0]	num[1]	num[2]	num[3]	num[4]

圖 2　宣告並直接給內容值的元素內容

存取陣列內容時，必須使用索引（Index）來指定存取陣列中的哪個元素。如圖 1 所示，陣列的索引是由 0 開始，也就是說，索引 0 的位置儲存 73、索引 1 的位置儲存 82、索引 2 的位置儲存 65，依此類推。陣列的索引值由 0 開始的原因，是因爲索引值表示所指定的陣列元素相對於陣列第 1 個元素記憶體位址的位移值（Offset），位移值爲 0，也就是指第一個元素；而索引 4 就是指相對於第一個元素的位移值爲 4，也就是指第 5 個元素。

2. 物件類型的陣列宣告

陣列是一個物件，因此宣告一個陣列時，系統會先配置給置陣列「起始」的記憶體空間。陣列的元素是原生資料類型（例如整數、浮點數），系統會直接依據資料類型配置實際儲存的記憶體空間。但若陣列的元素是類別，必須將各個元素逐一建構成物件。

例如，宣告一個具備 5 個 Member 物件的陣列，程式宣告的範例如下：

```
Member[ ] myTeam = new Member[ 5 ];
for ( int i=0 ; i < 5 ; i++ ){
    myTeam[i] = new Member( );
}
```

3. 使用要點

(1) 存取陣列元素，所指定的索引值不可超出陣列範圍，否則會發生 ArrayIndexOutOfBoundsException 的例外。

(2) **陣列是一個物件**，而不是單純的資料集合。宣告一個陣列時，其實就是在配置一個陣列物件。陣列是物件，因此具備屬性與方法，其中 **length** 這個屬性記錄了陣列的長度，也就是元素的數量。

(3) 陣列如果沒有指定初值，依資料類型的不同，會依 3-2 節各資料類型預設的初值。

7-2 一維陣列練習

1. 陣列元素的取用

存取陣列的元素，可以使用許多方式：

(1) 使用索引

使用索引值來逐一訪問陣列中的元素。陣列的索引從 0 開始，依次遞增。例如：data[2] 表示陣列 data 索引值 2 的元素，也就是第三個元素。

(2) 使用迴圈逐一存取

如果需要遍歷（travseral）陣列的每一個元素，比較好的方式是使用迴圈，例如：for、while 或 foreach。

(3) 使用內建方法

Java 的 Arrays 類別提供了一個 Arrays.toString( ) 方法，可以將陣列轉換爲字串輸出。

參見範例 Prog0702_1.java 程式，依據使用者輸入的索引值，取得陣列的內容元素。

```
1  import java.util.Scanner;
2  import java.util.Arrays;
3  public class Prog0702_1 {
4    public static void main(String[] args){
5      Scanner sc = new Scanner(System.in);
6      int score[]={11,22,33,44,55,66,77,88,99};
7      System.out.println("score 內容："+Arrays.toString(score));
8      System.out.print("請選擇第幾個元素(0表示全部)：");
9      int index= sc.nextInt(); //輸入整數
10     if (index > score.length || index < 0){
11       System.out.println("超過陣列元素的數量!!");
12     }else if (index == 0 ){ //列出全部
13       for( int i=0 ; i< score.length ; i++ )
14         System.out.printf("陣列 score[%d] 的值為：%d \n",i,score[i]);
15       }else{
16         System.out.printf("陣列 score 第 %d 個元素的值為：%d \n",
17                                                index,score[index-1]);
18       }
19     }
20   }
```

執行時，例如輸入 5，表示顯示第 5 個元素，也就是陣列索引 4 的內容，執行結果畫面顯示如下：

```
score 內容：[11, 22, 33, 44, 55, 66, 77, 88, 99]
請選擇第幾個元素(0表示全部)：5
陣列 score 第 5 個元素的值為：55
```

2. 動態指定元素數量

由於陣列的記憶體空間是使用 new 配置而來，因此可以使用動態的方式來宣告陣列長度，不需在事先決定陣列大小。參考 Prog0702_2.java，由使用者指定陣列的長度，再將此長度配置的陣列內容預設值顯示出來。

```java
1  import java.util.*;
2  public class Prog0702_2 {
3      public static void main(String[] args){
4          Scanner sc = new Scanner(System.in);
5          double score[];
6          System.out.print("請輸入修課數量：");
7          score = new double[ sc.nextInt( ) ];
8          for( int i=0 ; i< score.length ; i++ ){
9              System.out.println("陣列 score[" + i +"] 的值為：" + score[i] );
10         }
11     }
12 }
```

程式執行結果，顯示如下。程式使用 for 迴圈，依據陣列物件的 length 屬性，可以獲知陣列元素的數量。因爲陣列索引值由 0 開始，所以此程式範例的 for 迴圈，條件判斷爲「i < score.length」，若元素數量爲 3，表示元素的索引值分別爲 0～2。

```
請輸入修課數量：3
陣列 score[0] 的值為：0.0
陣列 score[1] 的值為：0.0
陣列 score[2] 的值為：0.0
```

3. 索引值超出範圍的錯誤

存取陣列元素時，索引值不可超出陣列範圍。參考 Prog0702_3.java，示範索引超過範圍的錯誤狀況。

```
1  public class Prog0702_3 {
2      public static void main(String[] args){
3          int[] num = new int[5]; //陣列索引值為 0~4 共 5 個
4          num[-1]=123;            //錯誤，陣列索引值不可小於 0
5          num[5]=321;             //錯誤，超過陣列索引值 4
6      }
7  }
```

上述程式**無法編譯成功**，因爲編譯器會檢查出：
(1) 第 4 行 -1 違反陣列索引的限制；
(2) 第 5 行索引超過宣告時的數量等錯誤。

但是，如果索引值是變數，且未知值的情況，可能編譯成功，但執行時卻也會因超過範圍而發生錯誤。

參考 Prog0702_4.java，能夠編譯，但在執行時期（runtime）發生索引值超過範圍的錯誤狀況。

```
1  public class Prog0702_4 {
2      public static void main(String[] args) {
3          int[] num = new int[5];  //宣告 5 個元素，索引值為 0 ~ 4
4          for (int i = 0; i <= 5; i++) {
5              num[i] = i;
6              System.out.println("num[" + i + "] = " + num[i]);
7          }
8      }
9  }
```

執行結果，顯示如下。程式執行第 4～7 行的 for 迴圈，能夠正常地將 num 陣列的元素逐一顯示。直到 i = 5，欲顯示 num[5]，因爲索引值是介於 0～4，因此發生超過索引邊界值的例外錯誤。

```
num[0] = 0
num[1] = 1
num[2] = 2
num[3] = 3
num[4] = 4
Exception in thread "main" java.lang.ArrayIndexOutOfBoundsException Create breakpoint : Index 5 out of bounds for length 5
    at Prog0702_4.main(Prog0702_4.java:5)
```

4. 物件陣列

參考 Pro0702_5.java，當陣列的元素的是類別時，各個元素必須逐一建構物件。

```
1  public class Prog0702_5 {
2      public static void main(String[] args){
3          Student std[] = new Student[3];
4          std[0]=new Student("A0001","張三");  //將陣列第 1 個元素建構成物件
5          std[1]=new Student("A0002","李四");  //將陣列第 2 個元素建構成物件
6          std[2]=new Student("A0003","王五");  //將陣列第 3 個元素建構成物件
7          //顯示陣列各元素的學號與姓名屬性
8          System.out.println("學生資訊：");
9          for(int i=0; i<std.length; i++)
10             System.out.println( std[i].getData() );
11     }
12 }
13 class Student{
14     private String sno;  //學號
15     private String name; //姓名
16     Student(String s1, String s2){  //建構子方法
17         sno = s1;
18         name = s2;
19     }
20     String getData(){
21         return "學號:" + sno + "\t姓名：" + name;
22     }
23 }
```

執行結果，顯示如下：

```
學生資訊：
學號:A0001    姓名：張三
學號:A0002    姓名：李四
學號:A0003    姓名：王五
```

7-3 多維陣列

一維陣列（也就是單一個維度的陣列），就如同是空間的「線」，多維陣列（例如二維、三維⋯ ）就是代表立體的「面」。超過一維的陣列，稱爲多維陣列。多維陣列可以視爲多個一維陣列的組合，使用陣列名稱與多個索引值來指定存取陣列元素，其宣告方式如下。每增加一個方括號 [ ]，就表示增加一個維度：

資料類型 [ ] [ ] [ ]⋯[ ] 陣列名稱 ;

或是宣告爲：

資料類型 陣列名稱 [ ] [ ] [ ]⋯[ ] ;

如果要在定義陣列時，即配置記憶體空間，必需要使用 new 將陣列實體化：

資料類型 [ ] [ ]...[ ] 陣列名稱 = new 類型 [第一維陣列的元素個數] [第二維陣列的元素個數]⋯[第 n 維陣列的元素個數] ;

或是宣告爲：

資料類型 陣列名稱 [ ] [ ]⋯[ ] = new 類型 [第一維陣列的元素個數] [第二維陣列的元素個數]⋯ [第 n 維陣列的元素個數] ;

參考下列二維陣列的宣告，指定陣列的大小爲 2 列（Row），每一列各 3 行（Column）元素。宣告完成的陣列結構，如圖 1 所示。

int[][] score = new int [2][3];

亦可於宣告時，直接指定初值：

int[][] score = {{90, 82, 95},{75, 83, 87}};

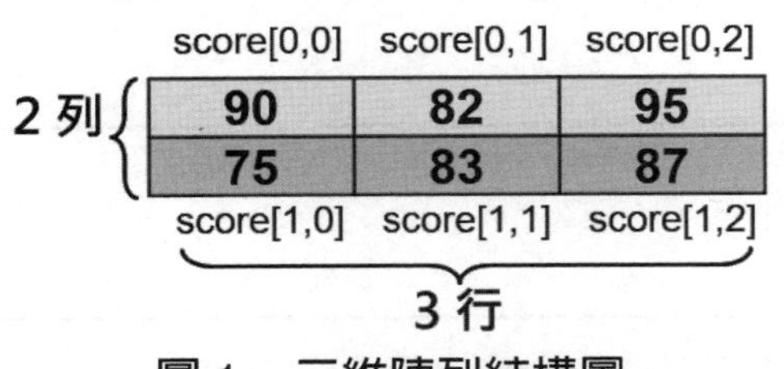

圖 1　二維陣列結構圖

參考 Prog0703.java 程式，使用兩個 for 迴圈存取二維陣列內容的範例：

```
1  public class Prog0703_1 {
2      public static void main(String[] args) {
3          int[][] array ={ {90, 82, 95}, {75, 83, 87} };
4          for (int i = 0 ; i < array.length ; i++)
5              for( int j = 0 ; j < array[i].length ; j++ )
6                  System.out.println("array["+i+"]["+j+"]=" + array[i][j] );
7      }
8  }
```

執行結果，顯示如下：

```
array[0][0]=90
array[0][1]=82
array[0][2]=95
array[1][0]=75
array[1][1]=83
array[1][2]=87
```

同樣的原理，宣告三維以上的陣列，如果要宣告同時初始元素值，可以使用以下的語法。遍歷（traversal）整個三維陣列就需要三層 for 迴圈，餘此類推。

int[][][] num = {{{1, 2, 3}, {4, 5, 6}},{{7, 8, 9}, {10, 11, 12}}};

參考 Prog0703_2.java 程式，使用兩個 for 迴圈存取二維陣列內容的範例：

```
1  public class Prog0703_2 {
2      public static void main(String[] args) {
3          int[][][] array =  { { {10,20,30},{11,22,33} },{{3, 7, 9},{30, 40, 50}} };
4          for (int i=0 ; i<array.length ; i++ ){
5              for(int j = 0 ; j < array[i].length ; j++ ){
6                  for(int k =0 ; k < array[i][j].length ; k++) {
7                      System.out.printf("[%d][%d][%d]=%d \t", i, j, k, array[i][j][k]);
8                  }
9                  System.out.println();
10             }
11             System.out.println();
12         }
13     }
14 }
```

執行結果，顯示如下：

```
[0][0][0]=10    [0][0][1]=20    [0][0][2]=30
[0][1][0]=11    [0][1][1]=22    [0][1][2]=33

[1][0][0]=3     [1][0][1]=7     [1][0][2]=9
[1][1][0]=30    [1][1][1]=40    [1][1][2]=50
```

Java 並未限定維度的數量，一般陣列超過三維就已經相當複雜了，建議不要使用超過三維的陣列。如眞有許多層級資料處理的需求，例如校內各學院、各系所、各班級、各科目學生修課成績的計算，應該結合物件與陣列的方式來處理。

7-4 程式進入點接收的陣列參數

學到了陣列，我們可以回頭來看程式進入點 main( ) 方法。如圖 1 所示，在 main( ) 方法接收的參數類型宣告爲 String[ ]，表示接收到的資料是字串陣列。

圖 1　程式執行時傳遞給 main( ) 方法的引數

參考程式 Prog0704_1.java，接收到的字串陣列，使用迴圈將每個陣列元素轉成數字後累計：

```
1   public class Prog0704_1 {
2       public static void main(String[] args){
3           float sum=0; //計算傳入參數的加總
4           if ( args.length > 0 ) {
5               for (int i = 0; i < args.length; i++)
6                   sum += Float.parseFloat(args[i]);
7               System.out.println( "資料加總 = " + sum );
8           }else System.out.println( "沒有傳入資料" );
9       }
10  }
```

執行時，傳遞引數給程式 main( ) 方法的方式：

(1) IntelliJ IDEA：如圖 2 所示，程式編譯後，選擇主選單 Run → Edit Configurations... → 開啓「Run/Debug Configuration」視窗，確定左方的程式，於「Program arguments」欄位設定傳輸的資料內容。

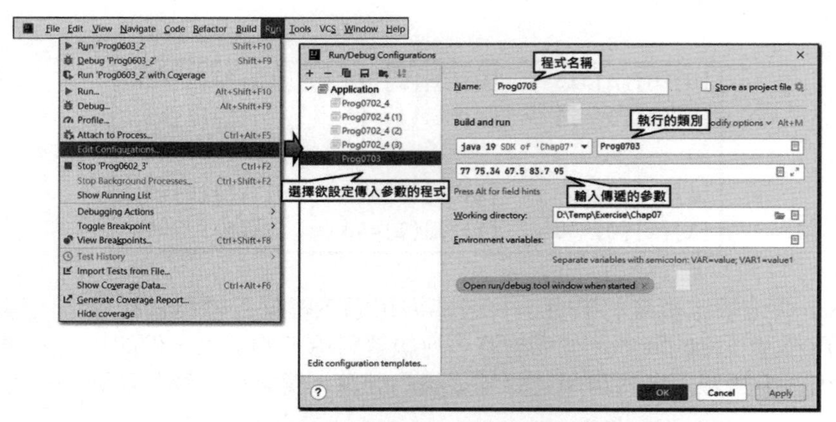

圖 2　Intellij IDEA 執行時向 main( ) 方法傳遞參數的設定

(2) 命令提示字元：如圖 3 所示，執行程式的類別名稱後方輸入欲傳遞的資料，並以空格為資料項目的區隔，傳入至參數 main( ) 方法的 args[ ] 陣列。

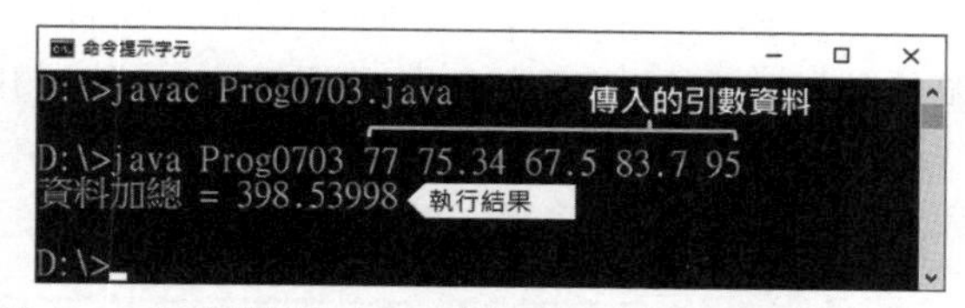

圖 3　命令提示字元執行程式時傳遞引數方式

執行結果，顯示如下：

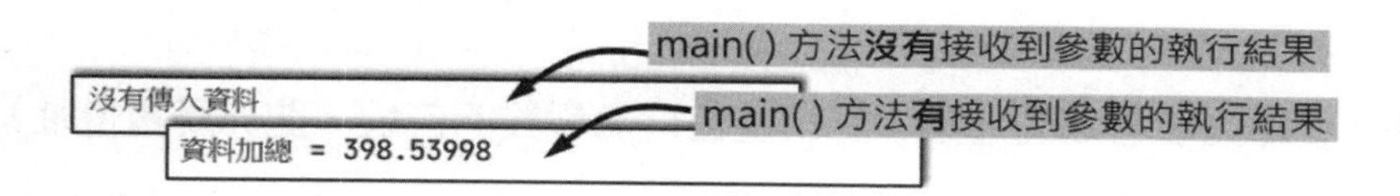

由於 main( ) 方法接收的參數是字串類型，所以必須轉換成數字才能運算，而範例中輸入的資料有小數，因此必須使用浮點數的資料類型處理（float 或 double），而轉換時就必須使用對應的外覆類別（Float 或 Double）。

參考程式 Prog0704_2.java，練習傳入不同性質的參數給 main( ) 方法。傳入第一個參數為修課數目，第二個參數為學生學號。程式再依據修課數目，提示逐一輸入成績並計算總分與平均分數。程式假設傳入的參數為：3 A113001

```
1  import java.util.Scanner;
2  public class Prog0704_2 {
3      public static void main(String[] args){
4          if( args.length > 0){
5              int count = Integer.parseInt( args[0] ); //傳入的第一個參數為修課數量
6              String id = args[1]; //傳入的第二個參數為學生學號
7              int sum = 0; //記錄總分
8              Scanner sc  = new Scanner(System.in);
9              for ( int i = 1 ; i <= count ; i++){
10                 System.out.print("請輸入第" + i + "門課程成績：");
11                 sum += sc.nextInt( );
12             }
13             System.out.println("學生：" + id + "\t成績總分：" + sum +"\t平均：" + (float)sum/count );
14         }
15     }
16 }
```

程式執行結果，顯示如下：

```
請輸入第1門課程成績：95
請輸入第2門課程成績：81
請輸入第3門課程成績：92
學生：A113001      成績總分：268      平均：89.333336
```

7-5 進階概念：參考類型

陣列是使用「參考資料類型」的物件，如圖 1 所示，當宣告一個陣列，該名稱紀錄的是**記憶體的位址**，實際陣列的內容值是存放在記憶體中，依據資料類型大小所分配的空間。因此陣列並非直接儲存該陣列元素的值，而是透過記憶體位址指到實際資料的所在，這就是參考資料類型。

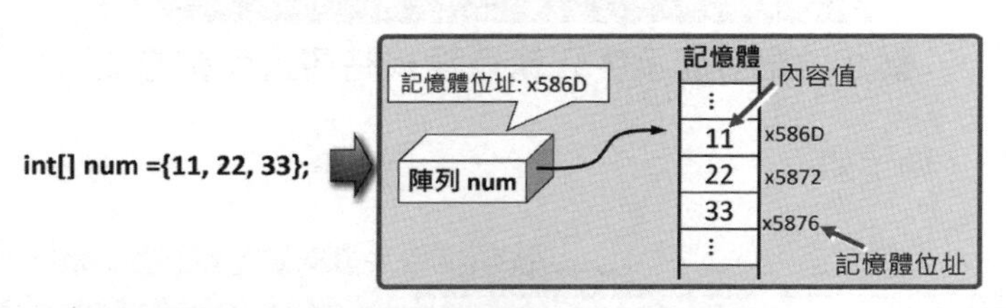

圖 1　陣列參考類型（圖中記憶體位址為假設的位址，並非真實位址）

注意 Prog0705_1.java 程式中，將陣列 A 指定給陣列 B 之後，修改陣列 A 的內容，實際 B 的內容也會隨之改變：

```
1  public class Prog0705_1 {
2      public static void main(String[] args){
3          int[] A= {11,22,33};
4          int[] B= new int[3];
5          for ( int i=0 ; i < A.length ; i++ )     //顯示陣列A的內容
6              System.out.printf( "A[%d]= %d \t", i, A[i] );
7          System.out.println( ); //換行
8          B=A;  //將陣列A的記憶體位址指定給陣列B
9          for ( int i=0 ; i < B.length ; i++ )     //顯示陣列B的內容
10             System.out.printf( "B[%d]= %d \t", i, B[i] );
11         System.out.println( ); //換行
12
13         A[2]=100; //改變陣列A[2]的內容
14         System.out.println( "B[2]=" + B[2] ); //結果陣列B[2]的內容也是100
15     }
16 }
```

執行結果，顯示如下：

```
A[0]= 11    A[1]= 22    A[2]= 33
B[0]= 11    B[1]= 22    B[2]= 33
B[2]=100
```

為何修改陣列 A 的內容亦會改變陣列 B 的內容？參考圖 2 所示，對比程式第 8 行：

B = A ;

並非將陣列 A 各元素的內容指定給陣列 B，而是將陣列 A 的**記憶體位址**指定給陣列 B。因此陣列 A 與陣列 B 都是指向相同的記憶體位址，改變元素的內容值，對於陣列 A 或陣列 B 結果都是一樣。

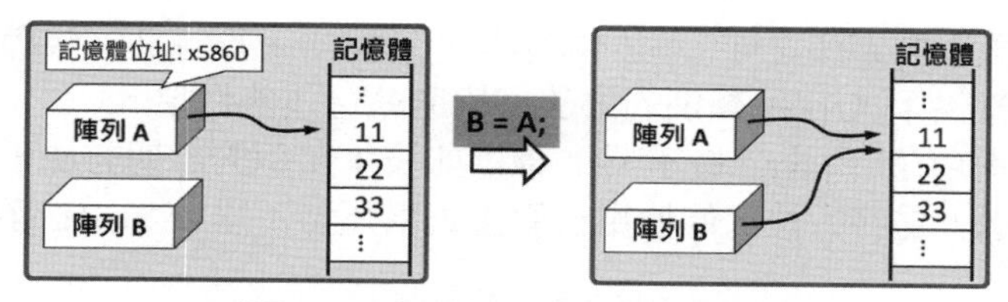

圖 2　陣列指定的運作狀況

如果需要將陣列 A 各元素的內容指定給陣列 B，也就是陣列 B 有獨立的記憶體位址記錄其元素的內容值。有下列三種常用的方式：

(1) 最簡單的方式是利用迴圈逐一指定元素內容：

```
for (int i=0; i<A.length; i++)
B[i]=A[i];
```

(2) 使用 System 系統物件的 arraycopy( ) 方法，達到複製陣列內各元素內容值的目的，此一方法包含五個參數：資料來源陣列、複製的起始索引值、複製目的的陣列、複製至目的陣列的起始索引值、複製陣列的元素數目。

```
System.arraycopy( A, 0, B, 0, 3 );
```

(3) 比較好的方式，是使用陣列既有的 clone( ) 方法。例如將陣列 A 元素複製到 B 陣列，程式可寫爲：

```
B = A.clone( ) ;
```

參考 Prog0705_2.java 程式，示範陣列內元素的複製：

```
1  public class Prog0705_2 {
2      public static void main(String[] args){
3          int[] A = {11,22,33,44,55};
4          int[] B = new int[A.length]; //宣告一個和 A 相同元素數量的陣列
5          //使用迴圈方式，逐一複製元素內容
6          for( int i = 0 ; i < A.length; i++ )
7              B[i] = A[i];
8          //使用 System 的 arraycopy( ) 方法複製陣列的元素內容
9          int[] C = new int[A.length];
10         System.arraycopy(A, 0, C, 0, A.length);
11         //使用陣列的 clone( ) 方法複製元素內容
12         int[] D;
13         //將 A 陣列的元素內容複製至 D 陣列。複製完畢，D 陣列具備與 A 相同的元素數數量與內容。
14         D = A.clone( );
15     }
16 }
```

使用迴圈逐一指定，或是使用 System 類別的 arraycopy( ) 方法複製元素的內容，複製目的陣列必須事先宣告，且必須大於等於來源陣列的元素數量。使用 clone( ) 方法，目的陣列不需要事先宣告元素數量。複製完畢，目的陣列即會具備與來源陣列相同的元素數數量與內容。

7-6 陣列方法

除了陣列既有的方法之外，陣列基本操作的排序、搜尋與比較等動作也是很常見，Java 提供了 Arrays 類別的方法，協助執行這些作業。

Arrays 類別存在於 java.util 套件，提供如表 1 所示的靜態方法，可以直接呼叫使用。不過，這些方法只能使用於原生資料類型，以及 String 類型的陣列元素。

表 1　Arrays 類別的靜態方法

方法	功用
Arrays.equals(*陣列 1, 陣列 2*)	比較兩個陣列內容是否相同。
Arrays.fill(*陣列 , 填入值*)	將指定值填入每個元素。
Arrays.fill(*陣列 , 起始索引 , 數量 , 填入值*)	將指定值填入索引範圍的元素。
Arrays.binarySearch(*陣列 , 欲搜尋的內容*)	搜尋。
Arrays.sort(*陣列*)	排序。
Arrays.toString(*陣列*)	將陣列物件轉成字串。

1. 比較

參考 Prog0706_1.java 程式，使用 Arrays 類別的 equals( ) 方法，比較兩個陣列的元素內容是否相同：

```
1  import java.util.Arrays;
2  public class Prog0706_1 {
3      public static void main(String[] args) {
4          int[] array1 = {1, 2, 3, 4, 5};
5          int[] array2 = array1.clone( );
6          int[] array3 = {1, 2, 3, 4, 5};
7          int[] array4 = {1, 2, 3, 4, 6};
8          // 使用Arrays.equals()比較兩個陣列內容是否相同
9          System.out.println("array1 與 array2 比較: "
10                         + (Arrays.equals(array1, array2) ? "相同" : "不同") );
11         System.out.println("array1 與 array3 比較: "
12                         + (Arrays.equals(array1, array3) ? "相同" : "不同") );
13         System.out.println("array1 與 array4 比較: "
14                         + (Arrays.equals(array1, array4) ? "相同" : "不同") );
15         System.out.println("變更 array4[4] 元素內容");
16         array4[4] = 5;
17         System.out.println("array1 與 array4 比較: "
18                         + (Arrays.equals(array1, array4) ? "相同" : "不同") );
19     }
20 }
```

執行結果，顯示如下：

```
array1 與 array2 比較: 相同
array1 與 array3 比較: 相同
array1 與 array4 比較: 不同
變更 array4[4] 元素內容
array1 與 array4 比較: 相同
```

2. 填值

參考 Prog0706_2.java 程式，示範 Arrays 類別的 fill( ) 方法填充陣列中元素內容，並將陣列轉換成字串類型顯示的練習：

```
1   import java.util.Arrays;
2   public class Prog0706_2 {
3       public static void main(String[] args) {
4           // 建立一個元素數量為 5 的整數陣列 與 元素數量為 4 的字串陣列
5           int[] array1 = new int[5];
6           String[] array2 = new String[4];
7           // 使用 Arrays.fill() 將陣列中的所有元素填入指定的值
8           Arrays.fill( array1, 100 );
9           Arrays.fill( array2, "GOOD" );
10          // 輸出填入內容後的陣列
11          System.out.println( "陣列 1 的內容： " + Arrays.toString(array1) );
12          System.out.println( "陣列 2 的內容： " + Arrays.toString(array2) );
13      }
14  }
```

執行結果，顯示如下：

```
陣列 1 的內容： [100, 100, 100, 100, 100]
陣列 2 的內容： [GOOD, GOOD, GOOD, GOOD]
```

3. 排序

陣列元素內容排序時，數字類型的資料預設由小到大（升冪）排序；英文資料預設是先依據小寫字母順序再依據字母大寫的順序排序；中文等其他語文資料則是依據內碼方式（也就是通稱的「字碼」），中文內碼當初在設計時即是以筆畫、筆順、部首排列，也就是說中文預設的排列方式，就是依據筆畫，同筆畫再依筆順，同筆順再依部首的方式排序。

參考 Prog0706_3.java 程式，示範陣列的排序與搜尋。

```
1   import java.util.*;
2   public class Prog0706_3 {
3       public static void main(String[] args) {
4           int[] data = {25, 17, 95, 47, 23, 3, 65 ,13, 50, 86, 77};
5           System.out.print("排序前: ");
6           for( int i = 0 ; i < data.length ; i++ )
7               System.out.print(data[i] + " ");
8           System.out.println();
9           Arrays.sort(data); //排序 arr 陣列的內容
10          System.out.print("排序後: ");
11          for( int i = 0 ; i < data.length ; i++ )
12              System.out.print(data[i] + " ");
13          int find;
14          Scanner sc = new Scanner(System.in);
15          System.out.print("\n請輸入搜尋的值: ");
16          int key = sc.nextInt();
17          if((find = Arrays.binarySearch(data, key)) > -1)
18              System.out.println("找到搜尋的值位於索引 " + find + " 位置");
19          else
20              System.out.println("陣列中不存在搜尋的值");
21      }
22  }
```

(1) 程式第 4～8 行宣告並顯示陣列內容；

(2) 程式第 9 行，使用 Arrays 類別的 sort( ) 方法，將指定的陣列物件內容做排序；

(3) 程式第 17 行，使用 Arrays 類別的 binarySearch( ) 方法，將第 16 行輸入查詢的資料，搜尋陣列物件各個元素是否有相符的內容。如果有相符則傳回該元素的索引值，否則傳回 -1（也就是說，搜尋的結果得到 -1，表示沒有找到相符的資料）。

程式執行結果，顯示如下：

```
排序前: 25 17 95 47 23 3 65 13 50 86 77
排序後: 3 13 17 23 25 47 50 65 77 86 95
請輸入搜尋的值: 65
找到搜尋的值位於索引 7 位置
```

排序不一定只是由小到大的升冪且區分大小寫的方式：

(1) 排序不分文字大小寫：在 Arrays 類別的 sort( ) 方法指定 String.CASE_INSENSITIVE_ORDER。

(2) 由大到小的反向排序：使用 Collections 類別的 reverse( ) 靜態方法，將傳入的 List 類型的物件內容反向排序。

參考 Prog0706_4.java 程式，分別執行陣列由小至大、由大至小、區分大小寫與不區分大小寫等各種方式的排序：

```
1   import java.util.*;
2   public class Prog0706_4 {
3       public static void main(String[] args){
4           //1. 數字資料的排序
5           int[] intData = { 4, 1, 3, -23 };
6           Arrays.sort(intData); //結果： [-23, 1, 3, 4]
7           System.out.print("\n1. 預設排序 intData陣列的內容:");
8           for(int i=0; i<intData.length; i++)
9               System.out.print("\t"+intData[i]);
10          //2. 字串資料排序－預設:區分大小寫，依字母順序排
11          String[] strData = { "m", "a", "C","Z" };
12          Arrays.sort(strData); //結果： [C, Z, a, m]
13          System.out.print("\n2. 預設排序 strData陣列的內容:");
14          for(int i=0; i<strData.length; i++)
15              System.out.print("\t"+strData[i]);
16          //3. 字串資料排序－不分大小寫，依字母順序排
17          Arrays.sort(strData, String.CASE_INSENSITIVE_ORDER); //結果： [a, C, m, Z]
18          System.out.print("\n3. 不分大小寫、正向排序的結果:");
19          for(int i=0; i<strData.length; i++)
20              System.out.print("\t"+strData[i]);
21          //4. 字串資料排序－區分大小寫，依字母反向順序排
22          Arrays.sort(strData, Collections.reverseOrder()); //結果：[m, a, Z, C]
23          System.out.print("\n4. 區分大小寫、反向排序的結果:");
24          for(int i=0; i<strData.length; i++)
25              System.out.print("\t"+strData[i]);
26          //5. 字串資料排序－不分大小寫，依字母反向順序排
27          Arrays.sort(strData, String.CASE_INSENSITIVE_ORDER);
28          Collections.reverse(Arrays.asList(strData)); //結果： [Z, m, C, a]
29          System.out.print("\n5. 不分大小寫、反向排序的結果:");
30          for(int i=0; i<strData.length; i++)
31              System.out.print("\t"+strData[i]);
32      }
33  }
```

執行結果，顯示如下：

```
1. 預設排序 intData陣列的內容: -23 1   3   4
2. 預設排序 strData陣列的內容: C   Z   a   m
3. 不分大小寫、正向排序的結果:  a   C   m   Z
4. 區分大小寫、反向排序的結果:  m   a   Z   C
5. 不分大小寫、反向排序的結果:  Z   m   C   a
```

String 類別宣告的 CASE_INSENSITIVE_ORDER 常數是一個由 Comparator 介面所建構的實體，因爲比較複雜，所以宣告成常數，方便直接使用。Collections 類別的 reverse( ) 靜態方法，將傳入的 List 類型的物件內容反向排序。因此，反向排序時，陣列先使用 Arrays 類別的 asList( ) 靜態方法，先將其轉換成 List 類型的物件，再交由 Collections 類別的 reserve( ) 方法執行反向排序。

7-7 陣列遍歷

依據索引值與 length 屬性紀錄的元素數量，遍歷（traversal，走訪）整個陣列所有元素，通常使用 for 迴圈。程式使用 for 迴圈常見的寫法：

for (i = 0 ; i < 陣列 .length ; i++)

Java 在 J2SE 5.0 之後，增加了 foreach 指令，省略陣列的長度與索引。使用的語法爲：

for (元素的資料類型 臨時的變數名稱 : 陣列)

簡單的講，就是將陣列每一個元素，在 for 回圈內逐一指定給「**臨時的變數名稱**」。參考 Prog0707_1.java 執行將陣列 num 內容逐一顯示的範例：

```
1  public class Prog0707_1 {
2      public static void main(String[] args){
3          double[] num = { 11.1, 33.3, 55.5 };
4          for ( double pt : num)
5              System.out.println( "陣列 num : " + pt );
6      }
7  }
```

執行結果，顯示如下：

```
陣列 num : 11.1
陣列 num : 33.3
陣列 num : 55.5
```

使用 foreach 迴圈可以讓程式碼更簡潔易讀。參考程式 Prog0707_2.java，練習找出陣列內的最大與最小值：

```
1   public class Prog0707_2 {
2       public static void main(String[] args){
3           int[] score = {75, 92, 84, 54, 69, 87, 90, 95, 60 };
4           int max = score[0], min = score[0];
5           for (int num : score) {
6               if (num > max )
7                   max = num;
8               else if( num < min )
9                   min = num;
10          }
11          System.out.println("最高分: " + max + "\t最低分： " + min );
12      }
13  }
```

執行結果，顯示如下：

```
最高分: 95    最低分： 54
```

參考 Prog0707_3.java 程式，將 words 陣列內每一元素，在程式第 6 行，個別轉成字元陣列。然後在第 7 行，使用 Arrays.sort( ) 方法將字元排序。最後，使用 foreach 將 words 每一元素顯示：

```
1  import java.util.Arrays;
2  public class Prog0707_3 {
3      public static void main(String[] args){
4          String[] words = {"banana", "apple", "orange", "pear"};
5          for (int i = 0; i < words.length; i++) {
6              char[] chars = words[i].toCharArray();  //將字串轉成字元陣列
7              Arrays.sort(chars);
8              words[i] = new String(chars);
9          }
10         for (String word : words) {
11             System.out.println(word);
12         }
13     }
14 }
```

執行結果，顯示如下：

```
aaabnn
aelpp
aegnor
aepr
```

foreach 除了使用在陣列遍歷每一個元素，還可以用在 List、Set（參見 16-3 節「集合框架」）。參考 Prog0707_4.java 程式，使用 List 實作物件的範例：

```
1  import java.util.*;
2  public class Prog0707_4 {
3      public static void main(String[] args) {
4          List<String> season = new ArrayList<>(); // 泛型的使用請參見第十六章
5          season.add("春季");
6          season.add("夏季");
7          season.add("秋季");
8          season.add("冬季");
9          for (String element : season) {
10             System.out.println(element);
11         }
12     }
13 }
```

執行結果，顯示如下：

```
春季
夏季
秋季
冬季
```

7-8 動態陣列

Java 內建的陣列，可以具備多個相同資料類型的元素。但是，宣告陣列的大小之後，就不能再改變陣列元素的數量。陣列固定大小的使用方式，限制了實務應用的彈性。Java 另外提供動態陣列的 ArrayList，提供更有彈性的使用功能。

ArrayList 是一個實作 List 介面、屬於 Java 集合框架（Collections Framework，請參見第十六章的介紹）的成員，提供可任意變更大小的陣列。每次建構一個新的 ArrayList 時，不需要爲它設定大小。因爲在建構後，可以動態增加或刪除元素。

ArrayList 的特點包括：

(1) ArrayList 中的元素只能使用物件，不支援原生資料類型（例如 int, float, double 等），如果需要使用原生資料類型，需要使用 6-3 節介紹的外覆類別。

(2) ArrayList 內部管理的陣列大小是自動調整。當增加新元素時，如果陣列已經滿了，ArrayList 會自動增加陣列的大小。當刪除元素時，ArrayList 也會自動減少陣列的大小。

(3) ArrayList 實作 List 介面，加入了許多與陣列相關的方法，例如獲取元素、增加元素、刪除元素、查詢元素、排序等。

1. 建構

ArrayList 動態陣列的建構方式，包括：

(1) 以 List 介面建構物件：List *陣列名稱* = new ArrayList( );

(2) 以 ArrayList 類別建構：ArrayList *陣列名稱* = new ArrayList( );

(3) 以泛型建構：List< *物件的類型* > *陣列名稱* = new ArrayList( );

2. 方法

ArrayList 常用的方法，如表 1 所列：

表 1　ArrayList 常用方法

方法	說明
add(Object)	加入元素。
add(int index, Object)	在指定索引位置插入元素。
contains(Object data)	判斷動態陣列內是否存在指定 data 的內容。
addAll(Collection<? extends E> c)	將另一個集合中的元素全部添加到動態陣列。
addAll(int index, Collection<? extends E> c)	將另一個集合中的元素插入到指定索引位置。
clear( )	清空動態陣列中的所有元素。
isEmpty( )	判斷動態陣列是否為空元素。
indexOf(Object data)	查詢 data 在動態索引內的索引值，如果不存在則回傳 -1 。
lastIndexOf(Object obj)	取得最後一個符合指定資料的索引值。
szie( )	回傳目前動態陣列的元素數量。
set(int index, Object data)	將指定 index 索引值的元素內容變更為 data 的內容。
toArray()	將動態陣列轉換為陣列。
get(int index)	取得 index 索引值的元素內容。
remove(Object data)	刪除 data 元素。
remove(int index)	刪除索引位置的元素。

參考 Prog0708_1.java 程式，比較內建陣列與 ArrayList 動態陣列的建構與使用差異。內建陣列使用索引直接存取元素內容，但不能改變元素數量；動態陣列必須使用方法存取元素內容，但可以使用方法隨時增加、刪除陣列內的元素：

```
import java.util.ArrayList;
public class Prog0708_1 {
    public static void main(String[] args)    {
        int[] arr = new int[2];
        arr[0] = 11;
        arr[1] = 22;
        // arr[3] = 44;   不可以執行此程式，因為陣列宣告只有 0~1 共兩個元素
        System.out.println( "內建陣列第一元素的內容：" + arr[0] );
        System.out.println( "內建陣列最後元素的內容：" + arr[ arr.length-1 ] );
        //ArrayList 動態陣列
        ArrayList arrL = new ArrayList( );
        arrL.add("AA");
        arrL.add("BB");
        arrL.add("CC"); //可以任意增加或減少元素
        // 存取元素
        System.out.println( "動態陣列第一元素的內容：" + arrL.get(0));
        System.out.println( "動態陣列最後元素的內容：" + arrL.get( arrL.size()-1 ));
    }
}
```

執行結果，顯示如下：

```
內建陣列第一元素的內容：11
內建陣列最後元素的內容：22
動態陣列第一元素的內容：AA
動態陣列最後元素的內容：CC
```

參考 Prog0708_2.java 程式，示範使用泛型的方式，建立一個整數的 ArrayList 動態陣列，增加、刪除、變更和獲取元素內容的練習：

```
1  import java.util.ArrayList;
2  public class Prog0708_2 {
3      public static void main(String[] args) {
4          // 建立一個指定泛型，限定只能是 Integer 物件型態的動態陣列
5          ArrayList<Integer> dynamic = new ArrayList<Integer>();
6          dynamic.add(111);            // 加入元素
7          dynamic.add(222);
8          dynamic.add(333);
9          dynamic.remove(1);           // 刪除索引值 1，也就是第二個元素
10         int value = dynamic.get(1); // 獲取索引值 1，也就是第二個元素的內容
11         System.out.println("陣列第 2 元素內容： "+ value);
12         dynamic.set(1, 999);         // 變更索引 1 的內容，改為 999
13         // 輸出結果
14         System.out.println("最終，動態陣列內容： " + dynamic);
15     }
16 }
```

(1) 程式第 5 行，使用 ArrayListt<Integer> 泛型，建購一個限定只能是 Integer 物件類型，且名稱爲 dynamic 的動態陣列；
(2) 程式第 6～8 行，使用 add( ) 方法加入元素，此時 dynamic 陣列內容爲 [111, 222, 333]。
(3) 程式第 9 行，使用 remove(1) 方法刪除了索引值 1 ，也就是第二個元素，此時 dynamic 陣列內容爲 [111, 333]。
(4) 程式第 10 行，使用 get(1) 方法取得第二個元素的內容，並儲存於 value 整數變數內。
(5) 程式第 12 行，使用 set( ) 方法設定元素的內容。set( ) 方法第一個引數爲索引值，第二個爲要修改的值。設定後，dynamic 陣列內容爲 [111, 999]。

執行結果，顯示如下：

```
陣列第 2 元素內容： 333
最終，動態陣列內容： [111, 999]
```

7-9 ArrayList 動態陣列類別

ArrayList 是一個動態陣列，允許藉由實作（implementation）List 介面（interface）新增、移除、轉換 ArrayList 物件內儲存的資料或物件。

和一般類別建構成物件的語法相同，ArrayList 類別建構爲動態陣列物件的宣告語法：

ArrayList 物件名稱 = new ArrayList( );

JDK 5 之後，宣告方式改爲泛型（generic）。如果採用上述宣告方式，編譯時會出現「java uses unchecked or unsafe operations」的提示警語。使用泛型宣告的語法爲：

ArrayList< Object > 物件名稱 = new ArrayList< Object >( );

其建構子依據傳遞的引數不同，可以有表 1 所列的三種方法：

表 1　ArrayList 類別的建構子

建構子	說明
ArrayList( )	建立一個空集合的 ArrayList 動態陣列物件。
ArrayList (Collection 集合物件)	將集合物件指定給此一 ArrayList 動態陣列物件。
ArrayList (int 長度)	指定建立此一 ArrayList 動態陣列物件最初的長度，也就是元素數量。

【說明】

1. 建構子就是方法，只是名稱一定與類別同名，且沒有回傳值。請參見 2-7 節、11-2 節與 11-3 節介紹。
2. 同一類別具備相同名稱的方法，稱之爲多載（Overload）。關於多載的說明請參見 11-9 節「方法的多載」的介紹。
3. 泛型的說明，請參見 16-1 節與 16-2 節的介紹。

ArrayList 類別主要使用的方法，請參見表 2 所示。

表 2　ArrayList 類別主要使用的方法

回傳值類型	方法	說明
boolean	add(*元素*)	將指定的元素加至 ArrayList 陣列的最後。
void	add(*索引值 , 元素*)	將指定的元素加至 ArrayList 陣列中索引指定的位置。
void	clear( )	清除所有元素。
boolean	contains(*元素*)	如果此 ArrayList 陣列中包含指定的元素，則回傳 true。

回傳值類型	方法	說明
Object	get(*索引值*)	取得指定索引的元素。
Object	remove(*索引值*)	移除指定索引位置的元素。
Object	set(*索引值 , 元素*)	將指定索引位置的內容回傳，並以指定的元素取代陣列內原先內容。
int	size( )	傳回此 ArrayList 陣列的元素數量。

一般陣列只能存放單一類型的資料，ArrayList 則可以存放類型不同的資料或物件。雖然可以彈性存放各種類型的資料或物件，相對的 ArrayList 占用較多的系統資源，除非必要，建議還是使用一般陣列。參考下列 Prog0709.java 程式：

```
1  import java.util.*;
2  public class Prog0709 {
3      public static void main(String args[]){
4          //物件宣告
5          ArrayList<Object> aList = new ArrayList<Object>();
6          StringBuffer sData = new StringBuffer("Java 程式");
7          //新增資料
8          aList.add(10);
9          aList.add(true);
10         aList.add(sData);
11
12         //陣列方法應用
13         System.out.println( "陣列內是否含有sData物件? "+
14                             (aList.contains( sData )?"有":"沒有") );
15         for (int i=0; i<aList.size(); i++)
16             System.out.println("索引"+i+"的內容為:"+aList.get(i) );
17     }
18 }
```

程式執行結果，顯示如下：

```
陣列內是否含有sData物件? 有
索引0的內容為:10
索引1的內容為:true
索引2的內容為:Java 程式
```

7-10 Vector 動態陣列類別

1. 語法與使用

存在於 java.util 套件內的 Vector 類別是一個可以放入各種「物件類型」的動態陣列。動態陣列能夠提供隨時增加或刪除元素的數量，因此，Vector 主要用在事先不知道元素數量的大小，或者需要隨時可以改變元素數量的情況。

Vector 類別建構爲動態陣列物件的宣告語法與 7-9 節 ArrayList 完全相同，JDK 5 之後，也改爲以泛型宣告方式：

Vector< Object > 物件名稱 = new Vector< Object >( );

主要使用的方法請參考表 1 所示。

表 1　Vector 類別主要使用的方法

回傳值類型	方法	說明
boolean	add(*元素*)	將指定的元素加至 Vector 物件的最後。
void	add(*索引值 , 元素*)	將指定的元素加至 Vector 物件索引指定的位置。
void	addElement(*物件*)	將指定的物件元素加至 Vector 物件的最後。
void	clear( )	清除所有元素。
Object	clone( )	複製此 Vector 物件的所有元素。
int	capacity( )	傳回此 Vector 物件的容量。
boolean	contains(*物件*)	判斷如果此 Vector 物件包含有指定的物件內容則回傳 true。
void	copyInfo(*Object[] 陣列*)	複製 Vector 物件的元素至指定的陣列。
boolean	equals(*物件*)	比較指定的物件與此 Vector 物件內容是否相同。
E	get(*索引值*)	取得指定索引的元素。
boolean	isEmpty( )	判斷此 Vector 物件是否空元素。
int	indexOf(*物件*)	回傳指定物件出現在此 Vector 物件的元素索引位置，若無則回傳 -1。
E	remove(*索引值*)	移除指定索引位置的元素。
boolean	removeElement(*物件*)	移除與指定物件相同的元素。
void	removeElementAt(int index)	移除指定索引位置的元素。
int	size( )	回傳元素的數量。
Object[]	toArray( )	將 Vector 物件轉換成傳統的陣列。

Vector 類別建立的陣列物件可以存放各種不同類型的物件。使用 add( )、addElement( ) 方法新增物件的元素；使用 remove( )、removeElement( ) 方法刪除物件的元素。取得各元素內容的方式也很多元，可以使用 Iterator、Enumeration、for 迴圈搭配 get( ) 或 elementAt( ) 方法取值，或是將 Vector 陣列物件使用 toArray( ) 方法轉成傳統形式的陣列後取值。

參考 Prog0710_1.java 程式示範加入、刪除元素，以及取值的練習：

```
import java.util.*;
class Prog0710_1 {
    public static void main(String[] args) {
        Vector<Object> v = new Vector< >( );

        v.add( 90 );            //第一元素放入整數
        v.add( true );          //第二個元素是布林邏輯
        v.addElement( 5.5f );   //第三元素放入浮點數
        v.add( "Hello" );       //第四元素放入字串
        v.addElement(new String[3]);//第五元素放入陣列物件
        for (int i = 0 ; i < v.size() ; i++){
            Object obj = v.elementAt(i);
            System.out.println(obj);
        }
        System.out.println("刪除第 1 個元素...");
        v.remove( 0 ); //刪除第 1 個元素(索引值 由 0 開始)
        System.out.println("刪除後，第一個元素是元素是：" + v.get(0));
        System.out.println("刪除後，第二個元素是元素是：" + v.elementAt(1));
    }
}
```

程式執行結果，顯示如下：

```
90
true
5.5
Hello
[Ljava.lang.String;@10f87f48
刪除第 1 個元素...
刪除後，第一個元素是元素是：true
刪除後，第二個元素是元素是：5.5
```

宣告 Vector 物件時，可以在執行之建構子指定陣列元素的初始數量，也可指定元素的初始數量以及每次增加的元素數量，若是沒有指定則預設為 10 個元素。參考下列宣告範例：

```
Vector v1 = new Vector(5);       // 預設初始有 5 個元素大小
Vector v2 = new Vector(5, 2);    // 預設初始有 5 個，擴增時每次增加 2 個元素
Vector v3 = new Vector( );       // 未指定元素大小，預設為 10 個元素
```

先前 Prog0710_1.java 程式示範可以在 Vector 動態陣列內儲存各類型的物件。參考下列 Prog0710_2 程式，示範 Vector 類別內的元素使用陣列練習。

```
1   import java.util.Vector;
2   public class Prog0710_2 {
3       public static void main(String[] args) {
4           Vector<Object> vector = new Vector< >();
5           // 加入字串陣列
6           String[] strArray = {"蘋果", "西瓜", "鳳梨"};
7           vector.add( strArray );
8           // 加入數字陣列
9           int[] intArray = { 80, 65, 70};
10          vector.add(intArray);  //將陣列物件加入至 vector 的元素內
11          // 取出元素
12          Object obj1 = vector.get(0);
13          Object obj2 = vector.get(1);
14          // 判斷元素的類型，並進行操作
15          if (obj1 instanceof String[]) {
16              String[] arr1 = (String[]) obj1;
17              for (String str : arr1) {
18                  System.out.println(str);
19              }
20          }
21          if (obj2 instanceof int[]) {
22              int[] arr2 = (int[]) obj2;
23              for (int num : arr2) {
24                  System.out.println(num);
25              }
26          }
27      }
28  }
```

程式執行結果，顯示如下：

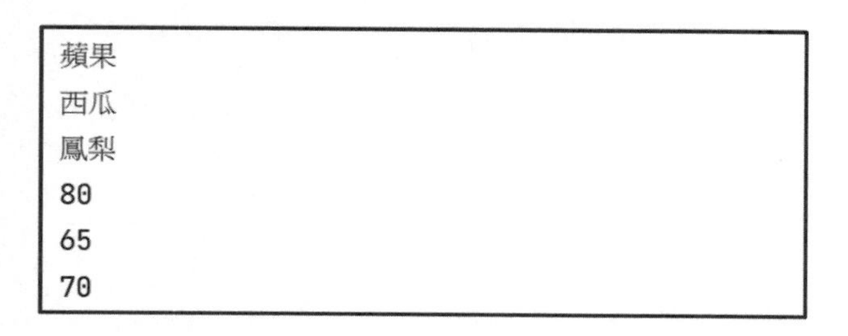

2. 比較

ArrayList 與 Vector 類別均是用於動態陣列，都可以儲存任意類型的資料，各有其優缺點。

(1) 同步處理（Synchronization）

Vector 採用同步，存取 Vector 內容的方法都是執行緒安全（Thread-safe）。如圖 1 所示，Vector 能夠確保共享資源操作的獨立性，保障資料的正確性與穩定性。反之，ArrayList 採用不同步，非執行緒安全的運行方式。

(2) 效能（Performance）

由於同步處理與執行緒安全的特性，Vector 陣列運作的效能比 ArrayList 慢。如果不需要執行緒安全的陣列，就比較適合採用 ArrayList。

(3) 資料成長（Data growth）

當將元素加入 ArrayList 或 Vector 的陣列時，如果空間不足，程式會自動擴充其內部元素的數量。Vector 預設將其元素數量加倍，而 ArrayList 則是將元素數量增加 50%。如果最初有明確已知的元素數量，可以在建構陣列物件時，指定初始的元素數量。如果不確定數量，則可以依據元素增長的方式，ArrayList 與 Vector 增加元素的差異，決定採用哪一個。

此外，Vector 比 ArrayList 類別發展的還早，在 1996 年 1 月發表 Java 時就已經支援。如果使用在比較早期開發的 Java 應用程式上，Vector 的相容性會比較高些。

同時只有一個執行緒可存取 Vector 陣列物件

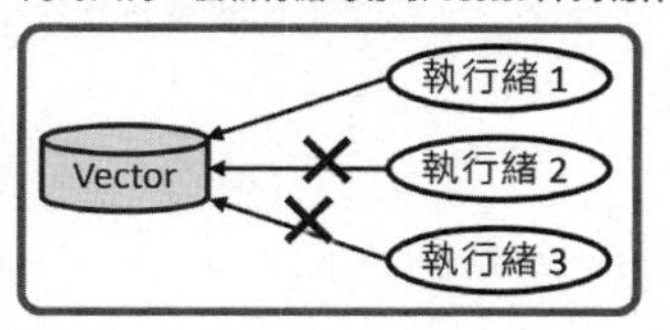

多個執行緒可同時存取一個 ArrayList 陣列物件

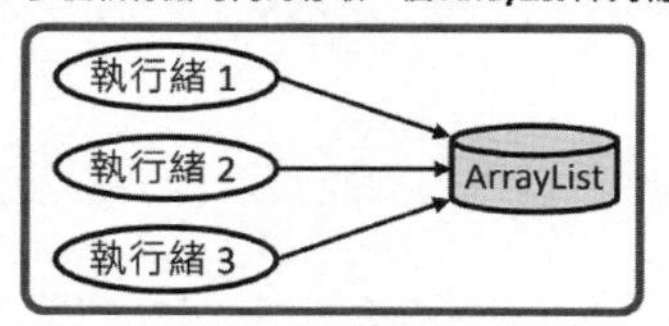

圖 1　Vector 與 ArrayList 在執行緒同步處理的差異

Note

第8章 例外的處理

程式執行的過程中，可能會發生不可預測的錯誤或狀況，這些錯誤稱爲例外（Exception）。Java 程式語言提供了一個例外處理機制，確保程式的正常執行。妥善的處理例外是撰寫可靠程式的重要關鍵。

8-1 例外

1. 錯誤發生階段

程式的撰寫，很難完全沒有錯誤。錯誤發生的時機通常分成兩個層次：

(1) 設計時期（Design-time）錯誤：這一類的錯誤在編譯時就會發現，因爲有錯誤就會編譯不過。

(2) 執行時期（Runtime）錯誤：編譯通過了，不代表就不會有錯誤。執行的時候，發生錯誤的狀況，就稱爲執行時期錯誤。

參考下列 Prog0801_1.java 程式範例，程式本身語法並沒有錯誤，可以編譯成功：

```
1 public class Prog0801_1 {
2     public static void main(String[] args){
3         int[] a={3,5,0};
4         for( int i=0; i<=3 ; i++ )
5            System.out.println( a[i] );
6 } }
```

執行的時候，卻會發生如下顯示的例外（Exception）錯誤訊息：

```
3
5
0
Exception in thread "main" java.lang.ArrayIndexOutOfBoundsException:
Index 3 out of bounds for length 3 at Prog0801_1.main(Prog0801_1.java:5)
```

例外（Exception）錯誤：「**ArrayIndexOutOfBoundsException**」表示超過陣列的索引值，以本範例中的陣列 a 只有三個元素，索引值分別是 0～2（a[0], a[1], a[2]），當迴圈 i 的值爲 3，要顯示 a[3] 的內容時，就會發生超過陣列索引的例外了。

2. 錯誤發生狀況

程式執行時期發生例外錯誤的情況很多，包括：

(1) 陣列超過索引值：使用索引不足或超過，都會發生例外的錯誤。
(2) 虛值（null）情況：使用 null 物件的屬性或方法時，所發生的錯誤。
(3) 使用者輸入不正確的類型：例如要求輸入整數，卻輸入字串；要求輸入正整數，卻輸入浮點數。
(4) 程式運作中的問題：例如要判斷某個變數的內容，但是該變數卻沒有內容；記憶體不足、字碼種類不符等系統的錯誤。
(5) 輸出／輸入異常：進行輸出或輸入的作業時，發生了異常情況：例如檔案不存在、網路連線中斷等。
(6) 計算錯誤：進行數學運算時，出現了不合法的算術運算，例如分母爲零的情況。

早期爲了避免程式執行時，遇到沒有考慮到的情況或不正常執行的錯誤，而造成程式不正常的結果或停止，往往需要花費很大功夫避免這些錯誤的發生，因而延誤許多程式開發的時間。

例如 Prog0801_2.java 的範例，程式第 10～13 行，增加一個 if 判斷式，爲了要防止計算兩數相除時，意外輸入分母爲零而造成的錯誤：

```
1   import java.util.*;
2   public class Prog0801_2 {
3       public static void main(String[] args){
4           Scanner scanner = new Scanner(System.in);
5           System.out.print("請輸入分子數:");
6           int a = scanner.nextInt();
7           System.out.print("請輸入分母數:");
8           int b = scanner.nextInt();
9           //求 a÷b
10          if(b != 0)
11              System.out.println(a+"除以"+b+"等於:"+(a/b));
12          else
13              System.out.println("除數不能為0");
14      }
15  }
```

上述利用判斷的方式，在一些程式語言中很常被利用，但是這樣的方式會使得錯誤處理與運算處理的邏輯混在一起。如果運算式較複雜時，程式容易龐雜而難以閱讀。而且程式也必須要考慮到各種可能發生錯誤的判斷式，即使有一些很少發生的錯誤，也都必須一視同仁的進行判斷檢查，這會使得程式的執行效率受到相當程度的影響。

8-2 例外類別

Java 的例外處理機制可以協助我們「攔截」到程式執行時期的錯誤，以便能進一步處理系統可以恢復的錯誤。**例外（Exception）**是 Java 中定義的一種類別的資料類型，在特定錯誤發生時會抛出例外物件（注意，「抛出」的例外是一個物件），我們可以攔截這些例外，再加以處理，避免程式可能的錯誤發生。因此，什麼是例外，簡單的說，只要是程式所發生不可預期的程式錯誤，就是例外！例外發生時，系統會抛出例外的物件，不同例外物件就會是由不同例外物件建構的實例。

參見圖 1 所示，例外類別的繼承關係。Java 的例外類別分為兩大類：

(1) 受檢例外（Checked Exception）：屬於即使程式設計正確，也有可能會產生的例外種類。在 Java 語言中，對於這一類型的例外，程式設計者必需要自行處理，否則，程式無法通過編譯。

(2) 非受檢例外（Unchecked Exception）：類別大多是屬於 java.lang 套件中繼承自 Exception 類別的子類別，這類程式能夠通過編譯，會發生在執行程式的時候，也就是執行時期（Runtime），因為資料處理或運算的問題而發生例外情況。

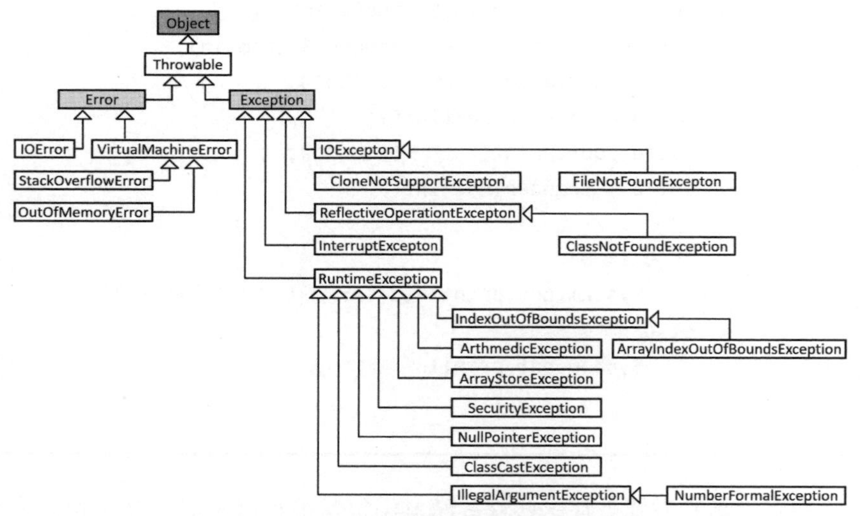

圖 1　Java 例外類別繼承關係圖

圖 1 最重要的觀點是：無論是哪一種例外類別，均是繼承自 Exception 類別。也就是說，Exception 類別是各個例外類別共同的上層類別（Super class/Parent class）。

表 1　常見的受檢例外類別

例外類別	產生原因
ClassNotFoundException	找不到指定的類別。
CloneNotSupportException	在類別中使用clone( )方法，但該類別並未實作Cloneable介面。
FileNotFoundException	找不到指定的檔案。
InterruptedException	另一個執行緒試圖使用 interrupt( ) 方法來中斷已停止執行的執行緒。
IOException	檔案、網路……的輸出、入錯誤時產生的例外。

表 2　常見的非受檢例外類別

例外類別	產生原因
ArithmeticException	運算式產生的例外，例如：除數為 0。
ArrayStoreException	指定陣列內容時產生的錯誤。
ArrayIndexOutOfBoundsException	陣列的索引值指定超出索引範圍的錯誤。
ClassCastException	類別轉型錯誤。
IllegalArgumentException	呼叫執行方法時，傳遞錯誤的引數。
IndexOutOfBoundsException	索引使用時超出範圍。
NullPointerException	使用物件時，該物件的參考值為 null。
NumberFormatException	將字串轉換為數字時，產生無法轉換的錯誤。
SecurityException	違反安全性的限制。

參見 Prog0802.exe 程式，執行時輸入 1～7 分別會發生對應的例外，如果輸入的不是整數，則會發生 InputMismatchException 例外。

```
1  import java.sql.Date;
2  import java.util.Scanner;
3  public class Prog0802 {
4      public static void main(String[] args) {
5          Scanner sc = new Scanner(System.in);
6          System.out.print("請輸入一個整數：");
7          int value = sc.nextInt();
8          switch (value) {
9              case 1:  // 引發 ArithmeticException
10                 int a = 10 / 0;
11             case 2:  // 引發 ArrayStoreException
12                 Object[] objArray = new Integer[4];
13                 objArray[0] = "Hello";
14             case 3:  // 引發 ArrayIndexOutOfBoundsException
15                 int[] intArray = {1, 2, 3};
16                 intArray[3] = 4;
17             case 4:  // 引發 ClassCastException
18                 Object obj = "Hello";
19                 Integer num = (Integer) obj;
20             case 5:  // 引發 IllegalArgumentException
21                 String dt = "2024";
22                 Date date = Date.valueOf( dt );
23             case 6:  // 引發 NullPointerException
24                 String str = null;
25                 System.out.println(str.length());
26             case 7:  // 引發 NumberFormatException
27                 int num1 = Integer.parseInt("abc");
28         }
29     }
30 }
```

執行狀況，顯示如下：

(1) 選擇 1 發生的例外結果：

```
請輸入一個整數：1
Exception in thread "main" java.lang
 .ArithmeticException Create breakpoint : / by zero
    at Prog0802.main(Prog0802.java:10)
```

(2) 選擇 2 發生的例外結果：

```
請輸入一個整數：2
Exception in thread "main" java.lang
 .ArrayStoreException Create breakpoint : java.lang.String
    at Prog0802.main(Prog0802.java:13)
```

(3) 選擇 3 發生的例外結果：

```
請輸入一個整數：3
Exception in thread "main" java.lang
 .ArrayIndexOutOfBoundsException Create breakpoint : Index 3
 out of bounds for length 3
    at Prog0802.main(Prog0802.java:16)
```

(4) 選擇 4 發生的例外結果：

```
請輸入一個整數：4
Exception in thread "main" java.lang
 .ClassCastException Create breakpoint : class java.lang.String
 cannot be cast to class java.lang.Integer (java.lang
 .String and java.lang.Integer are in module java.base of
 loader 'bootstrap')
    at Prog0802.main(Prog0802.java:19)
```

(5) 選擇 5 發生的例外結果：

```
請輸入一個整數：5
Exception in thread "main" java.lang
 .IllegalArgumentException Create breakpoint
    at java.sql/java.sql.Date.valueOf(Date.java:141)
    at Prog0802.main(Prog0802.java:22)
```

(6) 選擇 6 發生的例外結果：

```
請輸入一個整數：6
Exception in thread "main" java.lang
 .NullPointerException Create breakpoint : Cannot invoke
 "String.length()" because "str" is null
    at Prog0802.main(Prog0802.java:25)
```

(7) 選擇 7 發生的例外結果：

```
請輸入一個整數：7
Exception in thread "main" java.lang
 .NumberFormatException Create breakpoint : For input string:
 "abc"
    at java.base/java.lang.NumberFormatException
     .forInputString(NumberFormatException.java:67)
    at java.base/java.lang.Integer.parseInt(Integer
     .java:665)
    at java.base/java.lang.Integer.parseInt(Integer
     .java:781)
    at Prog0802.main(Prog0802.java:27)
```

8-3 例外處理

例外處理的目的是爲了讓程式能夠更強健（Robust），當程式遇到錯誤狀況，也不會造成程式崩潰（Crashing）。Java 提供一個例外處理的機制。當發生例外時，透過「捕捉」的方式，攔截到例外，移轉至預先設定的執行程序，給予適當處理。例外的處理有三個關鍵：

(1) 設定攔截範圍：只會攔截發生在指定範圍內的例外。
(2) 指定攔截的例外類別：如果發生例外時，catch 敘述會攔截並判斷例外物件的類型，如果該例外物件不是指定攔截的例外類別，就不會處理。
(3) 處理程序：撰寫攔截到指定例外時，執行對應的處理程序。

1. 語法

如圖 1 所示，例外處理的指令是由：**try**、**catch**、**finally** 三個關鍵字組合的語言來達到，其語法結構如下：

```
try {
  程式敘述
}catch( 例外類別 例外物件名稱 ) {
  例外處理的程式碼
}finally{
  一定會處理的區塊
}
```

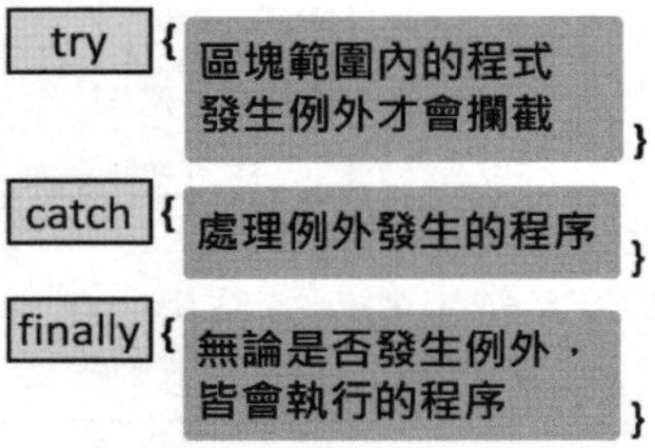

try { 區塊範圍內的程式發生例外才會攔截 }
catch { 處理例外發生的程序 }
finally { 無論是否發生例外，皆會執行的程序 }

圖 1　例外處理語法

(1) try的程式區塊

此處放的是一般執行的程式。但在此區塊內的程式一有任何例外發生且**符合 catch 所指定攔截的例外類別**，就會跳到 catch 敘述的區塊內執行，否則就會跳到 catch 區塊之後的程式繼續執行。

(2) catch 的程式區塊

當 try 區塊在執行時發生例外，便會跳到 catch 敘述檢查是否有符合攔截的例外類別，如果有，就會執行 catch 區塊內的程式，此時可以透過該**例外物件**取得相關的例外資訊。程式執行完畢後，會跳到區塊之後的程式繼續執行。

catch 敘述括號內接收的參數，所代表的意義：

①第一個名稱是例外類別，表示如果攔截到的例外是這個類別（或是子類別）時，就跳到這一個區塊內執行。

②第二個名稱是被攔截到的例外物件名稱。當例外發生，並被系統拋出此物件時，是沒有名稱的，也就是無名物件。當被攔截到時，catch 程式再取個方便使用的名稱。最簡單方便的名稱，慣例就命名爲 e，表示 exception 之意。

(3) finally 的程式區塊

無論執行正常或發生例外而執行 catch 區塊內的程式，之後都一定會執行 finally 區塊內的程式。因此如果有需要收尾的善後工作就可以放在此一區塊內。

一個 try 所包括的區塊，必須有對應的 catch 區塊，它可以有多個 catch 區塊，而 finally 可有可無，如果沒有定義 catch 區塊，則一定要有 finally 區塊。catch 區塊內可以是空的，不包含任何程式，表示攔截到例外後，不做任何處理。

參考 8-1 節，Prog0801_2.java 計算除數的程式。在程式中使用 if 判斷分母是否爲零的方式，不過如果使用者在輸入分子或分母的數值時輸入的是文字，程式一樣會發生例外。因此，參考下列 Prog0803.java，將程式改寫成攔截多個例外，包括分母爲零的狀況，以及輸入資料爲非文字的狀況：

```
1  import java.util.*;
2  public class Prog0803_1 {
3      public static void main(String[] args){
4          try{
5              Scanner scanner = new Scanner(System.in);
6              System.out.print("請輸入分子數:");
7              int a = scanner.nextInt();
8              System.out.print("請輸入分母數:");
9              int b = scanner.nextInt();
10             System.out.println(a+"除以"+b+"等於:"+a/b);
11         }catch (ArithmeticException e){
12             System.out.println("除數不能為0");
13         }catch (InputMismatchException e){
14             System.out.println("輸入的數值必須為整數數值");
15         }
16     }
17 }
```

程式執行時，若發生輸入的分母爲零，或是輸入非整數時，系統會依據攔截的例外物件所屬的類別，執行對應的程式。

例如下列分別示範例外發生的處理結果畫面：

(1) 分母為零

```
請輸入分子數:20
請輸入分母數:0
除數不能為0
```

(2) 輸入非整數值

```
請輸入分子數:20
請輸入分母數:15.5
輸入的數值必須為整數數值
```

2. 攔截的簡化

Prog0803_1.java 程式，加入例外攔截處理程序，可以處理分母爲零，或輸入非數值的狀況。除非能夠確定有多少例外可能會發生，如果沒有撰寫攔截該例外的程式碼，而程式執行時發生未獲處理的例外時，一樣會發生錯誤執行的結果。

發生例外時，catch 如果沒有指定攔截該例外，程式就不做任何處理，而直接當掉。

變通的方式就是不指定特定攔截的例外，**只要是例外就通通都攔截**。由於所有例外類別都是繼承於 Exception 類別，因此，**只要是例外就一定是屬於 Exception 類別的子類別**。所以，如果不需要攔截「特定」的例外，可以將 Prog0803_1.java 程式改爲 Prog0803_2.java 的 catch 攔截方式：

```
1  import java.util.*;
2  public class Prog0803_2 {
3      public static void main(String[] args){
4          try{
5              Scanner scanner = new Scanner(System.in);
6              System.out.print("請輸入分子數:");
7              int a = scanner.nextInt();
8              System.out.print("請輸入分母數:");
9              int b = scanner.nextInt();
10             System.out.println(a+"除以"+b+"等於:"+a/b);
11         }catch (Exception e){
12             System.out.println("執行發生例外");
13         }
14     }
15 }
16
```

3. 例外類別的方法

例外發生，除了依據例外類別的種類判斷可能的原因，另外的方式就是透過 Exception 類別的方法來獲得發生原因訊息，不過訊息主要提供程式設計人員看的，其實也不會很白話，Exception 類別中提供有關訊息的方法如表 1 所示：

表 1　Exception 類別常用的方法

回傳值類型	方法	功用
Throwable	getCause()	取得此例外的 Throwable 物件，以獲得例外的原因，如果原因不存在或未知，則傳回 null。
String	getLocalizedMessage()	取得此例外的 Throwable 物件的局部描述。
String	getMessage()	取得此例外物件的說明訊息。
String	toString()	取得此例外類別的名稱與簡短說明訊息。

參考下列 Prog0803_3.java 程式，當命令列輸入的參數有非數字的時候，就會產生例外。如果輸入的數字都正確，也會因陣列索引超過而發生例外。當攔截到例外時，程式示範使用例外物件的方法，顯示其訊息。

```
public class Prog0803_ {
    public static void main(String args[]){
        try{
            int a[]=new int[args.length-1];
            for(int i=0; i<args.length; i++)
                a[i]=Integer.parseInt(args[i]);
        }catch(Exception e){
            System.out.println("例外原因："+e.getCause());
            System.out.println("例外局部描述："+e.getLocalizedMessage());
            System.out.println("例外訊息："+e.getMessage());
            System.out.println("例外類型："+e.toString());
        }finally{
            System.out.println("==程式結束==");
        }
    }
}
```

(1) 沒有傳入參數時，引發 NegativeArraySizeException 的程式執行結果：

```
例外原因：null
例外局部描述：-1
例外訊息：-1
例外類型：java.lang.NegativeArraySizeException: -1
==程式結束==
```

(2) 傳入非整數的參數，執行程式第 4 行的轉換時，發生 NumberFormatException 的程式執行結果：

```
例外原因：null
例外局部描述：For input string: "A"
例外訊息：For input string: "A"
例外類型：java.lang.NumberFormatException: For input string: "A"
==程式結束==
```

(3) 傳入正確的整數參數，程式第 4 行取得 args 陣列的參數減少一個（故意製作的錯誤），發生超出陣列索引數量的錯誤。

```
例外原因：null
例外局部描述：Index 1 out of bounds for length 1
例外訊息：Index 1 out of bounds for length 1
例外類型：java.lang.ArrayIndexOutOfBoundsException: Index 1 out of
 bounds for length 1
==程式結束==
```

8-4 拋出例外：throw

程式執行過程，所引發的例外，如 ArithmeticException、InputMismatchException 等，都是由 Java 虛擬機器（JVM）依據錯誤的狀況，而自動產生拋出的例外。除了這些「自動」產生的例外，也可以在程式中自行產生並拋出例外，提供更外層的程式來處理這些例外。自行拋出例外的方式包括下列兩種方式：

(1) throw：在程式中拋出一個例外物件。

(2) thorws：宣告某一類別的方法，指定該方法可拋出之例外。

在程式中拋出例外物件的語法為：

throw 例外物件；

拋出的例外，可以是既有的例外物件，也可以是使用 new 建構的自訂例外物件。建構時，呼叫建構子時傳遞的引數，可指定例外的錯誤訊息內容。此訊息內容之後可透過該例外物件的 getMessage() 方法取得。參考下列 Prog0804_1.java 程式，示範在 division( ) 方法中，自行拋出例外的練習：

```
1  public class Prog0804_1 {
2      static float division(int num1, int num2){
3          float ans=0; // 計算結果
4          try{
5              if (num2==0)
6                  throw new ArithmeticException("發生除數為零的錯誤");
7              ans=(float)num1/num2;
8
9          }catch(Exception e){
10             System.out.println("程式錯誤，錯誤原因："+e.getMessage() );
11         }finally{
12             return ans;
13         }
14     }
15     public static void main(String arts[]){
16         System.out.println("12/0="+division(12,0));
17     }
18 }
```

(1) 程式首先由第 15 行 main( ) 程式進入點開始執行。第 16 行執行 division(12, 0)，表示跳至第 2 行執行 division( ) 方法，並傳入 12 與 0 兩個整數。

(2) division( ) 方法內，第 5 行判斷若接收第二個整數為 0 時，執行第 6 行自行拋出一個使用 new 建構的自訂例外物件。拋出此例外後，會被第 9 行的 catch 攔截，而執行第 10 行的程式。執行結果，顯示如下：

```
程式錯誤，錯誤原因：發生除數為零的錯誤
12/0=0.0
```

例外可以是程式沒有發生錯誤，只是因爲資料不符所需，而自行引發例外，以便修正資料。例如下列 Prog0804_2.java 輸入成績的程式，要求輸入值必須介於 0～100 的整數。如果數值不符，必須重新輸入，直到符合爲止。

```
1  import java.util.*;
2  public class Prog0804_2 {
3      public static void main(String arts[]){
4          Scanner sc = new Scanner(System.in);
5          int num=0, sum=0 ; // num : 記錄修課的數量, sum : 成績總分
6          try{
7              System.out.print( "請輸入修課數量：" );
8              num = sc.nextInt( );  // num 記錄修課的數量
9              if (num <=0)
10                 throw new Exception( );
11             int cnt=1; //記錄正在輸入的課目數
12             int score=0; //輸入的成績
13             while ( cnt <= num ){
14                 System.out.print( "請輸入第 "+ cnt + " 筆課目的成績：" );
15                 try {
16                     score = sc.nextInt();
17                     if (score < 0 || score > 100)
18                         throw new Exception("成績必須是介於 0 ~ 100 之間的整數。");
19                     sum += score; // 將 score 成績累加入 sum 變數
20                     cnt++;
21                 }catch( InputMismatchException e2){
22                     System.out.println("成績必須是整數。");
23                     sc.nextLine();
24                 }catch(Exception e3){
25                     System.out.println( e3.getMessage() );
26                 }
27             }
28             System.out.printf( "修課數目：%d, 總分：%d, 平均：%3.2f",
29                                 num, sum, (float)sum/num );
30         }catch(Exception e1){
31             System.out.println( "修課數量必須是大於零的整數。" );
32         }
33     }
34 }
```

執行結果，顯示如下：

```
請輸入修課數量：2
請輸入第 1 筆課目的成績：120
成績必須是介於 0 ~ 100 之間的整數。
請輸入第 1 筆課目的成績：A+
成績必須是整數。
請輸入第 1 筆課目的成績：95
請輸入第 2 筆課目的成績：83
修課數目：2, 總分：178, 平均：89.00
```

8-5 抛出例外：throws

如果在方法內的程式發生例外，但是該方法卻沒有 try...catch 的例外處理，就可以在該方法的宣告，使用 throws 指令將例外抛出，由呼叫該方法的上一層來處理。

1. 方法抛出單一例外

參考下列 Prog0805_1.java 程式的內容：

```
1  public class Prog0805_1 {
2      public int divide(int a, int b) throws ArithmeticException {
3          return a / b;
4      }
5
6      public static void main(String[] args) {
7          Prog0805_1 t = new Prog0805_1();
8          try {
9              System.out.println( t.divide(10, 0) );
10         }
11         catch (ArithmeticException ex) {
12             System.out.println("發生運算錯誤");
13         }
14     }
15 }
```

(1) 參考圖 1 所示，首先程式由第 6 行程式進入點 main( ) 方法開始執行，第 9 行呼叫執行 divide( ) 方法，計算傳入數值的運算。

(2) divide( ) 方法，在程式第 2 行的宣告包含「throws ArithmeticException」關鍵字，方法內執行時，發生運算的例外（如程式中傳入被除數 10，除數 0）時，divide( ) 方法內並沒有 try … catch 的攔截處理，而是透過方法的 throws 宣告抛出一個 ArithmeticException 類別型態的例外物件，再由原先呼叫執行 divide( ) 方法的 main( ) 方法攔截處理這一個例外物件。

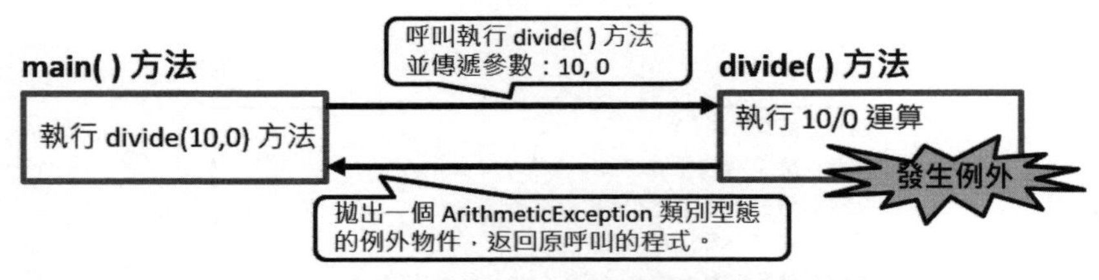

圖 1　方法中抛出例外由原呼叫的程式處理

2. 方法抛出多個例外

如果一個方法可能會發生不只一種例外，例如 divide( ) 方法，除了有可能會發生 ArithmeticException 例外之外，也可能發生 IOException 例外。程式可以將多個例外類別以逗點分開，撰寫成如下所示的宣告：

public int divide(int a, int b) throws IOException, ArithmeticException {
　　方法內的程式碼
}

參考下列 Prog0805_2.java 程式，結合 throw 自行抛出例外與 throws 方法抛出例外的語法。

```
1  public class Prog0805_2 {
2      int[] score = { 85, 95, 75 };
3      float average =0;
4      public void myScore( ) throws IllegalArgumentException,
5                                    IndexOutOfBoundsException {
6          int sum=0;
7          for ( int i=0; i< score.length; i++) {
8              if (score[i] < 0 || score[i] > 100)
9                  throw new IllegalArgumentException("數值範圍不符");
10             sum += score[i];
11         }
12         average = (float)sum/score.length;
13     }
14     public static void main(String[] args){
15         Prog0805_2 t = new Prog0805_2( );
16         try{
17             t.myScore( );
18             System.out.println("平均方數："+ t.average);
19         }catch (Exception e){
20             System.out.println("成績算發生錯誤：" + e.getMessage() );
21         }
22     }
23 }
```

myScore( ) 方法執行時可以抛出 IllegalArgumentException 與 IndexOutOfBoundsException 兩種例外。提供 main( ) 方法使用 try ... catch 攔截這兩種例外，再進行相應的處理。

(1) 如果 myScore( ) 方法內的程式能正確執行成績的運算，不會有任何例外產生。

(2) 如果將第 2 行，陣列 score 內的值，變更爲小於 0 或大於 100 的整數。執行 myScore( ) 方法時，第 8 行程式的判斷成立，就會自行引發 IllegalArgumentException 例外，並被 myScore( ) 方法抛出，由原呼叫程式：main( ) 負責攔截處理。

(3) 如果將第 7 行，for 迴圈的條件「i < score.length」改爲「i <= score.length」。執行 myScore( ) 方法時，就會發生 IndexOutOfBoundsException 例外，並被 myScore( ) 方法抛出，由原呼叫程式：main( ) 負責攔截處理。

8-6 自訂例外

Exception 是一個類別。各種例外物件的類別型態，均是繼承自 Exception 類別。如果需要建立自己的例外類別，來處理特殊的情況，可以使用繼承（有關「繼承」語法的介紹，請參見第十二章）Exception 類別或是 Exception 的子類別，產生自訂的例外類別。產生自訂例外類別的語法範例如下：

```
// 繼承自 Exception 類別
class MyException_1 extends Exception { ... }
```

或

```
// 繼承自 RuntimeException 類別
class MyException_2 extends RuntimeException { ... }
```

參見 8-2 節，圖 1 所示的繼承關係。繼承而來的子類別可以拋出和父類別相同的例外、或者是父類別的子類別。語法宣告範例的自訂類別 MyException_1，可以拋出 Exception、RuntimeException、或是 IOException 等，各種例外類別的物件。但是自訂類別 MyException_2 只能拋出 RuntimeException、IndexOutOfBoundsException、ArithmeticException 等「非受檢例外類別」的物件。

Exception 類別並沒有自己的方法，它的方法都是由 Throwable 類別中繼承來的。所以，當繼承 Exception 類別來定義自己的例外類別時，可以不需要設計自己的方法，而是改寫 Throwable 類別中的方法就可以了。參考表 1 所列 Throwable 類別的方法：

表 1　Throwable 類別的方法

回傳值類型	方法	作用
Throwable	fillnStackTrace()	傳回包含完整堆疊追蹤的 Throwable 的物件。
Throwable	getCause()	傳回造成例外原因的 Throwable 物件。
String	getLocalizedMessage()	傳回例外的訊息說明，通常此方法傳回的訊息和 getMessage() 相同。
String	getMessage()	傳回例外的訊息。
StackTraceTlement[ ]	getStackTrace()	傳回包含堆疊追蹤的陣列。
Throwable	initCause(Throwable cause)	將 cause 當作是例外發生的原因。
void	printStackTrace()	顯示堆疊追蹤。
void	printStackTrace(PrintStream ps)	將堆疊追蹤顯示在 PrintStream 類別的串流物件之中。

回傳值類型	方法	作用
void	printStackTrace(PrintWriter pw)	將堆疊追蹤顯示在 PrintWriter 類別的串流物件之中。
void	setStackTrace(StackTraceElement[] ste)	設定堆疊追蹤元素由 getStackTrace() 方法傳回、由 printStackTrace() 方法顯示。
String	toString()	傳回簡短的例外描述字串。

參考下列 Prog0806_1.java 程式，對照圖 1 的執行程式，示範自訂例外的常見使用時機：

```
1  class UserException extends Exception {
2      private String errCode;     // 自訂例外的錯誤碼
3      private String errMessage;  // 自訂例外的錯誤訊息
4      // 自訂例外的構造方法，需要傳入錯誤資訊和錯誤碼
5      public UserException(String errCode) {
6          this.errCode = errCode;
7          errMessage="這是一個自訂例外!!";
8      }
9      public String getErrCode( ) { // 獲取自訂例外的錯誤碼
10         return errCode;
11     }
12     public String getMessage( ) { // 獲取自訂例外的錯誤訊息
13         return errMessage;
14     }
15 }                                          自訂例外類別
16 public class Prog0806_1 {
17     // 拋出自訂例外
18     public void throwUserException( ) throws UserException {
19         throw new UserException("001");
20     }
21     public static void main(String[] args) {
22         Prog0806_1 test = new Prog0806_1( );
23         try {
24             test.throwUserException( );
25         } catch (UserException e) {
26             System.out.println("錯誤碼：" + e.getErrCode());
27             System.out.println("錯誤訊息：" + e.getMessage());
28         }
29     }
30 }
```

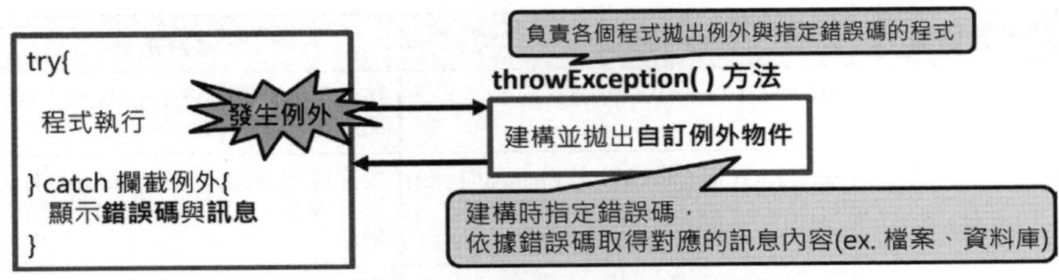

圖 1　自訂例外應用在訊息處理的範例

資訊系統分析與設計時，將程式執行時產生的錯誤、例外，都給予編列號碼，可以提供系統運作的許多好處，包括：

(1) 編號方便識別和確認錯誤發生原因：可以在系統設計時，將各個編號的錯誤發生與解決方案，編寫成錯誤代碼表（Error Code Table、Error Message Table）。
(2) 提高可讀性：通過編號可以快速了解錯誤的類型和原因，而不僅只是由程式顯示的錯誤訊息判斷發生的狀況。
(3) 便於國際化：可以爲每個錯誤編號配置不同的訊息內容，這些訊息獨立儲存在檔案或資料庫內，而非寫死在程式內。系統運作時，可以單獨修改錯誤訊息的內容，甚至改變全部訊息的語文內容，方便實現多國語文版本的需求。

程式中，可以假設訊息是在程式第 8 行，讀取檔案或資料庫表格，取得的訊息內容。程式執行的結果，顯示如下：

```
錯誤碼：001
錯誤訊息：這是一個自訂例外!!
```

以下，示範一個更具體的自訂例外，模擬對目錄內檔案操作時，檔案不存在而引發例外的練習。參考下列 Prog0806_2.java 程式，具備如圖 2 所示的類別結構，包括一個自訂的 MyException 例外類別 與 Prog0806_2 主程式類別。示範專業型應用系統開發時，爲了方便管理錯誤發生的狀況，以便查找其對應的處理方式。

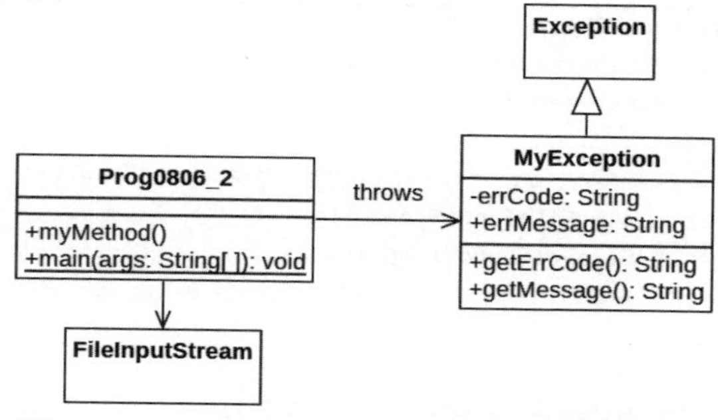

圖 2　Prog0806_2.java 程式的類別結構

自訂的 MyException 例外類別：

```
2  class MyException extends Exception{
3      private String errCode;
4      private String errMessage;
5      MyException (String code){
6          errCode = code;   //自訂的錯誤碼
7          //模擬依據錯誤碼，讀取預先儲存在檔案或資料庫的訊息內容，產生錯誤訊息內容
8          errMessage = "這是一個自訂例外!!";
9      }
10     public String getErrCode( ){
11         return errCode;
12     }
13     public String getMessage( ){
14         String s ="錯誤代碼：" + getErrCode( ) + "\n" +
15                   "錯誤訊息：" + errMessage;
16         return s;
17     }
18 }
```

主程式 Prog0806_2 類別：

```
19  public class Prog0806_2{
20      public void myMethod() throws Exception { // 請注意throws最後面是s
21          FileInputStream f;
22          try {
23              // 若不存在 abc.txt 檔案，便會引發 FileNotFoundException 例外
24              f = new FileInputStream("abc.txt");
25          } catch(FileNotFoundException e) {
26              /*  嚴謹的系統設計，會在此處將錯誤狀況(操作者、程式名稱、時間、過程等資訊
27                  寫入紀錄系統日誌(log)
28              */
29              throw new MyException( "F001" );
30          }
31      }
32      public static void main(String[] argv) {
33          Prog0806_2 t = new Prog0806_2();
34          try {
35              t.myMethod();
36          } catch(Exception e) {
37              System.out.println("攔到一個例外，例外訊息為：" + e.getMessage( ) );
38          }
39      }
40  }
```

程式使用 FileInputStream 類別開啓檔案（沒有實際開啓檔案，只是用來模擬開啓檔案時發生錯誤），此類別存在於 java.io 套件內。因此程式開頭，先匯入此一類別的套件：

```
1   import java.io.*;
```

1. MyException 類別說明

MyException 例外類別繼承於 Exception 類別，因此擁有 Exception 類別原本具備的屬性與方法。

(1) 程式第 3～4 行，增加兩個私用的屬性：
   ① errCode：存放自訂的錯誤碼編號；
   ② errMessage：存放此代碼的錯誤訊息內容。
(2) 程式第 5～9 行，增加一個建構子方法：MyException( )，建構此例外時，依據接收參數指定錯誤碼。
(3) 程式第 10～12 行，增加一個 getErrCode( ) 方法，用於回傳例外物件的錯誤碼。
(4) 程式第 13～17 行，增加一個 getMessage( ) 方法，用於回傳例外物件的錯

誤碼與對應的錯誤訊息。

2. Prog0806_2 類別說明

(1) 執行時，首先由第 32 行，程式進入點開始執行。
(2) 程式第 33 行，將此此主程式類別 Prog0806_2 建構成名稱爲 t 的物件。
(3) 程式第 35 行，執行此 t 物件的 myMethod( ) 方法，程式執行權移轉至第 20 行。
(4) 程式第 24 行，開啓程式所在目錄內的「abc.txt」檔案。如果目錄內不存在「abc.txt」檔案，便會引發發生 FileNotFoundException 例外。
(5) 透過 try...catch 於程式第 25 行，攔截到此一例外，執行程式第 29 行，抛出自訂的 MyException 例外的物件。若系統設計指定：檔案不存在的自訂錯誤代碼是「F001」，因此建構此 MyException 物件時傳入「F001」。
(6) 程式第 29 行抛出的例外物件，會依據第 20 行指定由此方法抛回給原呼叫執行的第 35 行程式。
(7) 程式第 35 行，執行 myMethod( ) 方法後產生的例外，等同於「執行 myMethod( ) 方法時發生例外」的意義。因此，會被第 36 行的 catch 攔截此例外。
(8) 程式第 37 行，顯示例外物件的 getMessage( ) 方法，也就是程式第 13～17 行的執行結果：

```
攔到一個例外，例外訊息為：錯誤代碼：F001
錯誤訊息：這是一個自訂例外!!
```

Note

第9章 日期／時間類別

Java 有許多處理日期／時間的類別，最常見的包括 Date 與 Calendar 類別：Date 用來取得系統內部的日期與時間，使用簡單但功能性不足；Calendar 類別提供更多方法處理日期和時間，例如，增減特定數量的日期、時、分或秒。

2014 年發表的 Java 8 版，增加了 java.time 套件。在此套件內提供了許多時間類別，包括：

(1) LocalDate 日期類別：用於表示日期，不包含時間和時區資訊。可以用於計算日期之間的差距，也可以從日期中提取出年、月、日等資訊。
(2) LocalTime 時間類別：用於表示時間，不包含日期和時區資訊。可以用於計算時間之間的差距，也可以從時間中提取出時、分、秒等資訊。
(3) LocalDateTime 日期時間類別：結合 LocalDate 和 LocalTime 類別，用於表示不包含時區資訊的日期和時間。
(4) Duration 時間間隔類別：用於表示兩個時間之間的時間差距，可以用於計算兩個時間之間的日、時、秒、毫秒、微秒等差距。
(5) Instant 時間戳記類別：用於表示從 1970 年 1 月 1 日 00:00:00 UTC 開始經過的秒數，可用於表示絕對時間。
(6) Period 時間間隔類別：用於表示兩個日期之間的差距，可以用於計算兩個日期之間的年、月、日等差距。

本章節針對 Java 各個日期／時間類別的特性與使用方式，以及日期格式的處理，作一完整詳細的說明與介紹。

9-1 Date類別

Date 類別存在於 java.util 套件內，常用的方法請參見表 1 所列：

表 1　java.util.Date 類別的方法

回傳值類型	方法	說明
boolean	after(Date *dt*)	檢查傳入的日期 dt 物件是否在此物件之後，若是則回傳 true。
boolean	before(Date *dt*)	檢查傳入的日期 dt 物件是否在此物件之前，若是則回傳 true。
int	compareTo(Date *dt*)	比較傳入的日期 dt 物件，若是傳入的日期等於此日期物件，則回傳 0；若此日期 dt 物件小於傳入的日期，則回傳小於 0 的值；反之，此日期 dt 物件大於傳入的日期，則回傳一大於 0 的值。
void	setTime(long *ms*)	設定日期，傳入參數是 UTC 時間從 1970 年 1 月 1 日 0 時 0 分 0 秒 0 毫秒起，經過的毫秒數。
int	getTime( )	取得日期物件的內部時間。
String	toString( )	將此日期物件轉換成字串。

參考 Prog0901_1.java 程式，練習建立一個日期物件，取得並顯示現在系統的日期與時間，接著使用 setTime( ) 方法將日期物件的時間指定在 50000 毫秒之後，再顯示改變後的日期／時間。

```
1  import java.util.*;
2  public class Prog0901_1 {
3      public static void main(String[] args){
4          Date dt = new Date();
5          System.out.println("現在時間:" + dt.toString( ) );
6          dt.setTime(dt.getTime()+50000);
7          System.out.println("變更後時間:" + dt.toString( ) );
8  }}
```

程式執行結果，顯示如下（實際時間，以當下執行程式的電腦時間為準）：

```
現在時間:Thu May 09 12:52:06 CST 2024
變更後時間:Thu May 09 12:52:56 CST 2024
```

參考下列 Prog0901_2.java 程式，練習使用 compareTo( ) 方法，比較兩個日期物件是否相等。程式宣告兩個日期物件 dt1 與 dt2。dt1 為現在系統日期／時間，dt2 是將現在的日期／時間往後加 1000 毫秒，分別執行這兩個日期物件的比較並顯示結果：

```
1  import java.util.*;
2  public class Prog0901_2 {
3      public static void main(String[] args) {
4          // 建構兩個日期物件: dt1 與 dt2
5          Date dt1 = new Date();
6          Date dt2 = new Date();
7          dt2.setTime(dt1.getTime()+1000);  //將dt2時間增加1000毫秒
8          // 比較
9          int c1 = dt1.compareTo(dt2);  //日期物件 dt1 與 dt2 比較
10         int c2 = dt2.compareTo(dt1);  //日期物件 dt2 與 dt1 比較
11         int c3 = dt1.compareTo(dt1);  //日期物件 dt1 與 dt1 自己比較
12         // 顯示結果
13         System.out.println("dt1："+dt1.toString() );
14         System.out.println("dt2："+dt2.toString() );
15         System.out.println("dt1 比較 dt2，結果：" + c1);
16         System.out.println("dt2 比較 dt1，結果：" + c2);
17         System.out.println("dt1 比較 dt1 自己，結果：" + c3);
18     }
19 }
```

程式執行結果，顯示如下（實際時間，以當下執行程式的電腦時間為準）：

```
dt1：Thu May 09 12:54:56 CST 2024
dt2：Thu May 09 12:54:57 CST 2024
dt1 比較 dt2，結果：-1
dt2 比較 dt1，結果：1
dt1 比較 dt1 自己，結果：0
```

9-2 Calendar類別

Date 類別具備的 getYear( )、getMonth( )、getDay( )、getHours( ) 等方法，均已被宣布廢止，不再使用，使得 Date 類別無法用來單獨取得年、月、日或是時間的個別資訊。因此，管理日期的類別必須要改用 Calendar 類別。

Calendar 類別和 Date 一樣，都是存在於 java.util 套件內。使用時，只要呼叫其靜態方法 getInstance( ) 就會傳回一個 Calendar 物件：

```
Calendar cal = Calendar.getInstance( );
```

取得個別年、月、日、時、分、秒的資訊時，使用 Calendar 的 get( ) 方法，並在傳遞的引數指定時間類型即可。Calendar 常用的時間類型，請參見表 1 所列。

表 1　Calendar 類別的時間類型指定之常數一覽表

常數名稱	說明	常數對應的值
ERA	日期所屬的紀元。回傳值為 1 ，表示西元後（A.D.）；傳回值為 0，表示西元前（B.C.）。	0
YEAR	日期的年度。	1
MONTH	日期的月份。	2
WEEK_OF_YEAR	日期所在當年度的週次。	3
WEEK_OF_MONTH	日期所在當月份的週次。	4
DATE DAY_OF_MONTH	日期所在當月份的日數。	5
DAY_OF_YEAR	日期所在當年度的日數。	6
DAY_OF_WEEK	日期所在星期的日數。	7
DAY_OF_WEEK_IN_MONTH	日期當月週次的日數。1 日起就是第 1 週，8 日起就是第 2 週。以月份天數為標準。	8
AM_PM	日期所屬的時間為 AM 還是 PM。	9
HOUR	日期的小時。	10
HOUR_OF_DAY	日期的時間（24 小時制）。例如 10:04:15 250 PM，結果為 22。	11
MINUTE	日期的分鐘。	12
SECOND	日期的秒。	13
MILLISECOND	日期的毫秒（千分之一秒）。	14
ZONE_OFFSET	依據 GMT（格林威治標準時間）的偏移值。	15

參考 Prog0902_1.java 程式，練習產生一個名稱為 now 的 Calendar 物件，使用 get( ) 方法，逐一取得年、月、日，以及判斷是西元前還是西元後：

```
1  import java.util.*;
2  public class Prog0902_1 {
3      public static void main(String[] args) {
4          Calendar now = Calendar.getInstance( );
5          int year   = now.get( Calendar.YEAR );          //取得年度
6          int month  = now.get( Calendar.MONTH );         //取得月份
7          int day    = now.get( Calendar.DAY_OF_MONTH ); //取得當月的日
8          int hour   = now.get( Calendar.HOUR_OF_DAY ); //取得現在的時
9          int minute = now.get( Calendar.MINUTE );       //取得現在的分
10         int second = now.get( Calendar.SECOND );       //取得現在的秒
11         int era = now.get( Calendar.ERA );              //1:西元後；0:西元前
12         System.out.print( now.get(Calendar.ERA) == 1 ? "西元後" : "西元前" );
13         System.out.printf(" %02d 年 %02d 月 %02d 日 \n", year, month, day );
14         System.out.printf("時間：%02d 時 %02d 分 %02d 秒", hour, minute, second);
15     }
16 }
```

程式執行結果，顯示如下（實際時間，以當下執行程式的電腦時間為準）：

```
西元後 2024 年 04 月 09 日
時間：12 時 58 分 58 秒
```

Calendar 類別使用的星期常數：星期日為 SUNDAY，對應的內容值為 1，星期一為 MONDAY，內容值為 2，星期六為 SATURDAY，內容值為 7。參考 Prog0902_2.java 程式範例，示範如何取得今天的星期單位：

```
1  import java.util.*;
2  public class Prog0902_2 {
3      public static void main(String[] args) {
4          Calendar calendar = Calendar.getInstance();
5          int dayOfWeek = calendar.get(Calendar.DAY_OF_WEEK);
6          String[] week ={"","星期日","星期一","星期二","星期三"
7                          ,"星期四","星期五","星期六"};
8          System.out.println("今天是：" + week[ dayOfWeek ] );
9      }
10 }
```

執行結果，顯示如下（實際時間，以當下執行程式的電腦時間為準）：

```
今天是：星期四
```

9-3 Calendar 類別：時間設定

Calendar 與 Date 一樣具有 getTime( ) 方法，會傳回一個 Date 物件，也有一個 setTime( ) 方法，但其傳入引數是一個 Date 物件，因此不建議使用。設定日期／時間比較好的方式是使用 Calendar 類別提供的 set( )、add( ) 和 roll( ) 三個方法。使用方法時，如果是要改變月份，可以直接使用數字表示，也可以使用 9-2 節，表 1 的時間類型常數，例如指定九月使用 Calendar.SEPTEMBER；指定週五使用 Calendar.FRIDAY，餘此類推。

• set( ) 方法

set( ) 方法爲多載方法，有多種引數的使用方式，請參見表 1 所列。

表 1　Calendar 類別設定時間的靜態方法 set( )

回傳值類型	方法
void	public void set(int field, int value)
void	public final void set(int year, int month, int date)
void	public final void set(int year, int month, int date, int hourOfDay, int minute)
void	public final void set(int year, int month, int date, int hourOfDay, int minute, int second)

參考範例 Prog0903_1.java 程式，使用 set( ) 方法將現在的年度指定爲 2025 年。之後，使用 get( ) 方法取得年度時，會得到 2025。

```
1  import java.util.*;
2  public class Prog0903_1 {
3      public static void main(String[] args){
4          Calendar now=Calendar.getInstance( );
5          now.set( Calendar.YEAR, 2025 );
6          System.out.println( "現在年度：" + now.get(Calendar.YEAR) );
7          System.out.println ("現在月份：" + (now.get(Calendar.MONTH)+1) );
8      }
9  }
```

Calendar 物件的月份是從 0 起算，所以程式中**必須將月份加** 1，才會取得正確的月份。執行結果，顯示如下：

```
現在年度：2025
現在月份：5
```

參考下列 Prog0903_2.java 程式。使用 Calendar 的 set(*Year, Month, Day*) 方法直接指定年、月、日；使用 getTime( ) 方法取得時間的資訊，並配合練習使用 set( ) 修改月份。

```
1  import java.util.*;
2  public class Prog0903_2 {
3    public static void main(String[] args){
4      Calendar cal = Calendar.getInstance( );
5      cal.set( 2025, 2, 1 );  //將日期設定為 2025 年 2 月 1 日
6      Date dt1 = cal.getTime( );
7      System.out.println( "最初設定時間："+dt1.toString( ) );
8      cal.set( Calendar.MONTH, cal.get(Calendar.MONTH)+3);//將月份增加三個月
9      Date dt2 = cal.getTime( );
10     System.out.println( "修改之後時間：" + dt2.toString( ) );
11   }
12 }
```

執行結果，顯示如下：

```
最初設定時間：Sat Mar 01 11:55:22 CST 2025
修改之後時間：Sun Jun 01 11:55:22 CST 2025
```

使用 Calendar 的 set( ) 方法時，可以直接使用數字指定，不過須注意的是**設定的月份從 0 開始**，也就是 0 代表一月、1 代表二月……依此類推。如果擔心混淆，建議可以直接使用時間類型常數表示，例如 Calendar.JANUARY。所以，程式第 5 行，可以改寫爲如圖 1 所示的程式表示：

圖 1　set( ) 方法使用說明

set( ) 方法也可使用 set（*時間類型常數，數値*）方法單獨改變特定的日期／時間的類型，例如圖 2 所示的一行程式碼：

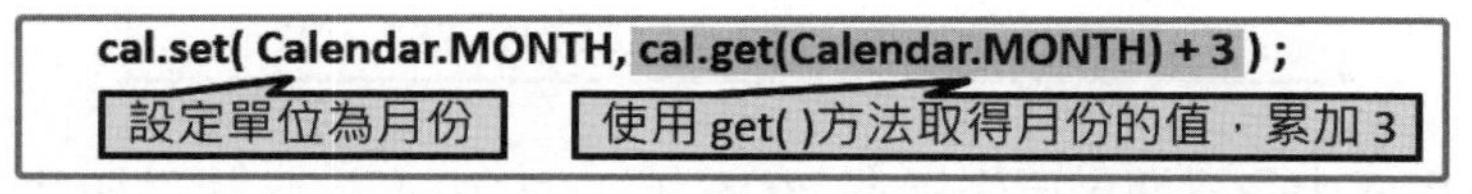

圖 2　使用 set( ) 方法單獨設定特定日期／時間類型

程式表示將月份往後增加 3 個月，而月份的值是先使用 get( ) 方法取得 cal 物件的月份，累加 3 後再經由 set( ) 方法存入 cal 物件。

9-4 Calendar 類別：時間增減

除了前一節使用 set( ) 可以增減日期／時間，Calendar 提供兩個增減日期／時間的專屬方法：

(1) add( ) 方法：日期／時間增減時，需考量更高位單位的累進或遞減。

(2) roll( ) 方法：以循環方式，只針對某一日期／時間單位內容增減。

1. add( ) 方法

使用時間類型常數或直接使用數字，對指定的時間單位進行加減運算。例如往後 3 個年度：add(Calendar.YEAR,3)、往前五個月份：add(Calendar.MONTH,-5)。

參考 Prog0904_1.java 範例，先使用 set( ) 方法設定一日期，再增加年度與減少月份，最後顯示改變後的日期結果：

```
1   import java.util.*;
2   class Prog0904_1 {
3       public static void main(String[] args){
4           Calendar cal = Calendar.getInstance();
5           cal.set(2025, 1, 10);  //將日期設定為 2025 年 1 月 10 日
6           Date dt1 =cal.getTime();
7           System.out.println("最初設定時間："+dt1.toString());
8
9           cal.add(Calendar.YEAR,2);  //年度增加 2 成為 2027
10          cal.add(Calendar.MONTH, -4);  //月份減 4 成為 10 月
11          Date dt2 =cal.getTime();
12          System.out.println("修改之後時間："+dt2.toString());
13      }
14  }
```

執行結果，顯示如下：

```
最初設定時間：Mon Feb 10 14:06:35 CST 2025
修改之後時間：Sat Oct 10 14:06:35 CST 2026
```

請注意程式中的日期，原先指定 2025 年 1 月 10 日，往後累加 2 年，執行結果是 2027 年。因爲接下來的程式將月份減少 4 個月，也就是 2027 年 1 月 10 日往前 5 個月。所以，最後執行結果的日期會是 2026 年的 10 月 10 日。和

數學運算的進位一樣，當月份增加到跨年，年度會進 1 位；當月份減少到跨年時，年度會遞減 1。同樣的觀念也可推及日、時、分、秒等時間類型。

add( ) 方法的語法：add(*日期類型*, *累加值*) 使用的方式等同於 set(*日期類型* , get(*日期類型*) + *累加值*)。

2. roll( ) 方法

使用方式與 add( ) 方法相同，差別是 roll( ) 不會執行進位，只是時間類型本身循環。也就是說，當月份跨年度時，年度並不會因此而改變；日數跨月份時，月份不會改變。

參考下列 Prog0904_2.java 程式，比較 add( ) 與 roll( ) 方法的差異。

```
1  import java.util.*;
2  public class Prog0904_2 {
3      public static void main(String[] args){
4          Calendar cal = Calendar.getInstance();
5          cal.set( 2025, Calendar.JANUARY, 10 );
6          System.out.println("最初設定時間："+cal.getTime());
7
8          cal.add(Calendar.MONTH, 13);  //增加 13 個月，年度會累進
9          System.out.println("使用 add( ) 方法，增加 13 個月："+cal.getTime());
10
11         cal.roll(Calendar.MONTH, 13);  //再增加 13 個月，但年度不會累進
12         System.out.println("使用 roll() 方法，增加 13 個月："+cal.getTime());
13     }
14 }
```

(1) 程式第 5 行，首先將日期設定在 2025 年 1 月 10 日。

(2) 程式第 8 行，使用 add( ) 方法累加 13 個月，跨年使得年度累進，結果於第 9 行顯示的日期為：2026 年 2 月 10 日。

(3) 程式第 11 行，使用 roll( ) 方法，再將日期累加 13 個月，縱使跨年也不會累進年度。結果於第 12 行顯示的日期為：是 2026 年 3 月 10 日，年度並未改變。

執行結果，顯示如下：

```
最初設定時間：Fri Jan 10 14:18:56 CST 2025
使用 add( ) 方法，增加 13 個月：Tue Feb 10 14:18:56 CST 2026
使用 roll() 方法，增加 13 個月：Tue Mar 10 14:18:56 CST 2026
```

9-5 LocalDate 日期類別

存在於 java.time 套件的 LocalDate 類別，提供沒有時區的日期資訊。LocalData 使用 ISO 8601 日期時間的格式：YYYY-MM-DD 格式，例如：2024-02-29。LocalDate 類別具備的常用方法，如表 1 所列：

表 1　LocalDate 類別常用方法

回傳值類型	方法	說明
boolean	equals(Object obj)	檢查此日期是否等於另一個日期。
Era	getEra()	取得日期的西元。
int	getYear()	取得年份。
Month	getMonth()	取得月份。
int	getDayOfYear()	取得年份的日數。
int	getDayOfMonth()	取得月份的日數。
int	getDayOfWeek()	取得星期。
boolean	isLeapYear()	依據 ISO proleptic 日曆規則，判斷年份是否為閏年。
LocalDate	now( )	取得電腦當前的日期。
LocalDate	of(int year, Month month, int dayOfMonth)	從指定的年月日，取得日期的實例。

參考 Prog0905_1.java 程式，示範取得日期資訊的練習：

```
1   import java.time.LocalDate;
2   public class Prog0905_1 {
3       public static void main(String[] args){
4           LocalDate d = LocalDate.now(); // 取得現在日期
5           System.out.println("現在日期：" + d.toString());
6           System.out.println("年度：" + d.getYear());
7           System.out.println("月份:" + d.getMonthValue());
8           System.out.println("日數:"  + d.getDayOfMonth());
9           System.out.printf("%02d 年的第 %02d 天 \n",
10                                  d.getYear(), d.getDayOfYear());
11          System.out.printf("%02d 月的第 %02d 天 \n",
12                                  d.getMonthValue(), d.getDayOfMonth());
13          System.out.println("星期：" + d.getDayOfWeek().name());
14          System.out.printf("星期的第 %02d 天", d.getDayOfWeek().getValue());
15      }
16  }
```

執行結果，顯示如下（實際時間，以當下執行程式的電腦時間爲準）：

```
現在日期：2024-05-09
年度：2024
月份:5
日數:9
2024 年的第 130 天
05 月的第 09 天
星期：THURSDAY
星期的第 04 天
```

參考 Prog0905_2.java 程式，示範輸入年度，並判斷是否爲閏年的練習：

```
1   import java.util.Scanner;
2   import java.time.LocalDate;
3   public class Prog0905_2 {
4       public static void main(String[] args){
5           Scanner sc = new Scanner(System.in);
6           System.out.print("請入年度：");
7           int year = sc.nextInt();
8           // 建立 LocalDate 物件，設定為當年 1 月 1 日
9           LocalDate date = LocalDate.of(year, 1, 1);
10          // 判斷是否為閏年
11          boolean isLeapYear = date.isLeapYear();
12          System.out.println(year + (date.isLeapYear() ? "年是閏年":"年不是閏年"));
13      }
14  }
```

執行結果，顯示如下：

```
請入年度：2024
2024年是閏年
```

9-6 LocalTime與LocalDateTime時間類別

存在於 java.time 套件的 LocalDate 用於處理日期，LocalTime 用於處理時間，LocalDateTime 則是包含日期和時間。

1. LocalTime 類別

LocaTime 靜態類別提供符合 ISO 8601 沒有時區的時間資訊，時間以秒爲精度，最小可記錄到納秒（Nano of second，10^{-9}），例如 12:50:25。LocalTime 類別具備的常用方法，如表 1 所列：

表 1　LocalTime 類別常用方法

回傳值類型	方法	說明
boolean	equals(Object obj)	檢查此時間是否等於另一個時間。
int	getHour()	取得小時。
int	getMinute()	取得分鐘。
int	getMinute()	取得秒數。
int	getNano()	取得納秒。
LocalTime	now( )	取得電腦當前的時間。
boolean	isAfter(LocalTime t)	比較 t 是否在此時間之後。
boolean	isBefore(LocalTime t)	比較 t 是否在此時間之前。
LocalTime	of(int hour, int minute)	從指定的時分秒，取得時間的實例。

參考 Prog0906_1.java 程式，示範取得時間資訊的練習：

```
1   import java.time.LocalTime;
2   public class Prog0906_1 {
3       public static void main(String[] args){
4           LocalTime time = LocalTime.now(); //建構 LocalTime 物件
5           //分別取得時、分、秒
6           int hour = time.getHour();
7           int minute = time.getMinute();
8           int second = time.getSecond();
9           // 輸出當前時間
10          System.out.printf("現在時間： %d:%02d:%02d%n", hour, minute, second);
11          // 創建一個新的 LocalTime 物件
12          LocalTime newTime = LocalTime.of(12, 0, 0); //指定時間為正午 12:00:00
13          // 比較時間
14          System.out.println("時間在 "+newTime.toString() +
15                          ( time.isAfter( newTime ) ? " 之後" : " 之前"));
16      }
17  }
```

(1) 程式第 4 行，使用 now( ) 方法建構一個 LocalTime 時間物件。
(2) 程式第 6～8 行，使用 getHour( )、getMinute( ) 和 getSecond( ) 方法取得當前時間。
(3) 程式第 12 行，使用 of( ) 方法建構一個指定時間的 LocalTime 時間物件
(4) 程式第 14 行，使用 isAfter( ) 方法來比較兩個時間的先後。

執行結果，顯示如下（實際時間，以當下執行程式的電腦時間爲準）：

```
現在時間： 13:37:00
時間在 12:00 之後
```

2. LocalDateTime 類別

LocalDateTime 類別可以視爲結合 LocalDate 與 LocalTime 的類別，提供符合 ISO 8601 格式的日期／時間資訊。

LocalDateTime 具備 LocalDate 與 LocalTime 常用的方法，使用方式也相同。此外，還提供將物件類型轉換成 LocalDate 的 toLocalDate( )，以及將物件類型轉換成 LocalTime 的 toLocalTime( ) 方法。

參考 Prog0906_2.java 程式，示範使用 LocalDateTime 的練習：

```
1  import java.time.*;
2  public class Prog0906_2 {
3      public static void main(String[] args) {
4          // 1. 建構 LocalDateTime 物件
5          LocalDateTime dt1 = LocalDateTime.now();
6          // 2. 指定年、月、日、時、分、秒，建立 LocalDateTime 物件
7          LocalDateTime dt2 = LocalDateTime.of(2024, 2, 29, 10, 30, 0);
8          // 3. 以 LocalDate 和 LocalTime 建構 LocalDateTime 物件
9          LocalDate date = LocalDate.of(2024, 3, 12);
10         LocalTime time = LocalTime.of(13, 20, 0);
11         LocalDateTime dt3 = LocalDateTime.of(date, time);
12         // 4. 從字串解析產生 LocalDateTime 物件
13         LocalDateTime dt4 = LocalDateTime.parse("2024-04-04T14:35:00");
14         // 轉換成 LocalDate 日期、 LocalTime 時間
15         LocalDate datePart = dt1.toLocalDate();
16         LocalTime timePart = dt1.toLocalTime();
17         // 取得年、月、日、時、分、秒、毫秒
18         int year = dt1.getYear();
19         int month = dt1.getMonthValue();
20         int day = dt1.getDayOfMonth();
21         int hour = dt1.getHour();
22         int minute = dt1.getMinute();
23         int second = dt1.getSecond();
24         //顯示
25         System.out.printf("現在時間： %4d 年 %2d 月 %2d 日， %2d 時 %2d 分 %2d 秒",
26             year, month, day, hour, minute, second );
27     }
28 }
```

程式第 5、7、11、13 行，個別使用不同方式建構 LocaDateTime 物件。執行結果，顯示如下（實際時間，以當下執行程式的電腦時間爲準）：

```
現在時間： 2024 年  5 月  9 日， 13 時 39 分 57 秒
```

9-7 Instant 時間間隔類別

java.time 套件的 Instant 日期時間類別，代表了一個時間戳記（timestamp），用於表示從 1970 年 1 月 1 日 00:00:00 世界協調時間（Coordinated Universal Time，UTC）起始的絕對時間。Instant 使用 UTC 時區，不包含任何時區資訊。時間計算以納秒爲單位，並使用 64 位元長度表示，可以精確表示秒以下的時間。

使用 Instant 類別，可以方便地進行跨時區的日期時間運算，因爲 Instant 是基於 UTC 的時間戳記，不會受到時區的影響。此外，Instant 也可以用於比較時間點之間的先後順序，以及進行時間的加減運算。適用於各種需要精確時間計算的環境，例如金融交易、網路通訊等。

Instant 類別常用方法，請參見表 1 所列：

表 1 Instant 類別常用方法

回傳值類型	方法	說明
Instant	now()	取得當前時間戳記。
Instant	ofEpochSecond(long n)	使用指定的秒數來建立一個時間戳記。
Instant	ofEpochMilli(long n)	使用指定的毫秒數來建立一個時間戳記。
long	toEpochMilli()	將時間戳記轉換為毫秒數。
boolean	isBefore(Instant oth)	判斷該時間戳記是否早於另一個時間戳記。
boolean	isAfter(Instant oth)	判斷該時間戳記是否晚於另一個時間戳記。
Instant	plusXXX(long n)	將時間戳記增加指定的時間單位，包括：plusSeconds( )、plusMillis( )、plusNanos( )。
Instant	minusXXX(long n)	將時間戳記減去指定的時間單位，包括：minusSeconds( )、minusMillis( )、minusNanos( )。

Instant 類別回傳的時間戳記值，是從 1970 年 1 月 1 日（1970-01-01T00：00：00Z）第一秒開始的時間，也稱爲紀元（Epoch）。發生在該時間之前的時間爲負值，其中的 Z 表示偏移值爲 0。

參見 Prog 0907_1.java 程式，示範依據指定的時間點，往後增加時間的練習：

```
1  import java.time.*;
2  public class Prog0907_1 {
3    public static void main(String[] args) {
4      // 使用 Instant 的 ofEpochMilli( )方法，建構一個指定時間點的 Instant 物件
5      Instant it1 = Instant.ofEpochMilli(1709179200000L); //2024-02-29 4點鐘
6      System.out.println("it1 指定時間點：" + it1);
7      // 使用 LocalDateTime 的 of( )方法，建構一個指定時間點的 Instant 物件 I
8      LocalDateTime dt = LocalDateTime.of(2024, 2, 29, 12, 0, 0);
9      //(1) 將本地日期時間，轉換為指定時區的 ZonedDateTime 物件
10     ZonedDateTime zdt = dt.atZone(ZoneId.of("Asia/Taipei")); //2024-02-29 4點鐘
11     //(2) 將 ZonedDateTime 物件轉換為 Instant 物件
12     Instant it2 = zdt.toInstant();
13     System.out.println("it2 指定時間點：" + it2);
14     // 使用 plus() 方法增加時間
15     Instant it1_later = it1.plusSeconds(3600);
16     Instant it2_later = it1.minusSeconds(3600);
17     System.out.println("it1 增加一小時後的時間點：" + it1_later);
18     System.out.println("it2 提早一小時前的時間點：" + it2_later);
19   }
20 }
```

執行結果，顯示如下：

```
it1 指定時間點：2024-02-29T04:00:00Z
it2 指定時間點：2024-02-29T04:00:00Z
it1 增加一小時後的時間點：2024-02-29T05:00:00Z
it2 提早一小時前的時間點：2024-02-29T03:00:00Z
```

雖然，Instant 以納秒爲記錄單位，不直接紀錄年、月、日等日期／時間單位。但 Instant 可以轉換成 LocalDateTime 等日期／時間類別的物件。參見 Prog 0907_2.java 程式，示範將 Instant 物件轉換成 LocalDateTime 與 ZonedDateTime 物件的練習。

```
1  import java.time.*;
2  public class Prog0907_2 {
3    public static void main(String[] args){
4      Instant it = Instant.now(); // 取得現在時間
5      //將 Instant 物件轉換為 LocalDateTime 物件：
6      LocalDateTime dt = LocalDateTime.ofInstant( it, ZoneId.systemDefault() );
7      //將 Instant 物件轉換為 ZonedDateTime 物件：
8      ZonedDateTime zdt = it.atZone( ZoneId.systemDefault() );
9    }
10 }
```

(1) 程式第 6 行，使用 ofInstant( ) 方法將 Instant 物件轉換爲 LocalDateTime 物件。
(2) 程式第 8 行，使用 atZone( ) 方法將 Instant 物件轉換爲 ZonedDateTime 物件。

9-8 Duration 時間間隔類別

表示時間間隔的 Duration 類別，可以用來表示兩個時間點之間的時間差，精確到納秒（Nano of second）級別的時間間隔。Duration 類別具備的常用方法，如表 1 所列：

表 1　Duration 類別常用方法

回傳值類型	方法	說明
Duration	of( )	根據指定的時間建構物件。
Duration	between(Temporal start, Temporal end)	取得表示兩個時間物件之間的持續時間。
Duration	plusXXX( )	在時間間隔上增加指定的時間計量，包括：plusDays( )、plusHours( )、plusMinutes( )、plusSeconds( )、plusNanos( ) 等。
Duration	minusXXX( )	在時間間隔上減去指定的時間計量，包括：minusDays( )、minusHours( )、minusMinutes( )、minusSeconds( )、minusNanos( ) 等。
Duration	ofXXX( )	取得時間間隔的時間值，包括：ofDays( )、ofHours( )、ofMinutes( )、ofSeconds( )、ofMillis( )、ofNanos( ) 等。
long	getSeconds( )	獲取此持續時間内的秒數。
boolean	isNegative( )	檢查此持續時間是否為負數，不包括零。
int	compareTo(Ducation d)	比較兩個時間間隔的大小。
boolean	equals(Ducation d)	檢查此持續時間是否等於指定的持續時間物件。

參考 Prog0908_1.java 程式，示範處理時間間隔的練習：

```
1  import java.time.*;
2  public class Prog0908_1 {
3      public static void main(String[] args) {
4          LocalTime t1 = LocalTime.of(11, 30, 0); // 第一個時間點
5          LocalTime t2 = LocalTime.of(12, 0, 0); // 第二個時間點
6          // 計算兩個時間點之間的時間
7          Duration diff = Duration.between( t1, t2);
8          System.out.println("時間間隔：" + diff );
9          // 列印時間區間中的小時數和分鐘數
10         long hours = diff.toHours();
11         long minutes = diff.toMinutes() % 60;
12         System.out.printf("時間間隔為 %d 小時 %d 分鐘", hours, minutes);
13     }
14 }
```

(1) 程式第 4、5 行，建構兩個，分別表示上午 11 點半和中午 12 點的時間物件：t1 和 t2。
(2) 程式第 7 行，between( ) 方法計算兩個時間點之間的間隔。
(3) 程式第 10、11 行，使用 toHours( ) 和 toMinutes( ) 方法，將時間間隔轉換爲小時數和分鐘數。

Duration 只能表示時間間隔，無法表示具體的日期和時間點。時間間隔爲包含一個 ISO-8601 時間表示法的字串，第一字母爲 P，表示時期（Period），第二字母爲 T，表示時間（Time），作爲時期和時間點之間的分界線。如果時間點是在 T 之前，則此時間點就是日期部分；如果時間點是在 T 之後，則此時間點就是時間部分。例如：「PT1H30M」表示時間間隔 1 小時 30 分。執行結果，顯示如下。

```
時間間隔：PT30M
時間間隔為 0 小時 30 分鐘
```

時間間隔的時間差，常會用來判斷某件事情的執行花費的時間。參考 Prog0908_2.java 程式，示範計算執行花費多久時間的練習：

```
1  import java.util.Scanner;
2  import java.time.*;
3  public class Prog0908_2 {
4      public static void main(String[] args) {
5          Scanner sc = new Scanner(System.in);
6          int reply, ans = (int)( Math.random()*100 ); //取一個 0<=ans<100 的整數
7          LocalDateTime start = LocalDateTime.now(); //取得遊戲開始時，現在時間
8          for( ; ; ){
9              System.out.print( "請輸入猜的整數（0～99）：" );
10             reply = sc.nextInt() ;
11             if (reply == ans) break;
12             System.out.println( reply > ans ? "太大" : "太小" );
13         }
14         System.out.print( "恭喜! 答對了!!" );
15         LocalDateTime end = LocalDateTime.now(); //取得遊戲結束後，現在時間
16         Duration diff = Duration.between( start, end);
17         System.out.printf( "總共花費 %3d 秒 ", diff.toSeconds() );
18     }
19 }
```

執行結果，顯示如下。

```
請輸入猜的整數（0～99）：75
太小
請輸入猜的整數（0～99）：90
太大
請輸入猜的整數（0～99）：83
恭喜! 答對了!!總共花費  16 秒
```

9-9 Period 時間間隔類別

Period 和 Duration 類別在功能相似，用來計算兩個日期之間的時間差，只是代表的時間單位不同。如圖 1 所示，Duration 類別是以秒的形式表示一段時間。而 Period 類別則可以計算兩個日期之間相差幾天、幾個月、幾年等等。參考 Prog0909_1.java 程式，計算兩個日期之間差距的年、月、日：

```
1  import java.time.*;
2  public class Prog0909_1 {
3    public static void main(String[] args) {
4      // 建構兩個 LocalDate 日期物件
5      LocalDate dt1 = LocalDate.of(2024, 2, 29);
6      LocalDate dt2 = LocalDate.of(2024, 5, 1);
7      // 計算日期間隔
8      Period pd = Period.between(dt1, dt2);
9      System.out.println( pd.getYears()+"年"+pd.getMonths()+"月"+pd.getDays()+"天" );
10   }
11 }
```

執行結果，顯示如下：

```
0 年 2 月 2 天
```

參考 Prog0909_2.java 程式，使用 Period 類別計算線上交易從商品訂貨、出貨、收貨，計算經過時間間隔的練習。

```
1  import java.time.*;
2  import java.util.Scanner;
3  public class Prog0909_2 {
4      public static void main(String[] args) {
5          Scanner scanner = new Scanner(System.in);
6          // 輸入訂購日期
7          System.out.print("請輸入訂購日期（格式：yyyy-MM-dd）：");
8          LocalDate orderDate = LocalDate.parse(scanner.nextLine());
9          // 輸入出貨日期
10         System.out.print("請輸入出貨日期（格式：yyyy-MM-dd）：");
11         LocalDate shippingDate = LocalDate.parse(scanner.nextLine());
12         // 輸入收貨日期
13         System.out.print("請輸入收貨日期（格式：yyyy-MM-dd）：");
14         LocalDate receiveDate = LocalDate.parse(scanner.nextLine());
15         // 計算時間間隔
16         Period order2Ship   = Period.between(orderDate, shippingDate);
17         Period ship2Receive = Period.between(shippingDate, receiveDate);
18         Period totalPeriod  = order2Ship.plus(ship2Receive);
19         //顯示
20         System.out.println("從訂購到出貨共經過了 "+order2Ship.getDays()+" 天");
21         System.out.println("從出貨到收貨共經過了 "+ship2Receive.getDays()+" 天");
22         System.out.println("總共經過了 "+totalPeriod.getDays()+" 天");
23     }
24 }
```

執行結果顯示如下：

```
請輸入訂購日期（格式：yyyy-MM-dd）：2024-05-10
請輸入出貨日期（格式：yyyy-MM-dd）：2024-05-25
請輸入收貨日期（格式：yyyy-MM-dd）：2024-06-05
從訂購到出貨共經過了 15 天
從出貨到收貨共經過了 11 天
總共經過了 26 天
```

一個 Period 物件記錄間隔爲 35 天，使用 getDays( ) 方法回傳的結果會是 35 而不是 1 個月 5 天。如果需要轉換成年、月，可以使用 getYear( )、getMonth ( )、getYear( ) 分別取得年、月、日的值。參考下列 Prog0909_3.java 程式：

```
1  import java.time.*;
2  public class Prog0909_3 {
3      public static void main(String[] args){
4          LocalDate orderDate = LocalDate.of(2024, 5, 1);
5          LocalDate receiveDate = LocalDate.of(2025, 9, 3);
6          Period period = Period.between(orderDate, receiveDate);
7          // 依時間單位計算間隔的差距
8          int years = period.getYears();
9          int months = period.getMonths();
10         int days = period.getDays();
11
12         System.out.println("訂購日期："+orderDate);
13         System.out.println("收到日期："+receiveDate);
14         System.out.println("間隔時間："+years+" 年 "+months+" 月 "+days+" 天");
15     }
16 }
```

執行結果，顯示如下：

```
訂購日期：2024-05-01
收到日期：2025-09-03
間隔時間：1 年 4 月 2 天
```

Duration 類別

- 兩個 Instant 物件之間的差距
- 時間單位為時、分、秒之間的時間間隔
- 指令語法：

Duration 物件名稱 = Duration.between(起始時間， 結束日期)

Period 類別

- 兩個 LocalDate 物件之間的差距
- 時間單位為年、月、日之間的日期間隔
- 指令語法：

Period 物件名稱 = Period.between(起始日期， 結束日期)

圖 1　Duration 類別與 Period 類別的差異

9-10 SimpleDateFormat與DateFormat類別

SimpleDateFormat 類別繼承於 java.text 套件內的 DateFormat 抽象類別，是一個格式化日期或時間的類別。DateFormat 是一個抽象類別，無法直接實例化。需要使用其子類別 SimpleDateFormat 類別來進行日期和時間的格式化，將日期和時間格式化爲指定的字串形式，或將字串解析爲日期和時間。

Java 日期預設爲「星期 月 日 時：分：秒 CST 年」的 CST 格式。如果，需要指定特定的日期格式，可以使用 SimpleDateFormat 類別來處理。SimpleDateFormat 格式化日期和時間時，使用 format( ) 方法將要格式化的日期和時間間隔，以代碼作爲引數傳入。如果要將字串解析爲日期和時間物件，可以使用 parse( ) 方法，並將要解析的字串作爲引數傳入。

參考 Prog0910_1.java 程式，示範間日期顯示爲「*西元年／月／日*」格式的練習。

```
1  import java.util.*;
2  import java.text.*;
3  class Prog0910_1 {
4      public static void main(String[] args){
5          SimpleDateFormat sdf = new SimpleDateFormat("yyyy/MM/dd");
6          Date dt = new Date( );
7
8          System.out.println("預設格式的 dt 日期物件內容："+ dt );
9          System.out.println("指定格式的 dt 日期物件內容："+ sdf.format(dt) );
10     }
11 }
```

(1) 程式第 5 行，建構一個名稱爲 sdf 的 SimpleDateFormat 類別的物件，並於建構子傳入指定的日期格式：「yyyy/MM/dd」，其中月份代碼 MM 必須大寫。
(2) 程式第 6 行，建構一日期物件 dt。
(3) 程式第 8 行，直接顯示 dt 物件的內容，系統依據預設的 CST 日期格式顯示。
(4) 程式第 9 行，透過物件 sdf（也就是 SimpleDateFormat 類別建構的物件）的 format( ) 方法，將日期物件依據指定的格式顯示。

執行結果，顯示如下：

```
預設格式的 dt 日期物件內容：Thu May 09 14:35:26 CST 2024
指定格式的 dt 日期物件內容：2024/05/09
```

SimpleDateFormat 用於指定輸出的日期格式，如表 1 所列。

表 1　SampleDataFormat 使用的日期格式代碼

字母	說明	範例
G	時代	AD
y	年	1996 或 96
Y	按周計算的年 (week year)	2009 或 09
M	月次	July 或 Jul 或 07
w	當年的周次	27
W	當月的周次	2
D	當年的日 (俗稱太陽日)	189
d	當月的日	10
F	當月第周的星期	例如七月的第二個星期三表示為 2
E	周的日 (也就是星期幾)	週三
u	星期 (1 = 星期一 , ..., 7 = 星期日)	3
a	am/pm 標記	下午
H	小時 (0-23)	0
k	小時 (1-24)	24
K	小時 (0-11)	0
h	小時 (1-12)	12
m	分鐘	30
s	秒	55
S	毫秒	978
z	(通用) 時區	GMT-08:00
Z	RFC 822 時區	+0800
X	ISO 8601 時區	+08

參考 Prog0910_2.java 程式，使用 LocalData 直接輸出年月日的日期資訊；使用 Calendar 類別搭配 SimpleDateFormat 進行日期格式化的練習：

```
1  import java.time.LocalDate;
2  import java.util.Calendar;
3  import java.text.SimpleDateFormat;
4  public class Prog0910_2 {
5      public static void main(String[] args) {
6          // 使用 LocalDate 類別
7          LocalDate today = LocalDate.now();
8          System.out.println("今天的日期是：" + today);
9          // 使用 Calendar 和 SimpleDateFormat 類別
10         Calendar cal = Calendar.getInstance();
11         cal.set(Calendar.YEAR, 2024);
12         cal.set(Calendar.MONTH, Calendar.JULY);
13         cal.set(Calendar.DAY_OF_MONTH, 10);
14         SimpleDateFormat sdf = new SimpleDateFormat("yyyy-MM-dd");
15         System.out.println("日期是：" + sdf.format(cal.getTime()));
16     }
17 }
```

執行結果，顯示如下：

```
今天的日期是：2024-05-09
日期是：2024-07-10
```

第10章 Math 數學運算類別

Math 類別提供了一系列的數學函數和常數，包括基本的數值運算、三角函數、指數和對數、隨機亂數等。這個套件的特點是提供了高精度、高效率的數學運算功能，方便程式進行數值計算和數學處理。

10-1 常數與方法

Java 將較常使用的數學函數，製作成方法，封裝於 java.lang 套件之內的 Math 類別。Math 是相當常用到的數學運算類別，所以 Java 會自動匯入（import）套件。使用 Math 類別時，不須額外宣告 import java.lang.Math。

1. 常數

Math 類別定義了兩個數學的常數，分別是自然對數的 E 與圓周率的 PI：

表 1　Math 類別定義的常數

名稱	資料類型	值	說明
E	double	2.718281828459045	自然對數函數的底數 e
PI	double	3.141592653589793	圓周率 π

參見 Prog1001_1.java 程式，顯示 Math 類別的 E 與 PI 常數內容。

```
1  public class Prog1001_1 {
2      public static void main(String[] args){
3          System.out.println( "自然數 e  值 : "+Math.E );
4          System.out.println( "圓周率 Pi 值 : "+Math.PI );
5      }
6  }
```

執行結果，顯示如下：

```
自然數 e  值 : 2.718281828459045
圓周率 Pi 值 : 3.141592653589793
```

2. 方法

參見表 2 所列，Math 類別包含了各種數學運算的靜態方法，用來執行基本的數學運算：

表 2　Math 類別常用方法一覽表

方法	回傳值資料類型	說明
隨機亂數		
random()	double	回傳介於 0 ～1 之間 double 資料類型的隨機數值。
次方與平方根		
pow(a, b)	double	a 為基數，b 為指數，回傳 a^b 的結果。
sqrt(a)	double	回傳 a 的正平方根。
數值比較		
min(a, b)	double/float/int/long	回傳 a 與 b 比較結果最小的值。
max(a, b)	double/float/int/long	回傳 a 與 b 比較結果最大的值。
絕對值		
abs(a)	double/float/int/long	回傳 a 的絕對值。
角度與弧度轉換		
toDegrees(angrad)	double	回傳 angrad 弧度之角度。
toRadians(angdeg)	double	回傳 angdeg 角度之弧度。
三角函數 (單位為徑度)		
sin(a)	double	回傳正弦函數 sin(a) 之值。
cos(a)	double	回傳餘弦函數 cos(a) 之值。
tan(a)	double	回傳正切函數 tan(a) 之值。
反三角函數 (單位為徑度)		
asin(a)	double	回傳 $\sin^{-1}(a)$ 之值。
acos(a)	double	回傳 $\cos^{-1}(a)$ 之值。
atan(a)	double	回傳回傳 $\tan^{-1}(a)$ 之值。
指數與對數		
exp(a)	double	回傳指數 e^a 的值。
log(a)	double	回傳以 e 為基底 log(a) 的值。
log10(a)	double	回傳以 10 為基底 log(a) 的值。

3. 使用方式

使用 Math 類別的方法相當簡單。Math 類別中的屬性與方法，均是宣告爲靜態（static），所以，可以直接透過 Math 類別使用這些屬性與方法。執行方法後，會依據方法數學運算的結果，回傳一個數值。

例如 Prog1001_2.java 程式，計算 2^{10}，並將結果開根號：

```
1  public class Prog1001_2 {
2    public static void main(String[] args){
3      double value = Math.pow( 2, 10 ); //計算 2 的 10 次方
4      System.out.println( "2 的 10 次方 = " + value);
5      System.out.println( value + "開根號的結果 = "+Math.sqrt(value));
6    }
7  }
```

執行結果，顯示如下：

```
2 的 10 次方 = 1024.0
1024.0開根號的結果 = 32.0
```

統計分析的相關係數（R）是用來判斷兩資料資之間的相關程度（correlation），R 值越接近 1 表示越相關；越接近 -1 則表示越不相關。相關係數的計算公式爲。其中，μ 表示平均數：

$$R = \frac{\Sigma(x_i - \mu_x)(y_i - \mu_y)}{\sqrt{\Sigma(x_i - \mu_x)^2(y_i - \mu_y)^2}}$$

參考範例 Prog1001_3.java 程式，練習使用餘弦函數計算兩個資料之間的關聯度。

```
import java.util.Arrays;
public class Prog1001_3{
  public static void main(String[] args) {
    // 假設的兩組資料
    double[] data1 = {1.2, 1.8, 1.6, 3.7, 2.0};
    double[] data2 = {2.2, 2.0, 3.0, 4.2, 3.5};
    // 計算平均值
    double mean1 = calculateMean(data1);
    double mean2 = calculateMean(data2);
    // 計算分子和分母
    double numerator = 0;         //分子
    double deno1 = 0, deno2 = 0; //分母
    for (int i = 0; i < data1.length; i++) {
      numerator += (data1[i] - mean1) * (data2[i] - mean2);
      deno1 += Math.pow(data1[i] - mean1, 2);
      deno2 += Math.pow(data2[i] - mean2, 2);
    }
    // 計算餘弦關聯度
    double R = numerator / (Math.sqrt(deno1) * Math.sqrt(deno2));
    System.out.println("關聯度：" + R );
  }
  // 計算平均值的方法
  private static double calculateMean(double[] data) {
    double sum = 0.0;
    for (double value : data)
      sum += value;
    return sum / data.length;
  }
}
```

執行結果，顯示如下：

```
關聯度：0.8211087576345926
```

10-2 亂數的使用

Math 類別的 random( ) 方法回傳一個介於 0～1 之間 double 資料類型的隨機數值。參考 Prog1002_2.java 程式，練習使用迴圈產生 3 個隨機亂數。

```
1  public class Prog1002_1 {
2      public static void main(String[] args){
3          for(int i = 1; i <= 3 ; i++)
4              System.out.println( Math.random() );
5      }
6  }
```

執行結果，顯示如下。因為是隨機產生的亂數，所以每次的結果會都不一樣：

```
0.8075518058070946
0.5371330680115167
0.028904907928624324
```

如果需要較大的亂數值，可以將亂數產生的結果乘以較大的數；如果需要產生整數的亂數值，可以使用強制類型轉換（參見第 3-7 節），將亂數值轉換成整數。

參考 Prog1002_2.java 程式，練習使用迴圈隨機產生 3 個介於 0～100 之間的整數。

```
1  public class Prog1002_2 {
2      public static void main(String[] args){
3          int value;
4          for(int i = 1; i <= 3 ; i++) {
5              value = (int) (Math.random() * 100);
6              System.out.println(" 亂數值 ： " + value );
7          }
8      }
9  }
```

使用亂數，隨機產生介於 0～100 整數的步驟：

(1) 將 random( ) 方法產生介於 0～1 之間的浮點數；

(2) 將浮點數乘以 100，即可獲得介於 0～100 之間的浮點數；
(3) 將浮點數強制轉換成整數，即可獲得介於 0～100 之間的整數。

執行結果，顯示如下（因爲是隨機產生的亂數，所以每次的結果不會相同）：

```
亂數值 ： 34
亂數值 ： 73
亂數值 ： 81
```

請注意強制類型轉換的程式碼：

(int) (Math.random( ) * 100)

在 Math.random( )*100 前後有一括號，是表示將 Math.random( ) 方法產生的亂數乘以 100 之後，再執行強制類型轉換。若是忽略了括號，寫成：

(int) Math.random( ) * 100

表示是將 Math.random( ) 方法產生的亂數，**先強制轉換爲整數，再乘以** 100。由於亂數產生的一定是介於 0～1 的浮點數，先強制類型轉換的結果一定會是 0。所以，結果無論乘以多少的數，結果都是 0。

如果產生不是 0～10 的倍數，則運算上稍微複雜，可參考下列公式：

(int) (Math.random( ) * (Y-X+1)) + X ;

表示要產生介於大於等於 X 且小於等於 Y 之間的整數。

參考 Prog1002_3.java 程式，示範產生一個介於 55～80 之間的整數：

```
1  public class Prog1002_3 {
2      public static void main(String[] args){
3          int X=55, Y=80, value;
4          value = (int)( Math.random() * (Y-X+1) ) + X;
5          System.out.println("亂數產生的值：" + value );
6      }
7  }
```

除了使用強制類型轉換的方式，也可以使用 Math 類別的 round( ) 方法，將浮點數四捨五入取整數。因爲，四捨五入會有進位的可能，所以需要考量轉換成整數後的整數，是否介於預定的資料範圍內。

參考下列 Prog1002_3.java 程式，示範使用 Math 類別的 round( ) 方法，將亂數浮點數轉換成整數的練習：

```
1  public class Prog1002_4 {
2      public static void main(String[] args){
3          int X=55, Y=80;  //產生介於 X ~ Y 之間的亂數
4          double Z = ( Math.random() * (Y-X+1) ) + X;
5          long value = Math.round( Z );
6          System.out.println("亂數產生的原始值："+ Z );
7          System.out.println("四捨五入轉整數後的值：" + value );
8      }
9  }
```

執行 round( ) 方法後，回傳數值的資料類型是 long。所以，程式第 5 行，儲存亂數值的資料類型必須宣告爲 long。執行結果，顯示如下：

```
亂數產生的原始值：74.59268917398799
四捨五入轉整數後的值：75
```

如同隨機分布，隨機亂數會有重複的機率。數值範圍越小，重複機率就越大。如果需要產生不重複的亂數，可以使用陣列儲存產生的亂數值，當產生亂數時，先檢查是否已存在陣列內，如果不存在，才將新的亂數值存入陣列。

參考 Prog1002_5.java 程式，練習產生之 5 個介於 1～10 之間不重複的整數亂數。

```
 1  import java.util.ArrayList;
 2  public class Prog1002_5{
 3    public static void main(String[] args) {
 4      ArrayList<Integer> data = new ArrayList<>();
 5      final int min = 1, max = 10; // 設定最小、最大範圍
 6      int num = 5;  //取樣數量
 7
 8      while (data.size() < num) {
 9        int value = (int)( Math.random( ) * ( max - min + 1 ) ) + min ;
10        if (!data.contains( value )) {
11          data.add( value );
12        }
13      }
14      System.out.println("產生結果：");
15      for (int number : data) {
16        System.out.print(number + " ");
17      }
18    }
19  }
```

(1) 程式 4～6 行，宣告亂數的範圍與取樣的數目。

(2) 程式 8～13 行範圍，使用 while 判斷是否達到取樣的數目。若尚未達到則執行 第 9 行程式取一個亂數值，並於第 10 行程式判斷是否已存在 data 陣列內。如果不存在，則將此亂數值存入 data 陣列。

(3) 程式第 14～17 行，顯示 data 陣列的元素內容。

執行結果，顯示如下。因爲是隨機產生的亂數，所以每次的執行結果會都不一樣。

```
產生結果：
10 4 3 6 5
```

10-3 猜數字遊戲

實務上，有許多需要產生隨機數值的時候，例如抽獎、使用者驗證、隨機取樣等情況。本節練習使用亂數來設計一個猜數字遊戲的程式。

參考 Prog1003.java 程式，及圖 1 所示的流程。首先，電腦先隨機取一個 0～99 的數字，再由使用者猜。如果沒有猜中，電腦會提示猜的數字是過大還是太小，重複猜到設定的上限或猜中爲止，如果到達上限還沒猜到，電腦就公布答案：

```
1   import java.util.*;
2   public class Prog1003 {
3     public static void main(String[] args){
4       int answer=(int)(Math.random()*100);//隨機取一個 0~99(含)之間的整數
5       Scanner sc=new Scanner(System.in);  //建構輸入物件
6       //宣告使用的變數與常數
7       final int limit=7;          //允許猜次數的上限
8       boolean bingo = false;  //判斷旗號，true 表示猜中
9       int guess;                  //使用者猜的答案
10      int cnt=0;                  //猜的累計次數
11      //條件:判斷 bingo 不是 true 且 cnt 小於上限，則繼續執行迴圈
12      while ( !bingo && cnt<limit){
13        cnt++;
14        System.out.print("請輸入猜的數 (0~99):");
15        guess=sc.nextInt();
16        if (guess==answer)
17          bingo=true; //猜中了
18        else if (guess>answer)
19          System.out.println("太大");
20        else
21          System.out.println("太小");
22      }
23      //迴圈結束，判斷是猜中還是到達上限才結束?
24      if (bingo)
25        System.out.println("恭喜猜中，猜的次數："+cnt);
26      else
27        System.out.println("已到達上限次數，答案是:"+answer);
28    }
29  }
```

以活動圖表示猜數字遊戲的流程，如圖 1 所示。

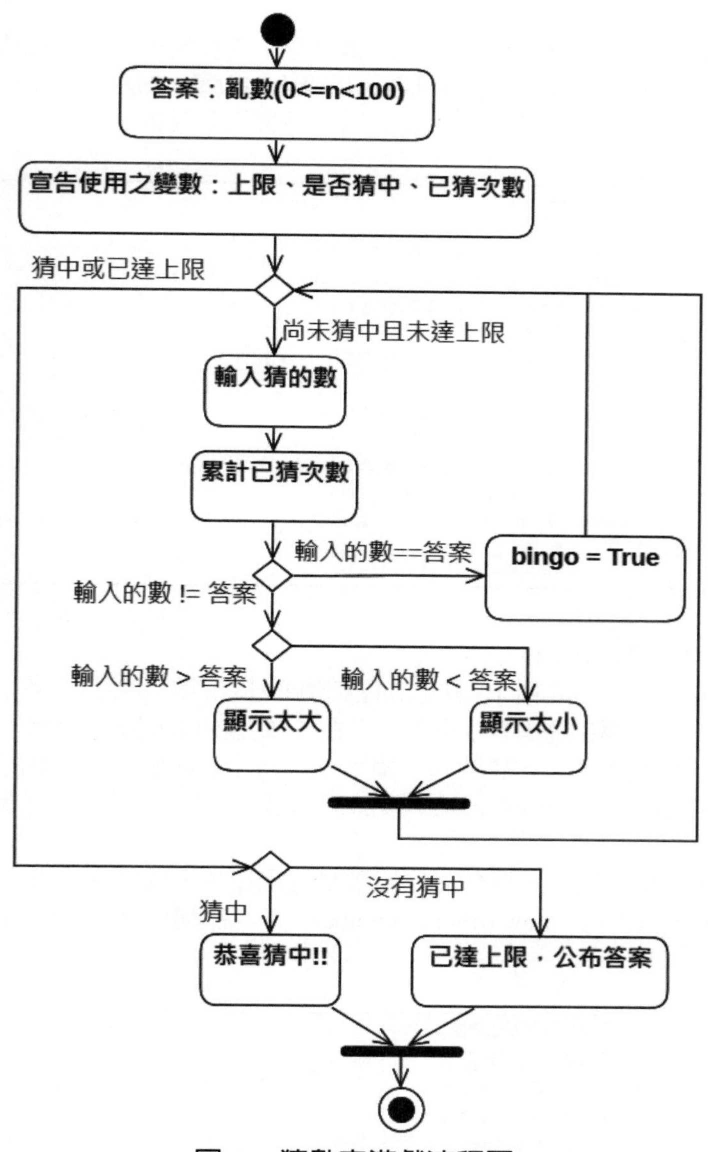

圖 1　猜數字遊戲流程圖

10-4 隨機機率

隨機機率分布，是指在每次實驗的可能結果，其發生機率都是相同的分布狀況。參考 Prog1004_1.java，應用亂數，依據入的數量，統計產生 0～9 數值的隨機機率，測量電腦取亂數的機率是否符合隨機機率分布。

```
1   import java.util.*;
2   class Prog1004_1 {
3     public static void main(String[] args){
4       Scanner sc = new Scanner(System.in);
5       System.out.print("請輸入測試的數量：");
6       int num=sc.nextInt();
7       int stat[]=new int[10];  //分別儲存個隨機數出現的次數
8       for(int i=0; i<num; i++)
9         stat[(int)(Math.random()*10)]++;
10
11      System.out.println("編號\t數量\t比率"); //顯示標題
12      for(int i=0; i<stat.length; i++)
13        System.out.println(i+"\t"+stat[i]+"\t"+(float)stat[i]/num*100+"%");
14    }
15  }
```

上述程式搭配參考圖 1：

(1) 程式第 7 行，宣告具備 10 個元素的整數陣列。

(2) 程式第 8 行，藉由迴圈執行測量的次數（i 的值由 0 開始，直到小於 1 個使用者輸入的整數值），將陣列依據第 9 行產生的亂數值，對應的元素累加 1。例如亂數值為 5，則 stat[5] 累加 1；亂數值為 7，則 stat[7] 累加 1，餘此類推。

執行結果，顯示如下。雖然每次亂數是隨機產生，統計的結果會有些許差異，但依據大數法則（Law of large numbers），各個數字的機率分布一定是大致相同的。

```
請輸入測試的數量：10000
編號 數量 比率
0 1058  10.58%
1 1004  10.04%
2 979 9.79%
3 993 9.929999%
4 998 9.98%
5 1014  10.14%
6 963 9.63%
7 1026  10.26%
8 1025  10.25%
9 940 9.4%
```

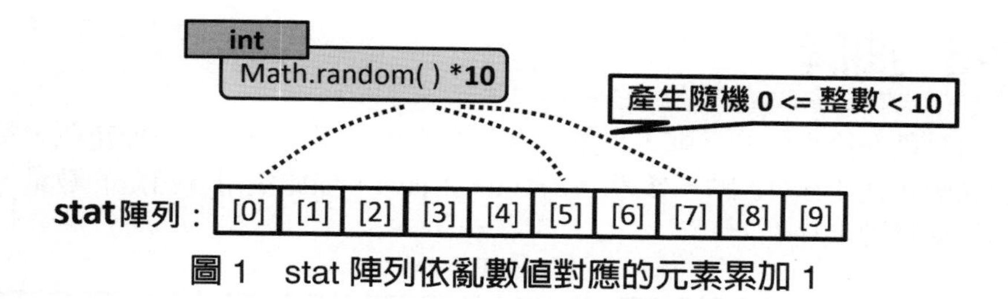

圖 1　stat 陣列依亂數值對應的元素累加 1

同樣的方式，也適用在擲骰子的隨機機率分布。參見 Prog1004_2.java 程式，計算擲骰子每一個點數出現的機率。

```
1  import java.util.*;
2  class Prog1004_2 {
3    public static void main(String[] args){
4      Scanner sc = new Scanner(System.in);
5      System.out.print("請輸入擲骰子的次數：");
6      int num=sc.nextInt();
7
8      int dice[]=new int[6];  //分別儲存骰子各個點，隨機數出現的次數
9      for(int i=0; i<num; i++){
10       dice[(int)(Math.random()*6)]++;
11     }
12     System.out.println("骰子點數\t擲出次數\t出現機率"); //顯示標題
13     for(int i=0; i<dice.length; i++)
14       System.out.println( (i+1) + "\t" + dice[i]+ "\t" +
15                           (float)dice[i]/num*100+"%");
16   }
17 }
```

執行結果，顯示如下。雖然每次亂數是隨機產生，但是骰子每一個點數出現應該都符合 1/6 的機率分布。

```
請輸入擲骰子的次數：10000
骰子點數  擲出次數  出現機率
1 1646   16.46%
2 1652   16.52%
3 1648   16.48%
4 1671   16.71%
5 1685   16.85%
6 1698   16.98%
```

10-5 抽牌

使用亂數在撲克牌的發牌，也是很常見的應用。撲克牌共有四種花色，每一花色點數包括 1 至 12 點。參考 Prog1005_1.java，依據使用者指定的數量，隨機抽取撲克牌卡片：

```
1  import java.util.*;
2  class Prog1005_1 {
3    public static void main(String[] args){
4      Scanner sc = new Scanner(System.in);
5      System.out.print("請輸入抽牌張數:");
6      int num=sc.nextInt();  //抽牌張數
7      String[] suits={"♠","♥","♣","♦"};
8      String[] result=new String[num];
9      int cnt=0, A, B; // A:花色, B:點數
10     String card;      // 組合花色與點數的單張紙牌
11     while ( cnt<num ){
12       A=(int)(Math.random()*12)+1;//產生點數隨機數範圍：1~12
13       B=(int)(Math.random()*4);    //產生花色隨機數範圍：0~3
14       card =  suits[B] + Integer.toString(A); //組合花色與點數
15       // 此花色與點數，不存在於陣列中，則可以加入陣列內：
16       if ( ! Arrays.asList(result).contains(card) ){
17         result[cnt] = card;
18         cnt++;
19       }
20     }
21     Arrays.sort(result); //依據花色、點數排序
22     for(int i=0; i<result.length; i++)
23       System.out.print( result[i] + "\t" );
24   }
25 }
```

(1) 程式第 12 行，亂數產生 1～12 的整數值，代表點數。

(2) 程式第 13 行，亂數產生 0～3 的整數值，對應 suit 陣列的元素，代表花色。

(3) 程式第 14 行，將花色與點數組成字串，放入 card 變數，代表當下抽取的紙牌。

(4) 多次產生隨機產生亂數，一定會有相同數值重複發生的機率。因此，程式在第 16 行，加入產生的紙牌是否已經存在 result 陣列內的判斷，以避免產生重複的花色與點數。

執行結果，顯示如下：

```
請輸入抽牌張數:5
♥11 ♥8  ♦1  ♦2  ♦3
```

隨機產生亂數會有相同數值的重複機率，如果需要產生的數量較大，重複的機率相對就會比較多。有重複就要重新產生亂數值，相對就會拖慢執行的效率。參考下列 Prog1005_2.java 程式，以「洗牌」方式，避免使用亂數而產生重複的情況。

```
1  import java.util.*;
2  public class Prog1005_2 {
3    public static void main(String[] args) {
4      // 建立一副撲克牌
5      final int num = 5; //指定只發 5 張牌
6      String[] suits = {"♠", "♥", "♦", "♣"};
7      String[] ranks = {"2","3","4","5","6","7","8","9","10","J","Q","K","A"};
8      String[] cards = new String[ 4*13 ];
9      int cnt=0;
10     for (int i=0; i< suits.length; i++) {
11       for ( int j=0; j < ranks.length; j++) {
12         cards[cnt++] = ranks[j] + suits[i];
13       }
14     }
15     // 洗牌
16     Collections.shuffle(Arrays.asList(cards) );
17     // 發牌
18     String[] player1 = new String[num];
19     String[] player2 = new String[num];
20     for (int i = 0; i < 5; i++) {
21       player1[i] = cards[i];
22       player2[i] = cards[i + 5];
23     }
24     // 顯示發牌內容
25     System.out.println("第一位玩家的牌：" + Arrays.deepToString(player1) );
26     System.out.println("第二位玩家的牌：" + Arrays.deepToString(player2) );
27   }
28 }
```

(1) 程式第 10～14 行，使用迴圈分別將代表花色與點數的 suits 陣列與 ranks 陣列值，組成整副撲克牌的花色與點數，依序存入 cards 陣列的元素內。

(2) 程式第 16 行，使用 Collections 類別的 shuffle 方法，將陣列內的元素擾亂，實現「洗牌」的效果。shuffle 方法傳入的參數必須是 list 類別型態的物件。因此程式中必須先以 Arrays 類別的 asList( ) 方法，將 cards 陣列先轉成 list 類型，再執行洗牌。

執行結果，顯示如下：

```
第一位玩家的牌：[10♥, 7♣, K♠, 9♥, 3♦]
第二位玩家的牌：[9♦, K♥, J♣, J♥, A♥]
```

10-6 數值與三角函數運算

1. 一般數值運算

(1)基礎運算

Math 類別用於數值計算的方法，使用方式單純簡便。參考 10-1 節，表 2 所列的方法，練習下列 Prog1006_1.java 程式，由使用者輸入 a 與 b 兩個數值，比較最大、最小值、計算 a^b 次方、根號值，並將根號值取四捨五入的整數：

```
1  import java.util.*;
2  public class Prog1006_1 {
3      public static void main(String[] args){
4          Scanner sc=new Scanner(System.in);
5          System.out.print("請入 a 的值: ");
6          float a= sc.nextFloat();
7          System.out.print("請入 b 的值: ");
8          float b= sc.nextFloat();
9          //比較 a, b 的大小
10         System.out.printf("大的數是: %.2f \t 小的數是: %.2f \n",
11                           Math.max(a, b), Math.min(a, b) );
12         //計算 a 的 b 次方
13         System.out.printf("%.2f 的 %.2f 次方= %.2f \n",
14                           a, b, Math.pow(a, b) );
15         //計算 a, b 的根號值
16         double aSqr = Math.sqrt(a), bSqr = Math.sqrt(b);
17         System.out.printf("%.2f 開根號 = %.2f, 四捨五入取整數 = %d \n",
18                           a, aSqr, Math.round(aSqr) );
19         System.out.printf("%.2f 開根號 = %.2f, 四捨五入取整數 = %d \n",
20                           b, bSqr, Math.round(bSqr) );
21     }
22 }
```

浮點數若使用資料類型的強制轉換，如同數學去尾法，直接捨去所有小數值。使用 round( ) 方法則是將小數四捨五入之後再捨去小數值。

```
請入 a 的值: 17.5
請入 b 的值: 3.2
大的數是: 17.50    小的數是: 3.20
17.50 的 3.20 次方= 9499.96
17.50 開根號 = 4.18, 四捨五入取整數 = 4
3.20 開根號 = 1.79, 四捨五入取整數 = 2
```

(2) 統計運算

統計最基本的功能是計算資料的平均數、中位數與標準差。首先 Prog1006_2.java 的程式進入點，也就是主程式 main( ) 方法，撰寫呼叫執行各類運算的方法：

```
1  import java.util.Arrays;
2  public class Prog1006_2{
3    public static void main(String[] args) {
4      double[] data = {15.5, 7.2, 19.7, 5.6, 27.9, 10.1, 2.8};
5      // 計算平均數
6      double average = getAverage(data);
7      System.out.println("平均數: " + average);
8      // 計算中位數
9      double median = getMedian(data);
10     System.out.println("中位數: " + median);
11     // 計算標準差
12     double standardDeviation = getSD(data);
13     System.out.println("標準差: " + standardDeviation);
14   }
```

程式內定義了三個方法分別用於計算平均數、中位數和標準差：

①平均數：getAverage( )

```
16   private static double getAverage(double[] data) {
17     double sum = 0.0;
18     for (double value : data) {
19       sum += value;
20     }
21     return sum / data.length;
22   }
```

②中位數：getMedian( )

```
24   private static double getMedian(double[] data) {
25     Arrays.sort(data);
26     int length = data.length;
27     if (length % 2 == 0) {
28       int middleIndex1 = (length / 2) - 1;
29       int middleIndex2 = length / 2;
30       return (data[middleIndex1] + data[middleIndex2]) / 2;
31     } else {
32       int middleIndex = length / 2;
33       return data[middleIndex];
34     }
35   }
```

③標準差：getSD( )

```
37    private static double getSD(double[] data) {
38      double mean = getAverage(data); //計算平均數
39      double sum = 0.0;
40      for (double value : data) {
41        sum += Math.pow(value - mean, 2);
42      }
43      double variance = sum / data.length;
44      return Math.sqrt(variance);
45    }
46  }
```

程式執行結果，顯示如下：

```
平均數: 12.685714285714285
中位數: 10.1
標準差: 8.222865084876537
```

2. 三角函數

一般數學計算三角函數時，使用的是角度（degree），例如 sin(30°) = 0.5。但是 Java 使用三角函數、反三角函數時，輸入的引數是**弧度**（radian，或稱弳度），而非角度。參考 Prog1006_2.java 程式，由使用者輸入角度，使用 Math. toRadians( ) 方法轉換成弧度後，再計算三角函數的值。

```
1   import java.util.*;
2   public class Prog1006_2 {
3       public static void main(String[] args){
4           Scanner sc=new Scanner(System.in);
5           System.out.print("請入角度值: ");
6           double angle= sc.nextDouble();
7           //求輸入角度之弧度
8           double arc=Math.toRadians(angle);
9           System.out.printf("弧度 = %.2f \t", arc);
10          //計算輸入角度之sin值
11          System.out.printf("sin = %.2f \t", Math.sin(arc) );
12          //計算輸入角度之cos值
13          System.out.printf("cos = %.2f \t", Math.cos(arc) );
14          //計算輸入角度之tan值
15          System.out.printf("tan = %.2f ", Math.tan(arc) );
16      }
17  }
```

以輸入角度 90 為例，顯示執行結果如下：

```
請輸入角度值: 90
弧度 = 1.57  sin = 1.00  cos = 0.00  tan = 16331239353195370.00
```

參考 Prog1006_3.java 程式，練習應用迴圈，以 45 度間隔，逐一顯示各個角度的 sin、cos 與 tan 值。

```
1   public class Prog1006_3 {
2     public static void main(String[] args){
3       double radian = 0;
4       for (int d=0; d <=360; d+=45 ){ //角度由 0 開始，每次累加 45度，直到 360度為止
5         radian = Math.toRadians( d );
6         System.out.printf("sin(%d) = %.2f \t cos(%d) = %.2f \t tan(%d) = %.2f \n",
7                           d, Math.sin(radian), d, Math.cos(radian), d, Math.tan(radian));
8       }
9     }
10  }
```

tan = sin / cos，數學運算 sin(90°) / cos(90°) = 1/0，實際應為無限大。因為電腦浮點運算的結果，cos(90°) 的值並非為零，而是趨近於零的極小數。因此，程式中 tan(90°) 運算的結果是一個很大的數，但並非是無限大。

執行結果，顯示如下：

```
sin(0) = 0.00     cos(0) = 1.00    tan(0) = 0.00
sin(45) = 0.71    cos(45) = 0.71     tan(45) = 1.00
sin(90) = 1.00    cos(90) = 0.00     tan(90) = 16331239353195370.00
sin(135) = 0.71     cos(135) = -0.71     tan(135) = -1.00
sin(180) = 0.00     cos(180) = -1.00     tan(180) = -0.00
sin(225) = -0.71    cos(225) = -0.71     tan(225) = 1.00
sin(270) = -1.00    cos(270) = -0.00     tan(270) = 5443746451065123.00
sin(315) = -0.71    cos(315) = 0.71    tan(315) = -1.00
sin(360) = -0.00    cos(360) = 1.00    tan(360) = -0.00
```

10-7 指數、對數與三角函數應用

1. 指數與對數

(1) 指數：是冪次運算式的上標，例如：2 的 3 次方可以寫作 2^3，其中 2 爲底數，3 就是指數。

(2) 對數：指數的逆運算，是一個數在指定底數下的指數。例如：$2^3 = 8$，則 $\log_2^8 = 3$，表示 3 爲 8 以 2 爲底的對數。

指數與對數的關係，以公式表示爲：若 $a^n = x$，則 $\log_a x = n$，其中 a 是底數，n 是指數，$\log_a$ 爲對數，x 是底數 a 的冪。常用的底數包括 e（自然對數）和 10。

參考 Prog1007.java 程式，應用 pow( ) 方法 執行 $a^n = x$ 冪次計算，與 log( )、exp( ) 等方法的運算練習。

```
1  import java.util.*;
2  public class Prog1007_1 {
3    public static void main(String[] args){
4      Scanner sc = new Scanner(System.in);
5      System.out.print("請輸入底數：");
6      double a = sc.nextDouble();
7      System.out.print("請輸入指數：");
8      double n = sc.nextDouble();
9      // 計算冪次
10     double x = Math.pow(a, n);
11     System.out.printf("%.2f 的 %.2f 次方 = %.2f \n", a, n, x );
12     // 計算對數
13     double result = Math.log( x ) / Math.log( a );
14     System.out.printf("以 %.2f 對底數的 log%.2f 的值 = %.2f \n", a, x, result );
15     System.out.printf("以 10 為底數的 %.2f 對數值 = %.2f \n", a, Math.log10(a) );
16     System.out.printf("%.2f 的自然對數值 = %.2f ", a, Math.exp(a) );
17   }
18 }
```

(1) 程式第 5～8 行，分別輸入底數 a 與指數 n。

(2) 程式第 10 行，計算 a^n，求得 x 的值。

(3) 程式第 13 行，計算 $\log_a^x$，反求 n 的值，並於 14 行顯示。

(4) 程式第 15 行，計算 $\log_{10}^a$，求 log10 的對數值。

(5) 程式第 16 行，計算 e_a 自然對數的值。

執行結果，顯示如下：

```
請輸入底數：2
請輸入指數：3
2.00 的 3.00 次方 = 8.00
以 2.00 對底數的 log8.00 的值 = 3.00
以 10 為底數的 2.00 對數值 = 0.30
2.00 的自然對數值 = 7.39
```

2. 三角函數應用

使用經度和緯度計算兩個地點之間的距離，可以使用大圓距離公式（Haversine formula）或球面三角形公式（Spherical Law of Cosines formula）進行計算。

(1) 大圓距離公式（Haversine formula）：

$$d = 2R \times \arcsin(\sqrt{}\ (\sin^2(lat_2 - lat_1)/2) + \cos(lat_1) \times \cos(lat_2) \times \sin^2((lon_2 - lon_1)/2)))$$

(2) 球面三角形公式（Spherical Law of Cosines formula）：

$$d = R \times acos(\sin(lat_1) \times \sin(lat_2) + \cos(lat_1) \times \cos(lat_2) \times \cos(lon_2 - lon_1))$$

d 表示兩點之間的距離，R 表示地球半徑，lon_1 和 lon_2 分別是第一個和第二個點的經度，lat_1 和 lat_2 分別是第一個和第二個點的緯度，arcsin 是反正弦函數，acos 是反餘弦函數。

兩個公式都可以用於計算地球上兩點之間的距離，但大圓距離公式較爲精確且計算速度較快。

參考 Prog1007_2.java 程式，練習以大圓距離公式計算基隆港到鵝鑾鼻的距離：

基隆港的經度與緯度如下：經度：121.75082；緯度：25.13939。

鵝鑾鼻的經度與緯度如下：經度：120.85384；緯度：21.90718。

```
public class Prog1007_2 {
  public static void main(String[] args) {
    final double R = 6371; // 地球半徑，單位公里
    double[] Keelung = { 121.75082, 25.13939 }; // 基隆港的的經度與緯度
    double[] Eluanbi = { 120.85384, 21.90718 }; // 鑾丁的的經度與緯度

    double lon = Math.toRadians( Eluanbi[0]-Keelung[0]); //經度差距
    double lat = Math.toRadians( Eluanbi[1]-Keelung[1] ); //緯度差距

    double a = Math.sin(lat / 2) * Math.sin(lat / 2)
            + Math.cos(Math.toRadians(Keelung[1]))
            * Math.cos(Math.toRadians(Eluanbi[1]))
            * Math.sin(lon / 2) * Math.sin(lon / 2);
    double c = 2 * Math.atan2(Math.sqrt(a), Math.sqrt(1 - a));
    double distance = R * c;
    System.out.println("兩地距離為：" + distance + " 公里");
  }
}
```

執行結果，顯示如下：

```
兩地距離為：370.85306783483134 公里
```

第11章 類別與物件

類別是用於描述屬性和方法的藍圖或模板，而物件是類別的實例（instance），具有自己的屬性和方法。透過類別和物件，可以將複雜的問題分解為較小的、可重複使用的部分。

物件導向程式設計，將現實世界中的物件及其屬性與行為抽象成程式中的物件，透過這些物件之間的互動實現程式的功能。因此，本章節著重於類別與物件程式完整的語法、觀念與撰寫技巧。

11-1 類別

1. 修飾語

每一支 Java 程式是由一個「主要的類別」及使用「其他的類別」所組成的（也就是在主要類別內，將其他的類別宣告成物件來使用）。為了界定類別以及類別所包含的屬性與方法之使用範圍，Java 透過**修飾語**（Modifier）的宣告，定義類別、屬性與方法的存取範圍之權限。常用的修飾語及其可以宣告的類別或成員，如表 1 所示（預設沒有宣告任何修飾語，表示為 friendly）：

表 1　修飾語與宣告對象

修飾語	類別	屬性	方法
public	○	○	○
protected	╳	○	○
無 (friendly)	○	○	○
private	╳	○	○
final	○	○	○
abstract	○	╳	○
static	╳	○	○

各修飾語的存取範圍，簡述如下：

(1) public：可用於類別、屬性與方法。表示可被任何類別的成員使用。

(2) protected：可用於屬性與方法。表示該屬性或方法可以被所屬類別的子類別（subclass）或位於同一套件（package）的其他類別成員存取。

(3) friendly：這是 Java 內定存取的修飾語。表示只能被位於同一個 package 裡的類別成員來存取。

(4) private：可用於屬性與方法。表示該屬性或方法只能被自己存取。

(5) final：可用於類別、屬性與方法。若用於類別，則代表該類別無法繼承出下一代的類別；若用於屬性，就表示該屬性的內容無法改變，也就是常數；

若用於方法，則代表該方法無法被覆寫（override，參見 12-4 節的介紹）。

(6) abstract：可用於類別與方法。當宣告爲 abstract 的類別，其內的方法可不需實作，必須由下一代實作。

(7) static：可用於屬性或方法。當宣告時表示該屬性或方法可爲類別的所有物件共享。

2. 類別與物件的成員

將類別宣告物件時，每個物件將各自擁有在類別裡定義的屬性與方法。在 Java 中，有兩種類型的成員用於描述類別（Class）中不同層級的屬性和方法：

(1) 物件成員（instance member）

物件成員是屬於類別的特定實例（物件）的屬性和方法。當建構一個類別的物件，該物件將具有其自己的一組的實例成員，這些成員的值可能因物件的不同而不同。物件成員包括實例變數（instance variables）和實例方法（instance methods）。

①實例變數：也稱爲實例屬性，是物件所擁有的屬性。每個物件都有自己的一份實例變數，內容值在不同的物件之間可以不同。

②實例方法：也稱爲實例函數，是物件所具備的方法。這些方法可以訪問實例變數，並且它們的行爲可能會因物件的狀態而不同。

(2) 類別成員（class member）

類別成員是整個類別及其所建構所有物件共有的成員。如果 Java 在程式中定義類別成員時，使用 static 修飾語宣告屬性與方法，稱之爲「靜態成員」（static member）。靜態成員屬於類別所有，不會讓個別物件擁有。也就是說，可以直接透過類別，使用其所屬的靜態成員。類別成員包括類別變數（class variables）和類別方法（class methods）。

①類別變數：也稱爲靜態變數或靜態屬性，是屬於類別本身的變數。它們在此類別所建構之所有物件之間共享，並且可以用於存儲與類別相關的資訊。

②類別方法：也稱爲靜態方法或靜態函數，是屬於類別的方法。這些方法在呼叫執行時不需要物件實例，它們可以存取和使用類別變數，但不能存取實例變數。

3. 成員的存取控制

存取等級，也稱爲可視性（Visibility），決定存取類別的屬性或方法的權限。如表 2 所列，Java 支援四種存取等級，包括：public、protected、private。如果沒有指定，也就是預設的宣告，表示是套件（package）等級。

表 2　物件成員的存取等級

修飾語	同一類別	同一套件	不同套件的子類別	不同套件且非子類別
public	○	○	○	○
protected	○	○	○	×
無	○	○	×	×
private	○	×	×	×

4. 類別宣告語法

如圖 1 所示，一個類別的定義包含：類別的宣告與類別主體，其語法如下

```
[ 修飾語 ] class 類別名稱 [extends 上一代類別 ] [implements 介面名稱 {, 介面名稱 }]
{     屬性；
      方法 ( 參數 ) {
            區域變數 ;
            方法主體 ;
      }
}
```

註：語法裡的 [ ] 表示非必備，可選擇（optional）之意，請勿和陣列的符號混淆。

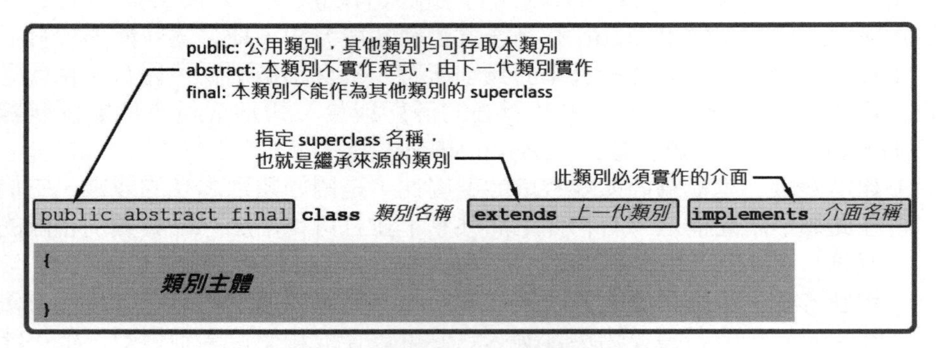

圖 1　類別宣告的主要組成部分

類別定義包括兩個部分：類別宣告（class declaration）與類別主體（class body）。第一行程式就是類別宣告的部分，接著在類別宣告之後，以大括號括起來的部分即是類別主體。類別主體是類別的實際內容，包含了類別的屬性（變數）和方法（函數）的定義。這是類別提供的功能和行爲的地方，內容包括：

(1) 建立新物件的建構子（constructor）。
(2) 紀錄類別各種狀態的變數，也就是類別內的「屬性」。
(3) 實作類別各種行為的函數，也就是類別內的「方法」。

屬性用於儲存資料，而方法用於執行操作。建構子是類別在建構物件時，自動呼叫執行的特殊方法。用於初始化物件的狀態，設置初始值，分配資源等。建構子的名稱必須與類別的名稱完全相同，並且沒有回傳值。

在 Java 中，如果沒有宣告任何建構子，編譯器會在編譯完成的 bytecode 內自動提供一個預設的無參數建構子。如果類別宣告了至少一個建構子，編譯器就不會提供預設建構子。可以依據需求宣告多個建構子，每個建構子可以有不同的參數列表，稱為建構子的重載。

參考 Prog1101.java 包含多個建構子的範例程式內容，程式內建立兩個類別，一個是主程式 Prog1101 類別：

```
31 public class Prog1101{
32   public static void main(String[] args) {
33     Partner faculty1 = new Partner();
34     System.out.println("姓名: " + faculty1.getName());
35     System.out.println("年齡: " + faculty1.getAge());
36
37     Partner faculty2 = new Partner("李四", 20);
38     System.out.println("姓名: " + faculty2.getName());
39     System.out.println("年齡: " + faculty2.getAge());
40   }
41 }
```

另一個是內容包含一個無參數與一個帶參數建構子的 Partner 類別：

```
1  class Partner{
2    private String name;
3    private int age;
4    public Partner() {                    // 無參數建構子
5      name = "未知";
6      age = 0;
7    }
8    public Partner(String n, int a) { // 帶參數的建構子
9      name = n;
10     age = a;
11   }
12   public void setName(String n) {   // 方法用於設置名稱
13     name = n;
14   }
15   public String getName() {         // 方法用於取得名稱
16     return name;
17   }
18     public void setAge(int a) {     // 方法用於設置年齡
19     age = a;
20   }
21   public int getAge() {             // 方法用於取得年齡
22     return age;
23   }
24 }
```

11-2 物件的建構

1. 語法

程式中建構（create）物件的宣告語法如下：

類別名稱 物件名稱 = new 建構子 ([引數]) ;

建構子是與類別名稱相同的方法，相關介紹請參見 11-3 節的說明。參考 Prog1102_1.java 宣告，將 ObjSample 類別建構出一個名稱為 obj 的物件：

```
ObjSample obj = new ObjSample( );
```

上述程式包含兩個動作，一是宣告，二是建構物件，並將物件指向參考到物件使用的記憶體位址。若將這兩個動作拆開來寫，程式碼如下所示：

```
ObjSample obj;            //宣告物件名稱，以及所屬的類別
obj = new ObjSample();    //呼叫類別建構子，配置物件的記憶體空間，
                          //並設定物件指向記憶體的位址
```

物件是參考類型，所以宣告物件名稱的時候，並不會配置實際儲存資料的記憶體空間。因此，必須利用 new 運算子，建立實際儲存資料的記憶體空間，並將物件指向該記憶體位址。

2. 建構子

建構子（Constructor）是將類別實例化建立成為物件時，最先執行的方法（注意！建構子是一個方法）。

建構子使用的目的：如果在建構物件時，需要先執行某些程式或是初始化（initial）某些資料，就可以利用建構子。

如果類別中未宣告建構子，則 Java 程式會自動產生一個「空白」的建構子。例如 Prog1102_1.java 建構物件的範例程式：

ObjSample 類別

```
1  class ObjSample {
2      public double i;
3      public void getRandom() {
4          i = Math.random();
5          System.out.println("亂數值=" + i);
6      }
7  }
```

Prog1102_1 類別

```
8  public class Prog1102_1 {
9      public static void main(String[] arts){
10         ObjSample obj = new ObjSample( ); //建構一個 ObjSample 類別的物件
11         obj.getRandom( );
12     }
13 }
```

程式第 10 行，即是宣告將類別 ObjSample 建構一個名稱爲 obj 的物件。其中呼叫類別 ObjSample 的建構子，但在 ObjSample 類別的程式碼（第 1～7 行）之中，並沒有建構子的宣告。編譯後 Java 會自動在程式內建立如下所示的程式碼（不會眞的加入原始程式碼內，是加在編譯的 byte code 內）：

```
1  class ObjSample {
2      public double i;
3      ObjSample( ){ }
4      public void getRandom() {
5          i = Math.random();
6          System.out.println("亂數值=" + i);
7      }
8  }
```

參考 Prog1102_2.java 程式範例，示範將 MyObj 類別分別建構 a、b 兩個物件的練習：

```
1  public class Prog1102_2 {
2      public static void main(String[] args){
3          MyObj a = new MyObj();  // 建構 MyObj 類別的 a 物件
4          MyObj b = new MyObj();  // 建構 MyObj 類別的 b 物件
5
6          a.color="紅色";  //修改 a 物件的顏色屬性
7          b.size=20;       //修改 b 物件的尺寸屬性
8
9          System.out.println("a物件的顏色="+a.color);
10         System.out.println("b物件的顏色="+b.color);
11         System.out.println("a物件的尺寸="+a.size);
12         System.out.println("b物件的尺寸="+b.size);
13     }
14 }
15 class MyObj{
16     String color;    //顏色屬性
17     int size=20;     //尺寸屬性
18     MyObj(){         //建構子：與類別名稱相同、無修飾語、無回傳值
19         color="白色";
20         size=10;
21     }
22 }
```

執行結果，顯示如下：

```
a物件的顏色=紅色
b物件的顏色=白色
a物件的尺寸=10
b物件的尺寸=20
```

11-3 建構子

建構子（Constructor）是類別內的方法，綜合前一節的介紹，建構子具備下列特性：

(1) 和類別名稱相同。

(2) 無回傳值。也就是說，不能宣告建構子的回傳值類型。

(3) 使用 new 建立新物件時，程式會自動執行建構子。

參考 MyPet_1.java 程式的類別宣告，此類別具備一個建構子。使用 new 運算子建構 MyPet_1 物件時，執行環境會自動執行此一建構子。

```
1  public class MyPet_1 {
2    private String name;
3    MyPet_1( ){
4      name="Pubby";
5    }
6    String getName( ){ return name; }
7  }
```

方法括號內的引數（argument）是呼叫程式時傳遞至方法參數的值，是否需要傳遞引數，必須依據撰寫建構子程式的要求。參考 MyPet_2.java 程式的類別宣告，此類別具備一個建構子，使用 new 運算子建構 MyPet_2 物件時，執行環境會自動執行此一建構子，且需要傳入一個引數值。

```
1  public class MyPet_2 {
2    private String name;
3    MyPet_2(String name ){
4      this.name=name;
5    }
6    String getName( ){ return name; }
7  }
```

類別可以擁有多個建構子，但必須遵循 (1) 所列的特性：**必須與類別同名**。各建構子之間只有參數多寡的差異，使用 new 運算子建構物件時，執行環境會依據傳遞引數的多寡，自動執行相對的建構子。

註：在一個類別中，定義多個名稱相同，但具備不同參數的方法，稱爲多載（overload），請參見 11-9 節的介紹。關於引數與參數的意義，請參見 11-6 節的介紹。

參考 MyPet_3.java 程式的類別宣告，此類別具備三個建構子。

```
1  public class MyPet_3 {
2    private String name;
3    private String species="哺乳類";
4    MyPet_3( ){
5      this.name="無名";
6    }
7    MyPet_3(String name){
8      this.name=name;
9    }
10   MyPet_3(String name, String species){
11     this.name=name;
12     this.species=species;
13   }
14   String getName( ){ return "物種："+ species + ", 名字：" + name; }
15 }
```

程式 Prog1103.java 使用 new 運算子建構 MyPet_3 物件時，執行環境會自動執行此一建構子，依據傳入的引數數量或類型，決定執行哪一個建構子。

```
1  public class Prog1103 {
2      public static void main(String[] args){
3          MyPet_3 pet1 = new MyPet_3( );
4          MyPet_3 pet2 = new MyPet_3( "小乖" );
5          MyPet_3 pet3 = new MyPet_3( "小花","魚類");
6
7          System.out.println( pet1.getName() );
8          System.out.println( pet2.getName() );
9          System.out.println( pet3.getName() );
10     }
11 }
```

(1) 程式第 3 行，建立 pet1 物件時，並未傳入引數。因此，執行 MyPet_3 程式的第 4～6 行的建構子。

(2) 程式第 4 行，建立 pet2 物件時，傳入一個引數。因此，執行 MyPet_3 程式的第 7～9 行的建構子。

(3) 程式第 5 行，建立 pet3 物件時，傳入兩個引數。因此，執行 MyPet_3 程式的第 10～13 行的建構子。

執行結果，顯示如下：

```
物種：哺乳類, 名字：無名
物種：哺乳類, 名字：小乖
物種：魚類, 名字：小花
```

11-4 成員

如圖 1 所示，物件由類別建構而成，包括屬性與方法。

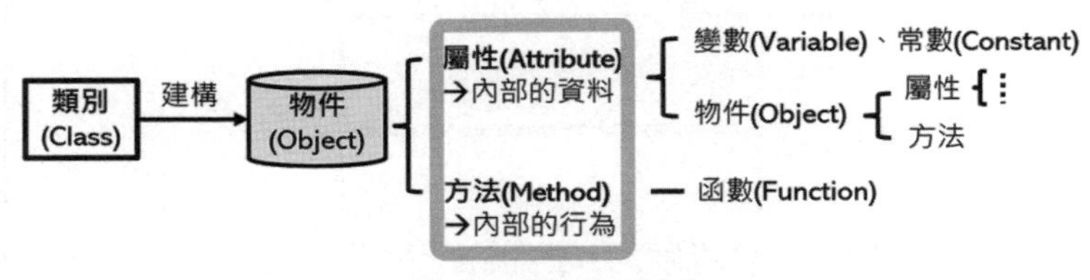

圖 1　物件成員

(1) 屬性：用於存儲物件的狀態和資料。
(2) 方法：程式設計會將一個較大的程式切割爲許多個子功能。這些子功能以函數的形式，獨立存在類別內就稱爲方法。

在 Java 中，這些屬性與方法又可以分爲兩種，一種是可以由類別直接使用的靜態成員（static member），也就是所有該類別建構之物件共用；另一種則是必須由類別產生物件實例後，物件個別擁有的實例成員（instance member，或稱物件成員）。

1. 屬性的宣告

屬性宣告的語法爲：

[修飾語] 類型 屬性名稱 [= 初始值] ;

2. 方法的宣告

方法是用於將一個複雜的程式拆成數個較小且易維護的片段。方法宣告的語法爲：

```
[ 修飾詞 ] 回傳值類型 方法名稱 ( 參數列表 ) [ 異常列表 ] {
    方法主體
}
```

(1) 修飾語包括：
① 可視性修飾詞：指定屬性或方法的可視性（visibility），可以是 public、private、protected 或沒有修飾詞（預設爲 package，表示此方法只能被同一個套件內的其他類別存取，不能被其他套件內的類別存取）。
② 靜態修飾詞：使用 static 指定方法爲類別成員，而非物件成員。
(2) 回傳值類型：如圖 2 所示，代表方法執行完後回傳值的資料類型。在方法內，使用 return 將值回傳。若沒有回傳值，類型需要宣告爲 void。
(3) 參數列表：方法名稱後方一定有括號，括號內爲接收的參數列表，可以爲空，表示沒有接收任何參數。參數與參數之間以逗號隔開，每一組參數都由一對「類型」與「名稱」所構成。

回傳給呼叫執行此方法的程式　傳入給此方法使用的資料或物件

[修飾語] **回傳值類型** 方法名稱(**參數列表**) [異常列表]

圖 2　回傳值類型與參數列表的作用

①「類型」如果是資料類型，則「名稱」就是該資料類型的變數名稱；

②「類型」如果是類別，則「名稱」就是該類別的物件名稱。

(4) 異常列表：指定方法可能拋出的例外，可以爲空。

例如程式進入點：main( ) 方法，如圖 3 所示，就是一個很適合做爲學習方法結構的對象：

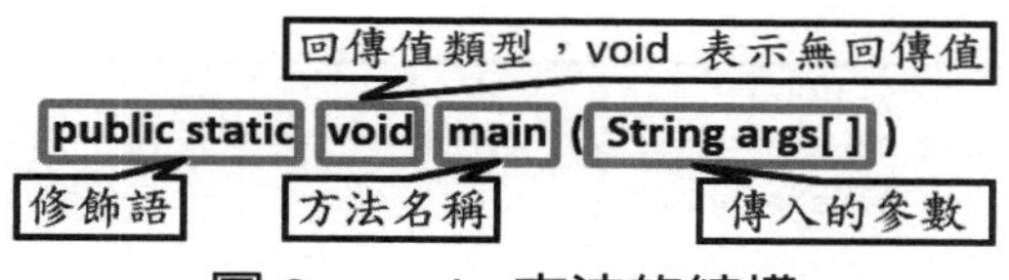

圖 3　main 方法的結構

括號內的參數：String args[] 表示呼叫執行 main( ) 方法時，會傳進一個名稱爲 args 的字串陣列，而字串陣列是一個物件。

參考下列 Prog1104.java 程式，練習宣告一個包含私用 sno、私用 name、私用靜態 count、靜態常數 SCHOOL_NAME 等 4 個屬性與 1 個建構子，以及 3 個方法的類別：

```
1  class Student {
2      private String sno;                          //學號
3      private String name;                         //姓名
4      private static int count = 0;                //學生人數
5      static final String SCHOOL_NAME = "AAA 大學"; //校名
6      public Student( String sno ) {
7          this.sno = sno;
8          count++;
9      }
10     public static int getCount( ) { return count; }
11     public String getStudent( ) {
12         return "學號：" + sno + ", 姓名：" + name;
13     }
14      public void setName( String name ) {
15         this.name = name;
16     }
17  }
18  public class Prog1104 {
19      public static void main(String[] args){
20          Student std1 = new Student("A113001");
21          std1.setName( "張三" );
22          Student std2 = new Student("A113005");
23          System.out.println("學校名稱：" + Student.SCHOOL_NAME );
24          System.out.println("學生人數：" + Student.getCount( ) );
25          System.out.println("第一位學生資料："+ std1.getStudent( ) );
26      }
27  }
```

11-5 全域與區域變數

1. 全域變數

全域變數（Global variable）是宣告在類別內，且在方法外的變數，也就是類別的屬性。這些變數可以被整個類別內的方法所存取和使用，且生命週期和類別相同。

例如 11-4 節，Prog1104.java 程式第 2～5 行宣告的屬性，可以通用於整個類別之內。也可參考下列 Prog1105_1.java 程式，宣告的私用 count 屬性，可以在類別內任一個方法內使用。

```
1  public class Prog1105_1 {
2      private int count = 100; // 全域變數
3      public void plusMethod() {
4          count++;
5          System.out.println("count 內容: " + count);
6      }
7      public void minusMethod() {
8          count--;
9          System.out.println("count 內容: " + count);
10     }
11     public static void main(String[] args) {
12         Prog1105_1 obj = new Prog1105_1();
13         obj.plusMethod();
14         obj.minusMethod();
15     }
16 }
```

(1) 程式首先由第 11 行程式進入點開始執行。
(2) 程式第 12 行，將 Prog1105_1 類別，也就是將此支程式自己建構成名稱為 obj 的物件。此物件具備 Prog1105_1 類別所具備的屬性與方法。
(3) 程式第 13 行，呼叫執行第 3 行的 plusMethid( ) 方法。方法內第 4 行，使用的即是全域變數，也就是第 2 行此類別宣告的 count 屬性。
(4) 程式第 14 行，呼叫執行第 7 行的 minusMethid( ) 方法。方法內第 8 行，使用的亦是第 2 行此類別宣告的 count 屬性。

執行結果，顯示如下：

```
count 內容: 101
count 內容: 100
```

2. 區域變數

和全域變數相對的區域變數（Local variable），是宣告在方法內的變數，其生命週期僅限於宣告它們的方法。區域變數不能被類別內的其他方法所存取和使用，也不能被其他類別所存取和使用。

參考下列 Prog1105_2.java 程式，示範區域變數的使用。

```
1   public class Prog1105_2 {
2       public void plusMethod() {
3           int count = 100; // 區域變數
4           count++;
5           System.out.println("plusMethod 方法內，count 的內容: " + count );
6       }
7       public static void main(String[] args) {
8           int count = 0;
9           Prog1105_2 obj = new Prog1105_2();
10          obj.plusMethod();
11          System.out.println("執行結果 count 的內容: " + count );
12      }
13  }
```

程式第 3 行，plusMethod( ) 方法內宣告的 count 變數，其生命週期只能存在於 plusMethod( ) 方法執行的當下。每當呼叫執行此方法時，count 變數方才建立，並在方法執行完成時，系統就會將 count 變數回收。

程式第 10 行呼叫執行第 2 行的 plusMethod( )，此方法內第 3 行的 count 與第 8 行的 count，是兩個不同的變數。無論 plusMethod( ) 方法內的 count 變數值為何，完全不會影響 main( ) 方法內的 count 變數值。因為這兩個變數是各自方法的區域變數。執行結果，顯示如下：

```
plusMethod 方法內，count 的內容:101
執行結果 count 的內容:0
```

參考下列 Prog1105_3.java 程式。執行方法時，接收的參數，也是區域變數。如果在方法內區域變數與全域變數名稱相同，需要在全域變數前加上 this 作為標示。

```
public class Prog1105_3 {
    int count = 10; // 屬性，是類別的全域變數
    public static void main(String[] args) {
        int count = 20; // 區域變數
        Prog1105_3 obj = new Prog1105_3( );
        obj.showVariable( count );  // 將區域變數傳遞給 showVariable( )方法
        System.out.println("全域變數: " + obj.count );
        System.out.println("區域變數: " + count );
    }
    public void showVariable( int count ){
        // this.count 表示是此類別的屬性： count 是區域變數
        this.count = count + 10;
    }
}
```

執行結果，顯示如下：

```
全域變數: 30
區域變數: 20
```

使用全域變數與區域變數時，要避免名稱相同而導致混淆不清的狀況。區域變數與全域變數名稱相同時，使用名稱會以區域變數優先。如需指名全域變數，必須使用完整限定名稱（Fully qualified name），也就是標示物件名稱，如果是類別成員變數，則標示類別名稱。

參考範例 Prog1104_2.java 程式內容：

```
public class Prog1105_4{
  static int x = 10; // 全域變數
  public static void main(String[] args) {
    System.out.println("全域變數 x：" + x); // 輸出全域變數 x 的值
    int x = 20; // 區域變數 x 覆蓋了全域變數 x
    System.out.println("區域變數 x：" + x); // 輸出區域變數 x 的值

    exampleMethod();     // 呼叫執行方法

    System.out.println("執行後全域變數 x：" + x);
    System.out.println("執行後全域變數 x：" + Prog1105_4.x);
  }
  static void exampleMethod() {
    // 區域變數
    int x = 30; // 區域變數 x 覆蓋了全域變數 x 和 main 方法中的區域變數 x
    System.out.println("方法內的區域變數 x：" + x);
  }
}
```

(1) 程式第 2 行，有宣告一個全域變數 x，其初始值爲 10。
(2) 程式第 5 行，在 main 方法中宣告了一個區域變數 x，其值爲 20，這個區域變數覆蓋了全域變數 x 的值。
(3) 程式第 8 行，呼叫執行第 13～17 行的 exampleMethod( ) 方法。在這個方法中，又宣告了一個區域變數 x，其值爲 30，這個區域變數同時覆蓋了全域變數 x 和 main 方法中的區域變數 x。

執行結果，顯示如下：

```
全域變數 x：10
區域變數 x：20
方法內的區域變數 x：30
執行後全域變數 x：20
執行後全域變數 x：10
```

請注意，不同範圍的變數名稱相同，但是它們在不同的範圍內是獨立的，彼此不影響。區域變數的作用範圍僅限於宣告它們的區塊或方法內。

11-6 引數、參數與回傳

引數（argument）和參數（parameter）經常被混淆，而全都被稱爲參數。參考圖 1 所示，實際兩者的意義是有差別：

1. 引數

當一個方法被呼叫時，方法需要一些資料來執行其功能，呼叫執行的來源程式傳遞給方法的這些資料稱爲**引數**。

2. 參數

在方法的宣告中，表示接收的資料，稱之爲**參數**。宣告在方法名稱後方的括號內，必須指定參數的資料類型。

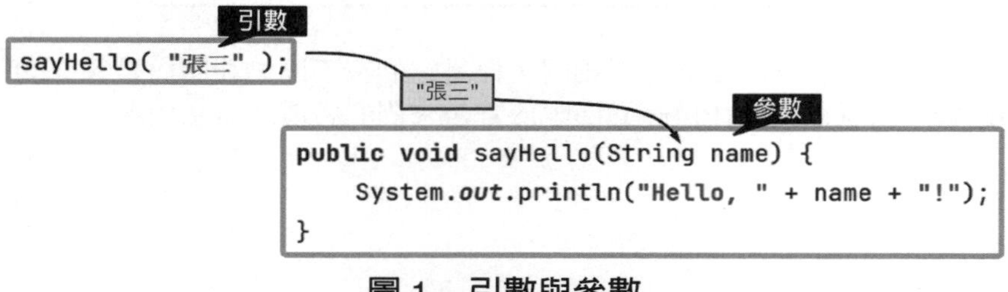
引數
sayHello("張三");
"張三"
參數
public void sayHello(String name) {
System.out.println("Hello, " + name + "!");
}

圖 1　引數與參數

```
1  public class Prog1106_1 {
2      public void sayHello( String name ) {
3          System.out.println("Hello, " + name + "!");
4      }
5      public static void main(String[] args){
6          Prog1106_1 obj = new Prog1106_1( );
7          obj.sayHello( "張三" );
8      }
9  }
```

接收的參數

傳遞的引數

3. 方法的呼叫與返回流程

方法與數學函數的的功能類似。在數學函數中，輸入函數的資料經過運算後，將可以得到函數的輸出結果。方法也是如此，傳遞引數給方法處理後，可以獲得一個輸出結果，稱爲回傳值。

如圖 2 所示。當主程式呼叫執行方法時，程式的控制權即會轉移到該方法的開頭處。方法的程式碼執行完畢後，程式控制權將重新回到主程式碼（呼叫敘述）的下一個敘述，繼續往下執行。

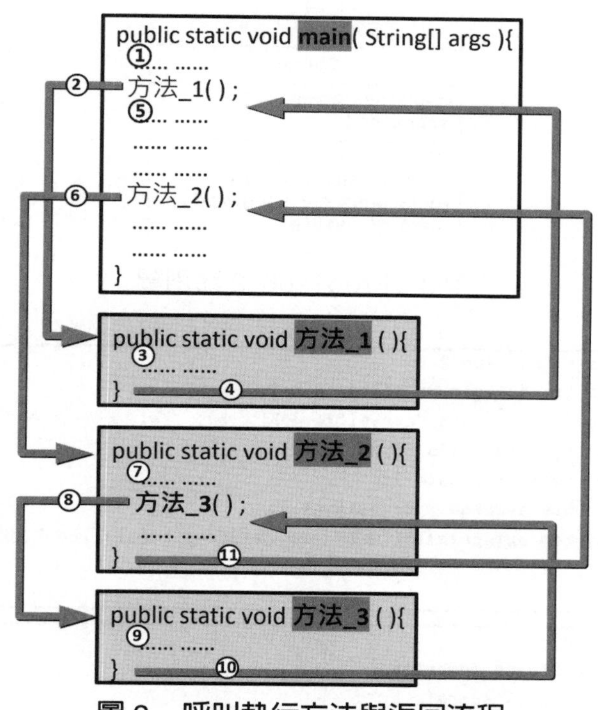
public static void main(String[] args){
①
....
②
方法_1( ) ;
⑤
....
....
....
⑥
方法_2( ) ;
....
....
}
public static void 方法_1 ( ){
③
....
}
④
public static void 方法_2 ( ){
⑦
....
⑧
方法_3( ) ;
....
}
⑪
public static void 方法_3 ( ){
⑨
....
}
⑩

圖 2　呼叫執行方法與返回流程

4. 回傳值

方法執行完成時，若需要回傳結果，使用的方式如下：

(1) 方法宣告應包含回傳資料的類型。

(2) 在方法主體內應包還一個（含）以上的 return 敘述，將資料回傳。方法執行到 return 敘述即會將 return 指定的資料回傳，並結束該方法的執行。

(3) return 後面指定的回傳值，可以是值、常數、變數或運算式。

(4) return 回傳的資料必須與方法宣告回傳的資料類型一致。

參考 Prog1106_2.java 程式，練習呼件方法與回傳值的使用方式。程式包含主程式 Prog1106_2 類別與 Course 類別，其結構請參見圖 3 所示的類別圖。

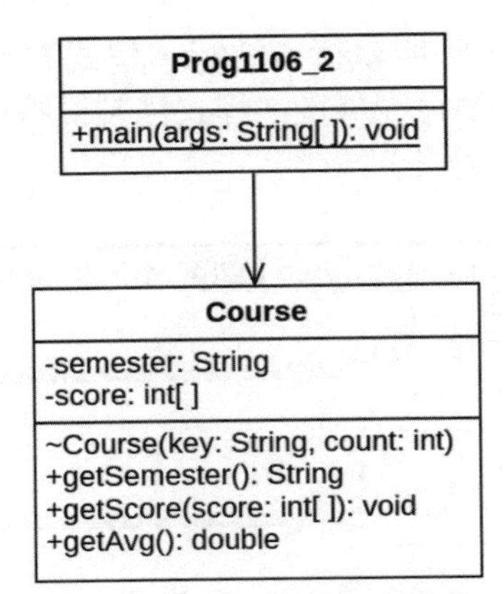

圖 3 Prog1106_2 類別圖

```
1  public class Prog1106_2 {
2      public static void main(String[] args) {
3          Course cr = new Course("第一學期", 5); //第一學期，修 5 門課
4          int[] data = {65,93,80,77,95};
5          cr.setScore( data );
6          double average = cr.getAvg( );
7          System.out.println("學期:"+cr.getSemester( )+"\t平均成績："+average);
8      }
9  }
```

```
10 class Course{
11     private String semester;
12     private int[] score;
13     Course(String key, int count){      //方法 1: 建構子
14         semester = key;
15         score = new int[count];
16     }
17     public String getSemester( ){       //方法 2: 取得學期資訊
18         return semester;
19     }
20     public void setScore( int[] score){//方法 3: 指定成績
21         this.score = score.clone( );
22     }
23     public double getAvg(){             //方法 4: 計算 score 陣列內容的平均值
24         int total=0;
25         for(int i=0; i<score.length; i++ )
26             total += score[i] ;
27         return (total/score.length);
28     }
29 }
```

(1) 程式首先由第 2 行，程式進入點開始執行。
(2) 程式第 3 行，呼叫執行第 13～16 行 Course 類別的建構子，將 Course 類別件建構一個名稱爲 cr 的物件。
(3) 程式第 5 行，呼叫執行 cr 物件的 setScore( ) 方法，將第 4 行宣告的 data 陣列，傳遞給該方法。並將程式控制權移轉至程式第 20 行。setScore( ) 方法執行完畢，會將程式控制權重新回到程式第 5 行並繼續往下執行第 6 行。
(4) 程式第 6 行，呼叫執行 cr 物件的 setAvg( ) 方法（程式第 23 行）。getAvg( ) 方法執行至程式第 27 行，將運算式的結果回傳至原呼叫敘述，也就是程式第 6 行，並將回傳的值指定給 average 變數儲存。
(5) 程式第 7 行，呼叫執行 cr 物件的 getSemester( ) 方法，程序和 (4) 相似，差別在於 (4) 回傳值會指定給 average 變數儲存，而 (5) 執行 getSemester( ) 回傳值直接傳給 println( ) 方法輸出。

11-7 傳值與傳址

引數傳遞的形式包含兩種，一種爲傳值呼叫（call by value）；一種爲傳址呼叫（call by reference，傳送物件參考憶體位址的呼叫方式）。

1. 傳值呼叫

呼叫方法時，傳遞給方法的資料若爲一般資料類型，例如：整數、浮點數、字元與字串時，稱爲**傳值呼叫**。Java 將資料傳入方法時，是將主程式的變數內容值拷貝一份，將「資料」而非變數本身，傳送入方法內所接收的參數。方法執行過程中，若改變傳入值的內容，並不會改變呼叫此方法的原先程式中原本變數的內容。

參考範例 Prog1107_1.java 程式，主程式內呼叫執行方法，傳遞引數 a 的值，至 show( ) 方法的參數 a 。

```
1   public class Prog1107_1 {
2       public static void main(String[] args){
3           int a = 10;
4           System.out.println("執行前，main( ) 方法: a= " + a );
5           show( a );
6           System.out.println("執行後，main( ) 方法: a= " + a );
7       }
8       static void show( int a ){
9           a+=10;
10          System.out.println("執行中，show( ) 方法: a= " + a  );
11      }
12  }
```

程式第 3 行，main( ) 方法內的變數 a 是僅使用在 main( ) 方法內的區域變數。同樣的，程式第 8 行，show( ) 方法接收的參數 a 是 show( ) 方法的區域變數，生命週期也是僅限在 show( ) 方法內。

程式第 5 行，呼叫執行 show( ) 方法時，引數是將 a 的內容值，傳遞至 show( ) 方法的參數 a，也就是 show( ) 方法的區域變數。在 show( ) 方法內改變 a 的值，實際是改變 show( ) 方法內變數 a 的值，並不會改變原先 main( ) 方法內的變數 a 的值。執行結果，顯示如下：

```
執行前，main( ) 方法: a= 10
執行中，show( ) 方法: a= 20
執行後，main( ) 方法: a= 10
```

如圖 1 所示，呼叫方法時，傳遞過去的只是變數的內容值，並不是變數本身，因此稱爲「傳值」呼叫。

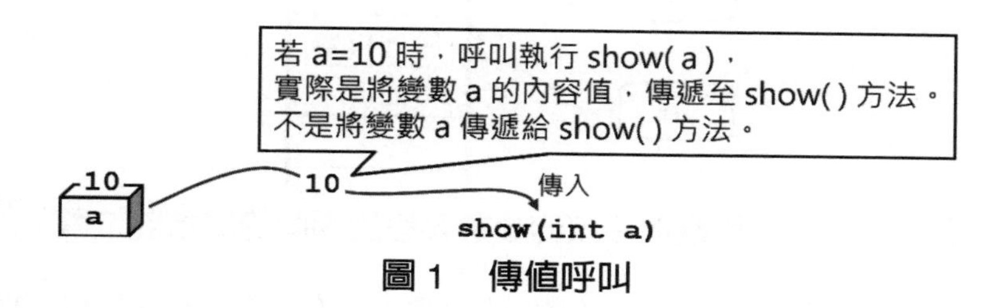
若 a=10 時，呼叫執行 show(a)，
實際是將變數 a 的內容值，傳遞至 show( ) 方法。
不是將變數 a 傳遞給 show( ) 方法。
10
a
10
傳入
show(int a)

圖 1　傳值呼叫

2. 傳址呼叫

在 Java 中，所有物件都是參考類型（reference type），呼叫方法時，傳入的資料若爲**物件類型**，例如：陣列、物件，則傳遞的方式是爲**傳址呼叫**，也就是將物件的記憶體位址，傳遞給接收參數。所以，在方法中取得傳入值的參數，其所參考的記憶體將會與主程式的引數，參考到相同的記憶體位置。

參考 Prog1107_2.java，使用傳址呼叫的練習：

```
1  import java.util.*;
2  public class Prog1107_2 {
3      public static void main(String[] args) {
4          int[] data = {1, 2, 3};
5          System.out.println("執行前， data 陣列內容： " + Arrays.toString(data) );
6          increment(data);
7          System.out.println("執行後， data 陣列內容： " + Arrays.toString(data) );
8      }
9      public static void increment(int[] arr) {
10         for (int i = 0; i < arr.length; i++) {
11             arr[i]+=10; //將陣列每一元素內容增加 10
12         }
13         System.out.println("執行中， arr  陣列內容： " + Arrays.toString(arr) );
14     }
15 }
```

如圖 2 所示，傳址呼叫傳遞的是物件的記憶體位址，所以在上例中，main( ) 方法內的陣列 data 與 increment( ) 方法內的陣列 arr 指向的是同一個記憶體位址，也就是兩者共用同一個記憶體的資料。所以，若陣列 arr 的內容有變動，就等於改變了陣列 data 的內容。

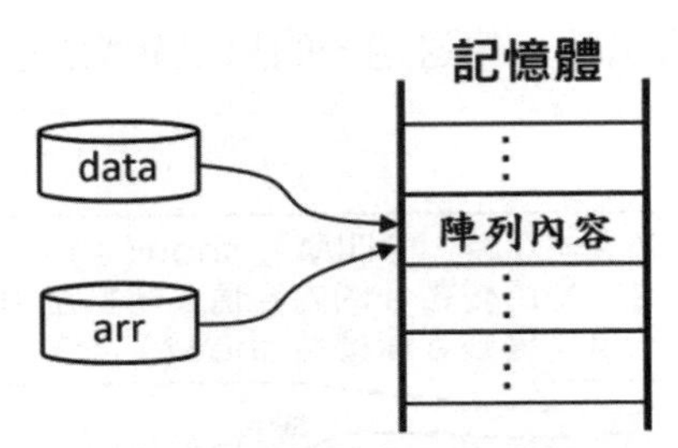

圖 2　傳遞的引數與接收的參數參考到相同的記憶體位置

使用傳送參考，通常是在於希望傳遞的引數，在方法中若有變動時，呼叫者也可以保留這份變動的結果。傳送參考還可以解決一個問題，Java 程式呼叫方法後只能回傳（return）一個值，若在呼叫方法時，希望能取得兩個以上的運算結果，就可以使用物件類型的傳送或回傳方式。

參考下列 Prog1107_3.java 程式，modifyValue( ) 方法同時接收傳值與傳址參數的練習，思考其執行結果的差異。

```
1  class XObj {
2    int x;
3    XObj(int x) {
4      this.x = x;
5    }
6  }
7  public class Prog1107_3{
8    public static void main(String[] args) {
9      int x = 5;
10     XObj obj = new XObj(10);
11
12     System.out.printf("執行前 x = %d, obj的x = %d \n", x, obj.x);
13     modifyValue(x, obj);
14     System.out.printf("執行後 x = %d, obj的x = %d \n", x, obj.x);
15   }
16
17   static void modifyValue(int x, XObj someone ) {
18     x=x+20;
19     someone.x=x;
20   }
21 }
```

(1) 程式首先由第 8 行程式進入點開始執行。
(2) 程式第 9 行，宣告區域變數 x，並指定其值爲 5。
(3) 程式第 10 行，建構 XObj 類別的物件 obj。此時程式會執行該類別第 3～5 行的建構子方法，將其屬性 x 指定其值爲 10。由程式第 10 傳遞至第 3 行的方式是傳值呼叫，第 3 行接收的參數 x 是「區域變數」，第 4 行 this.x 的 x 是全域變數，也就是此物件的屬性。因爲區域變數與全域變數同名，必須加上 this 識別字，表示是當前物件的參考。
(4) 程式第 12 行，分別顯示區域變數 x 與 obj 物件的 x 屬性內容。
(5) 程式第 13 行，呼叫執行第 17 行的 modifyValue( ) 方法，並傳遞兩個引數 x 與 obj。x 爲區域變數，所以傳遞的方式是傳值；obj 爲物件，所以傳遞的方式是傳址。因此，在程式第 18 行變更的 x 是 modifyValue( ) 方法內的區域變數；程式第 19 行變更的 someone.x 屬性，是與第 13 行傳遞的 obj 物件相同的位址，所以實際是變更 obj.x 屬性的內容。

程式執行結果，顯示如下：

```
執行前 x = 5, obj的x = 10
執行後 x = 5, obj的x = 25
```

11-8 回傳值與回傳址

11-6 節簡單介紹了方法回傳結果的語法。回傳的形式與呼叫方法一樣，也有傳值與傳參考兩種方式。當方法是回傳一般資料類型的資料時，將使用傳值的方式，將結果傳回給呼叫的程式。當方法回傳的是物件時，就會以傳址（傳送參考）的方式，將結果回傳給原呼叫的程式。

1. 回傳值

參考 Prog1108_1.java 程式，使用傳值的方式呼叫方法，並以傳值的方式回傳執行運算的結果。

```
1   public class Prog1108_1 {
2     public static void main(String[] args){
3       int start=1, end=100, interval=2, sum=0;
4       sum = getSummary( start, end, interval );
5       System.out.printf("起始值： %d, 結束值： %d, 間隔值： %d, 加總結果： %d",
6                         start, end, interval, sum );
7     }
8     static int getSummary(int firstValue, int lastValue, int d){
9       int total=0, temp;
10      //計算
11      for (int i = firstValue; i<=lastValue; i+=d)
12        total+=i;
13      return total;
14    }
15  }
```

(1) 程式第 8 行，宣告 getSummary( ) 方法的傳回値類型為 int。

(2) 程式第 13 行，是透過執行「return total;」將整數值傳回給原先呼叫的程式（第 4 行）。因為 int 是原生資料類型，所以本範例傳回的不是 total 變數，而是以傳值方式回傳 total 變數的內容值。

執行結果，顯示如下：

```
起始值： 1, 結束值： 100, 間隔值： 2, 加總結果： 2500
```

2. 回傳址

呼叫執行的方法回傳的是物件，就一定是使用傳址的方式回傳。參考 Prog1107_2.java 程式，藉由使用方法回傳自建物件的練習，學習回傳址的使用方式。

程式中並不直接使用 new 建構物件，而是透過 createMemeber( ) 方法再執行 new 建構物件，這在一些比較特殊或是需要事前檢查狀況的類別，經常會使用的方式。例如：Calendar 類別是透過靜態方法 getInstance()，而不是透過 new Calendar( )。原因是 Calendar 類別是一個抽象類別，無法直接實例化。

```
1   public class Prog1108_2 {
2       public static void main(String[] args){
3           Member m1 = createMember( "A001", 5 );
4           System.out.println( m1.getInfo() );
5       }
6       static Member createMember(String mNo, int mGrade){
7           //建立一個學生物件
8           Member mm = new Member( mNo, mGrade );
9           mm.setLevel( 3 );
10          return mm;
11      }
12  }
13  class Member{
14      private int level;          // 等級
15      private String no;          // 證號
16      //建構子
17      Member(String no, int level){
18          this.no = no;
19          this.level = level;
20      }
21      void setLevel(int level){
22          this.level = level;
23      }
24      String getInfo(){
25          return "會員證號: " + no + ", 等級： " + level;
26      }
27  }
```

(1) 程式第 3 行，並非直接使用 new 建構 Member 類別物件，而是執行程式第 6～11 行的 createMember( ) 方法。
(2) 程式第 8 行，建構名稱爲 mm 的 Member 物件，
(3) 程式第 9 行，執行此 mm 物件的 setLevel( ) 方法，將其 level 屬性改爲 3。
(4) 程式第 10 行，將 mm 物件以傳址（記憶體位址）的方式回傳至原呼叫程式（第 3 行）。
(5) 程式第 3 行，接收 createMember( ) 方法回傳的記憶體位址，指定給 m1。此時，m1 與 createMember( ) 方法內的區域變數 mm 指向同一個記憶體位址，也就是相同的 Member 物件。

11-9 方法的多載

Java 支援方法的多載（Overload）：

(1) 多載：在同一個類別內，宣告一個以上相同名稱的方法，讓方法的應用更有彈性。

(2) 使用對象：多載可以使用在建構子，或是該類別內的方法。

(3) 執行依據：宣告多個相同名稱的方法時，Java 是根據引數數量或資料類型的不同，而自動呼叫對應的方法。但特別要注意的是：Java 不能根據回傳值的類型不同來區別。

例如：String 類別提供多個名稱都是 indexOf，但接收不同參數的方法：

int indexOf(int ch)

int indexOf(int ch, int fromIndex)

int indexOf(String str)

int indexOf(String str, int fromIndex)

參考 Prog1109_1.java，示範建構子多載的練習：

```
1  public class Prog1109_1 {
2    private String sno;      //學號;
3    private String name;     //姓名;
4    private String unit;     //系所
5    private char type;       // 'T'表示老師, 'S'表示學生
6    public static void main(String[] args){
7      Prog1109_1 student = new Prog1109_1("A103001","張三");
8      Prog1109_1 teacher = new Prog1109_1("李四");
9      student.display();
10     teacher.display();
11   }
12   Prog1109_1(String n){
13     type='T';
14     name=n;
15     unit ="資訊系";
16   }
17   Prog1109_1(String no, String n){
18     type='S';
19     sno=no;
20     name=n;
21   }
22   public void display(){
23     if (type=='T')
24       System.out.println("這位是 " + unit + "的老師, 姓名是："+name);
25     else System.out.println("這位是學號 " + sno + " 的學生, 姓名是："+name);
26   }
27 }
```

Prog1109_1
-sno -name -unit -type
+main(args: String[ ]): void ~Prog1109_1(n: String) ~Prog1109(no: String, n: String) +display(): void

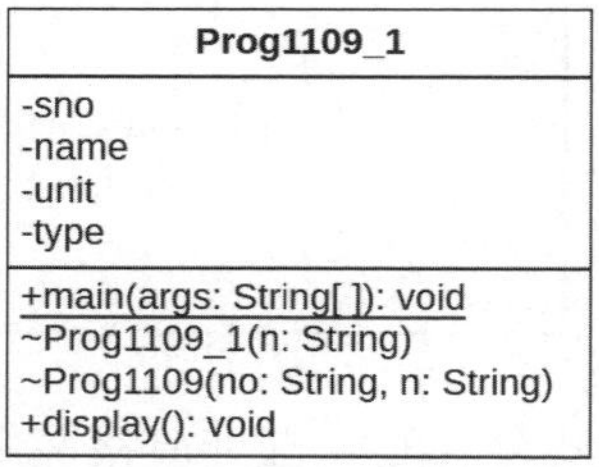

圖 1 建構子多載範例的類別圖

參見圖 1 所示的類別圖，程式具備兩個建構子：

(1) 程式第 7 行，建構物件時，依據 2 個引數，執行第 17～21 行的建構子。

(2) 程式第 8 行，建構物件時，依據 1 個引數，執行第 12～16 行的建構子。

執行結果，顯示如下：

```
這位是學號 A103001 的學生, 姓名是:張三
這位是 資訊系的老師, 姓名是:李四
```

參考 Prog1109_2.java，示範方法多載的練習：

```
1  public class Prog1109_2 {
2    private String sno;     //學號;
3    private String name;    //姓名;
4    private String unit;    //系所
5    public static void main(String[] args){
6      Prog1109_2 student = new Prog1109_2("A103001","張三");
7      student.display();
8      student.display(student.sno, student.name);
9    }
10   public Prog1109_2(String no, String n){
11     sno=no;
12     name=n;
13     unit="資訊系";
14   }
15   public void display(){
16     System.out.println(unit+"學生"+name+"的學號是"+sno);
17   }
18   public void display(String no, String n){
19     System.out.println("學號:"+no+"的姓名是:"+n);
20   }
21 }
```

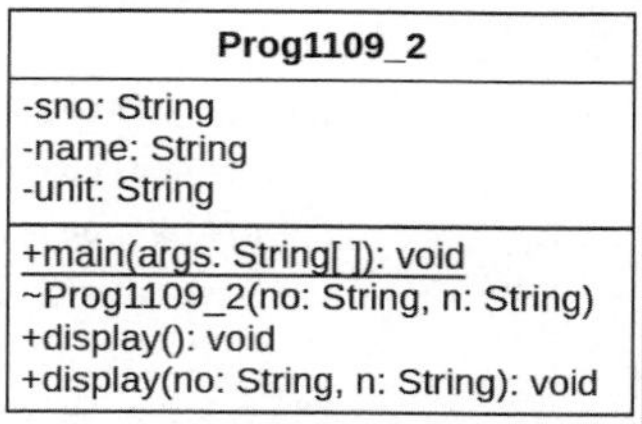

Prog1109_2
-sno: String -name: String -unit: String
+main(args: String[ ]): void ~Prog1109_2(no: String, n: String) +display(): void +display(no: String, n: String): void

圖 2　方法多載範例的類別圖

參見圖 2 所示的類別圖，程式具備兩個相同名稱的方法：

(1) 程式第 7 行，執行沒有傳遞引數的 display( )，程式會呼叫第 15～17 行的方法。

(2) 程式第 8 行，執行傳遞 2 個字串引數的 display( )，程式會呼叫第 18～20 行的方法。

執行結果，顯示如下：

```
資訊系學生張三的學號是A103001
學號:A103001的姓名是:張三
```

11-10 this指標

Java 程式，this 是指當前的類別／物件（也就是自己）。通常是在方法中，某個區域變數的名稱與當前物件的某個屬性有相同的名字，為了避免混淆，需要使用 this 關鍵字來指明要使用的是「屬性」：使用「this. 屬性名稱」表示是物件的屬性，而沒有 this 的那個便是區域變數名稱。另外，也可以用「this. 方法名稱」來引用當前的某個方法，不過使用在方法的 this 其實是多餘的，可以直接用方法名稱來呼叫執行那個方法。

參考 Prog1110_1.java 程式，示範 this 的用法：

```
1   public class Prog1110_1 {
2       private String name;
3       private int age;
4
5       public static void main(String[] args){
6           Prog1110_1 obj = new Prog1110_1("張三",21);
7       }
8       Prog1110_1(String name,int age){
9           setName(name); // 可以寫成 this.setName(name); 但實際是多餘的
10          setAge(age);
11          this.print();
12      }
13      public void setName(String name){
14          this.name=name;// 必須要指名引用的成員
15      }
16      public void setAge(int age){
17          this.age=age;
18      }
19      public void print(){
20          // 此方法中不需要使用 this，因為沒有導致混淆的成員名稱
21          System.out.println("姓名： " + name + ", 年齡： " + age);
22      }
23  }
```

(1) 程式第 14 行，this.name、this.age 的 this 指的是「取用此一物件」。因此 this.name 表示「此物件的 name 屬性」，指定符號「=」右邊的 name 則是指 第 13 行方法接收的參數 name。
(2) 程式第 17 行的意義與 (1) 相同。
(3) 參數名稱與成員名稱不同時，this 可被省略。
(4) this 除了可取用成員屬性，也可取用成員方法，例如程式第 11 行的 this.print( )。此範例 print( ) 方法沒有同名混淆的狀況，this 是可以省略的。

執行結果，顯示如下：

```
姓名： 張三, 年齡： 21
```

this 的使用時機，包括下列 4 種情況：

(1) 取用目前所在的類別／物件的成員，包括屬性、方法，以及建構子。
(2) 使用 this( ) 去重用建構子。
(3) 傳遞呼叫方法、建構子時的引數。
(4) 在方法中傳遞類別／物件屬性。

參考 Prog1110_2.java 程式，示範使用 this( ) 重用建構子的練習。

```
1  class Subject {
2    int subjectNo;  // 課程編號
3    String chiName,engName; //課程名稱
4    int credit = 2;     //學分數，預設 2 學分
5    Subject(int subjectNo,String chiName,String engName){
6      this.subjectNo = subjectNo;
7      this.chiName = chiName;
8      this.engName = engName;
9    }
10   Subject(int subjectNo,String chiName,String engName, int credit){
11     this(subjectNo, chiName, engName); // 重用第 5~9 行的建構子
12     this.credit = credit;
13   }
14   void display( ){
15     System.out.printf( "課程： %d-%s (%s), 學分數：%d \n",
16         subjectNo, chiName, engName, credit );
17   }
18 }
19 class Prog1110_2{
20   public static void main(String args[]){
21     Subject s1=new Subject(112, "運算思維", "Python");
22     Subject s2=new Subject(111, "程式設計", "java", 3);
23     s1.display();
24     s2.display();
25   }
26 }
```

(1) 程式第 21 行，呼叫 Subject 建構子。依據傳遞 3 個引數，執行第 5～9 行的 Subject( ) 建構子。

(2) 程式第 22 行，呼叫 Subject 建構子。依據傳遞 4 個引數，執行第 10～13 行的 Subject( ) 建構子。

(3) 程式第 11 行，使用 this( ) 去重用第 5～9 行的 Subject( ) 建構子。

執行結果，顯示如下：

```
課程： 112-運算思維 (Python), 學分數：2
課程： 111-程式設計 (java), 學分數：3
```

第12章 繼承

12-1 繼承的使用
12-2 繼承關係
12-3 建構子執行順序
12-4 覆寫
12-5 遮蔽
12-6 super 指標

物件繼承是物件導向程式設計的核心技術之一，用於建立類別的層次結構，讓子類別可以繼承父類別的屬性和方法。學習物件繼承的重點包括：父類別和子類別之間的關係、繼承的方式、設計原則，以及覆寫與遮蔽父類別方法的技巧。

12-1 繼承的使用

1. 基本概念

繼承（Inherit）：子類別（Subclass）從父類別（Superclass）接受所有屬性與方法（除了父類別宣告爲 private 的屬性與方法）、增加新的屬性與方法，或是覆寫（Overriding）既有的方法，而產生一個新的類別。透過繼承，子類別建構的物件會具有父類別建構之物件的特性。

(1) 父類別（Superclass）：又稱爲基底類別（Base class），產生成新類別的上一代類別。

(2) 子類別（Subclass）：又稱爲衍生類別（Derived class），從父類別所產生的下一代類別。

(3) 關鍵字（extends）：產生一個子類別的方式，是使用 extends 關鍵字來指定子類別繼承的父類別。

(4) 繼承屬性和方法：子類別繼承父類別中的非私有屬性和方法，而且，子類別可以使用父類別的方法和存取父類別的屬性。

(5) 覆寫（Override）：子類別可以覆寫父類別中的方法，使該方法具備與父類別不同的行爲。

(6) 關鍵字（super）：在子類別中，可以使用 super 關鍵字來使用父類別的成員，包括屬性和方法。

(7) 建構子繼承：子類別會繼承父類別的建構子，但是子類別無法直接存取父類別的私有建構子。可以使用 super 關鍵字呼叫執行父類別的建構子。

(8) 多層繼承：在 Java 中，一個類別可以從另一個類別繼承，並且可以進一步成爲其他類別的父類別，形成多層的繼承關係。

Java 所有物件，全部繼承自 Java.lang.Object。只要程式沒有以 extends 指定父類別，自動以 Object 作爲所有物件的父物件。此外，Java 不支援多重繼承。也就是說，一個子類別只能有一個父類別。如果需要多重繼承，必須透過介面。

2. 語法

類別繼承關係的宣告是依據 extends 關鍵字，宣告語法如下：

class 子類別名稱 extends 父類別名稱
{ 子類別新增的成員 }

3. 類別繼承的規則

(1) 可繼承的成員

在父類別中宣告爲 public 或 protected 的成員（也就是方法與屬性）。如果子類別與父類別存在同一個套件（package）中，繼承可以不做任何修飾語的宣告（參見 11-1 節，表 1）的成員。

(2) 可覆寫的成員（Overriding Members）

任何與父類別同名的成員均可覆寫，除非在父類別內宣告爲 final 的成員。

(3) 必須覆寫的成員

宣告成 abstract 的成員，必須在子類別實作（也就是撰寫方法內的程式碼）。

(4) 不可繼承的成員

① 如果父類別未宣告修飾語的有效範圍，且子類別與父類別存在於不同套件，就不能繼承此一父類別而產生子類別。

② 父類別中宣告成 private 的成員。

【重點】

簡單的整理：

A. 父類別宣告爲 final 的成員，子類別不能覆寫；

B. 父類別宣告爲 private 的成員，子類別無法繼承直接使用，必須透過父類別其他的成員使用；

C. 父類別宣告爲 abstract 的成員，必須在子類別實作。

參考 Prog1201_1.java 程式，練習繼承的基礎語法實作。程式的關係結構，請參考圖 1 所示的類別圖。圖中，空心三角形線條表示繼承關係，箭頭方向指向父類別。

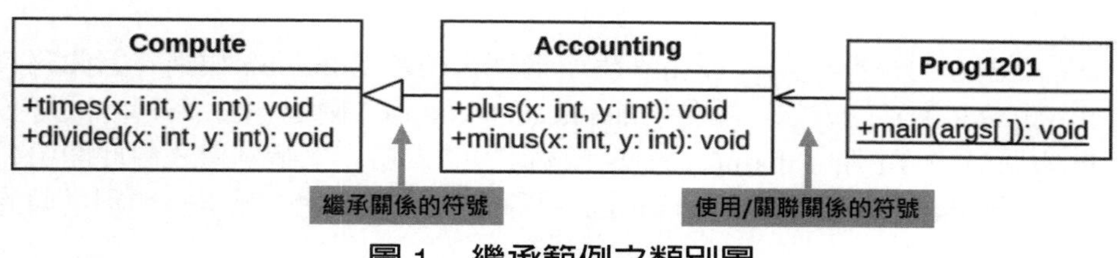

圖 1　繼承範例之類別圖

```
class Compute {
    public void times (int x, int y){
        System.out.println(x+"*"+y+"="+(x*y));
    }
    public void divided (int x, int y){
        System.out.println(x+"/"+y+"="+(float)x/y);
    }
}
class Accounting extends Compute{
    public void plus (int x, int y){
        System.out.println(x+"+"+y+"="+(x+y));
    }
    public void minus (int x, int y){
        System.out.println(x+"-"+y+"="+(x-y));
    }
}
```

```
public class Prog1201 {
    public static void main(String[] args){
        Accounting myObj = new Accounting();
        myObj.plus(200,30);
        myObj.minus(200,30);
        myObj.times(200,30);
        myObj.divided(200,30);
    }
}
```

程式包括兩個類別：

(1) 程式第 1～8 行，Compute 類別為父類別，具備 times( ) 與 divided( ) 兩個方法；

(2) 程式第 9～16 行，Accounting 為子類別，繼承 Compute 類別，因此擁有 Computer 類別的方法，並再增加 plus( )、minus( ) 兩個方法。

Prog1201_1 類別的 main( ) 方法作為程式進入點，本範例程式由此開始執行，執行時首先建立一個 Accounting 類別的物件，並逐一呼叫該類別具備的四個方法。

執行結果，顯示如下：

```
200+30=230
200-30=170
200*30=6000
200/30=6.6666665
```

12-2 繼承關係

程式內各類別撰寫的先後次序無關，因爲程式經過編譯後，各類別是獨立存在於電腦系統內。父類別與子類別的繼承關係，完全依據類別宣告的 extends 關鍵字決定。

參考 Prog1202_1.java 程式，示範先撰寫子類別，其繼承的父類別則撰寫於該類別之後，完全不會影響繼承關係：

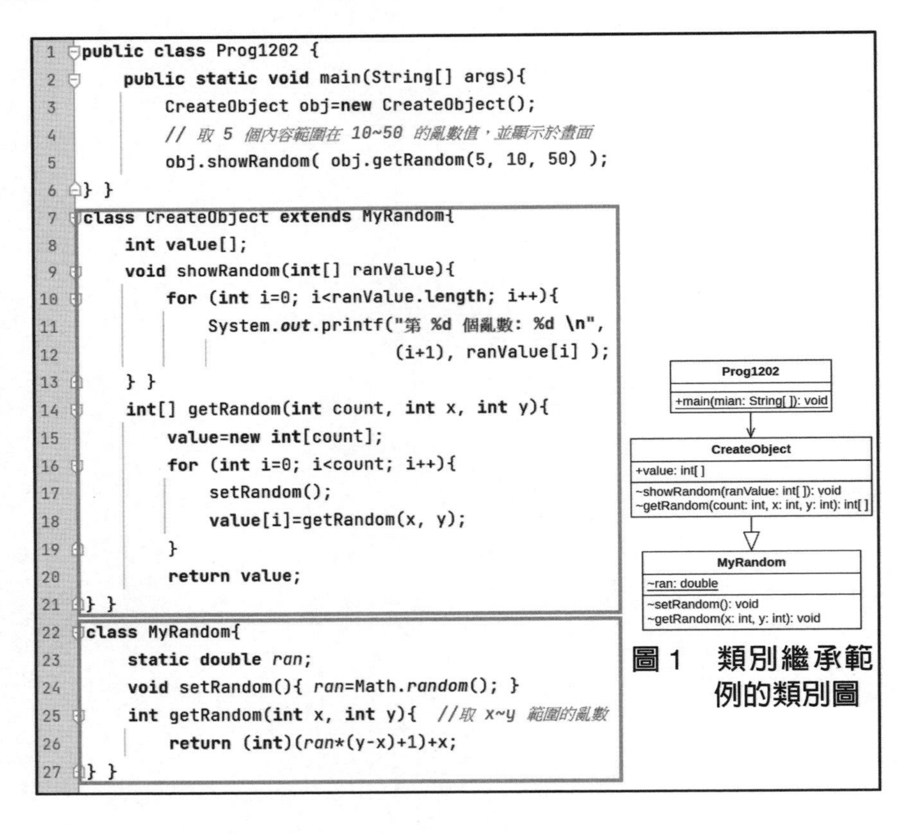

```
1  public class Prog1202 {
2      public static void main(String[] args){
3          CreateObject obj=new CreateObject();
4          // 取 5 個內容範圍在 10~50 的亂數值，並顯示於畫面
5          obj.showRandom( obj.getRandom(5, 10, 50) );
6  } }
7  class CreateObject extends MyRandom{
8      int value[];
9      void showRandom(int[] ranValue){
10         for (int i=0; i<ranValue.length; i++){
11             System.out.printf("第 %d 個亂數: %d \n",
12                                     (i+1), ranValue[i] );
13     } }
14     int[] getRandom(int count, int x, int y){
15         value=new int[count];
16         for (int i=0; i<count; i++){
17             setRandom();
18             value[i]=getRandom(x, y);
19         }
20         return value;
21 } }
22 class MyRandom{
23     static double ran;
24     void setRandom(){ ran=Math.random(); }
25     int getRandom(int x, int y){  //取 x~y 範圍的亂數
26         return (int)(ran*(y-x)+1)+x;
27 } }
```


圖 1　類別繼承範例的類別圖

(1) CreateObject 類別繼承 MyRandom 類別，也就是 MyRandom 類別是 CreateObject 的父類別；CreateObject 類別是 MyRandom 類別的子類別。CreateObject 類別繼承 MyRandom 類別的所有方法與屬性，並且再新增了 showRandom( ) 一個方法，以及多載（Overload）一個 getRandom( ) 方法。

(2) 程式第 5 行，先執行 obj 物件的 getRandom( ) 方法，由於傳遞的引數共有三個整數，因此會執行程式第 14 行，CreateObject 類別內多載的 getRandom( ) 方法。執行完成後，將產生亂數值的整數陣列回傳，再傳遞給 obj.showRandom( ) 方法執行，顯示產生的亂數內容。

參考 Prog1202_2.java 程式，再繼續練習一個類別的繼承，熟悉繼承程式的撰寫與使用方式：

```
1  public class Prog1202_2{
2      static public Student[] std;
3      public static void main(String[] args){
4          int argLen=args.length;
5          if (argLen > 0 ){
6              int argNum=argLen/2;
7              std=new Student[(argNum)];  // 指定 std 屬性的陣列元素數量
8              for (int i = 0; i < std.length; i++){
9                  std[i]=new Student();
10                 std[i].setName(args[i*2],args[i*2+1]);
11             }
12             for (int i = 0; i < std.length; i++)
13                 System.out.println( std[i].getName() );
14         }else System.out.println("沒有學生資料。");
15     } }
16 class Person{
17     private String name;
18     public void setName(String name){
19         this.name=name;
20     }
21     public String getName() { return "姓名："+name; } }
24 class Student extends Person{
25     private String SNO;
26     public void setName(String SNO, String name){
27         super.setName(name);
28         this.SNO=SNO;
29     }
30     public String getName(){
31         if (SNO==null) return( super.getName() );
32         else return ("學號:"+SNO+", "+super.getName() );
33 } }
```

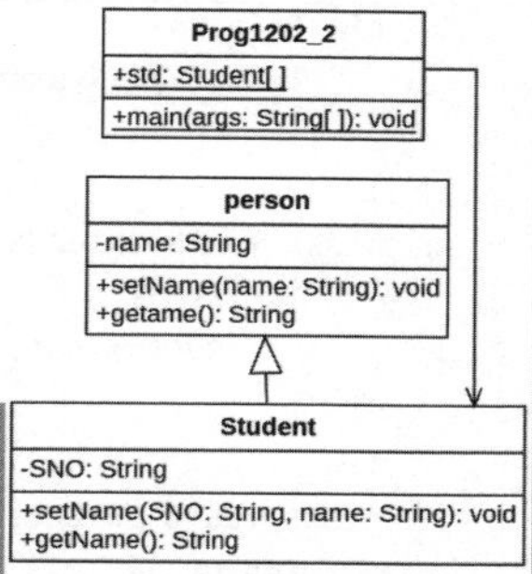

Prog1202_2
+std: Student[ ]
+main(args: String[ ]): void

person
-name: String
+setName(name: String): void
+getame(): String

Student
-SNO: String
+setName(SNO: String, name: String): void
+getName(): String

圖 2　類別繼承範例的類別圖

程式第 4～11 行，依據「程式進入點接收的陣列參數」接收 args 陣列資料作爲 std 屬性的陣列內容。（「程式進入點接收的陣列參數」設定與使用方式請參見 7-4 節）。執行的結果顯示如下：

執行結果，顯示如下：

```
學號:張三, 姓名：A103001
學號:李四, 姓名：A103002
學號:王五, 姓名：A103004
```

12-3 建構子執行順序

複習 11-3 節的重點：Java 的建構子用於物件初始化，它是一個和類別名稱相同的方法，沒有回傳值，可以接收參數。如果沒有定義建構子，編譯器會提供預設的空建構子。在繼承中，建立子類別物件時必須注意建構子的呼叫順序，先呼叫子類別建構子可能導致父類別未能完成初始化，因此實際會自動先呼叫父類別的預設建構子或沒有參數的建構子。

參考下列 Prog1203_1.java 程式，示範建構子執行順序的練習：

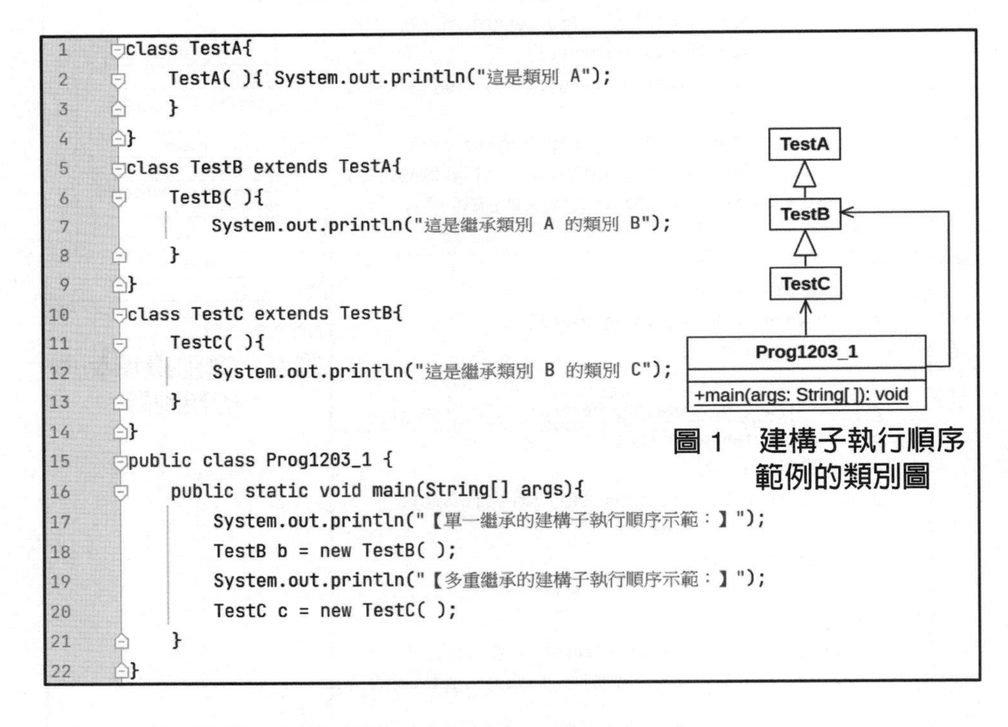

```
1  class TestA{
2      TestA( ){ System.out.println("這是類別 A");
3      }
4  }
5  class TestB extends TestA{
6      TestB( ){
7          System.out.println("這是繼承類別 A 的類別 B");
8      }
9  }
10 class TestC extends TestB{
11     TestC( ){
12         System.out.println("這是繼承類別 B 的類別 C");
13     }
14 }
15 public class Prog1203_1 {
16     public static void main(String[] args){
17         System.out.println("【單一繼承的建構子執行順序示範：】");
18         TestB b = new TestB( );
19         System.out.println("【多重繼承的建構子執行順序示範：】");
20         TestC c = new TestC( );
21     }
22 }
```


圖 1　建構子執行順序範例的類別圖

執行結果，顯示如下：

```
【單一繼承的建構子執行順序示範：】
這是類別 A
這是繼承類別 A 的類別 B
【多重繼承的建構子執行順序示範：】
這是類別 A
這是繼承類別 A 的類別 B
這是繼承類別 B 的類別 C
```

執行建構子的順序是由父類別開始，然後才會執行子類別。如果是多層繼承的關係，例如範例中類別 TestC 繼承類別 TestB，而類別 TestB 又是繼承自類別 TestA，也同樣是先由父類別的建構子開始執行，直到最後的子類別。

建立子類別的物件時，執行子類別的預設建構子或沒有傳入引數的建構子之前，會先執行父類別的預設建構子或沒有傳入引數的建構子。若父類別與子類別，並非使用預設建構子或使用有傳入引數的建構子時，則呼叫父類別的方式必須透過 super 指標指定（參見 12-6 節的介紹）。

參考 Prog1203_2.java 程式，練習建構子執行順序的流程。

```
1  class TestAA{
2      int AA_a;
3      int AA_b;
4      TestAA(int i, int j){
5          AA_a=i; AA_b=j;
6      }
7      void show(){
8          System.out.println("【這是父類別 TestAA 的方法】");
9          System.out.printf("AA_a = %d \t AA_b = %d \n",AA_a, AA_b );
10     }
11 }
12 class TestBB extends TestAA{
13     int BB_a;
14     TestBB(int i, int j, int k){
15         super(i, j);
16         BB_a=k;
17     }
18     void show(){
19         super.show();
20         System.out.println("【這是子類別 TestBB 的方法】");
21         System.out.printf("AA_a = %d \t AA_b = %d \t BB_a = %d",
22                            AA_a, AA_b, BB_a );
23     }
24 }
25 public class Prog1203_2{
26     public static void main(String args[]){
27         TestBB myObj= new TestBB(3, 10, 50);
28         myObj.show();
29     }
30 }
```

執行結果，顯示如下：

```
【這是父類別 TestAA 的方法】
AA_a = 3    AA_b = 10
【這是子類別 TestBB 的方法】
AA_a = 3    AA_b = 10    BB_a = 50
```

12-4 覆寫

子類別中新增一個方法，該方法的名稱與傳遞的參數、回傳值類型均與父類別內的方法相同時，將會**覆寫**（Override，**亦稱爲「覆蓋」**）父類別中同名的方法。此種**覆寫**父類別的方法，使得繼承的子類別能夠改變父類別的「行爲」，發展更特殊的功能。覆寫父類別的方法時，可以設定更寬鬆的存取等級，不能設定更嚴苛的存取等級，而且子類別不能覆寫父類別已經宣告爲 final 的方法

參考 Prog1204.java 程式，示範覆寫的練習：

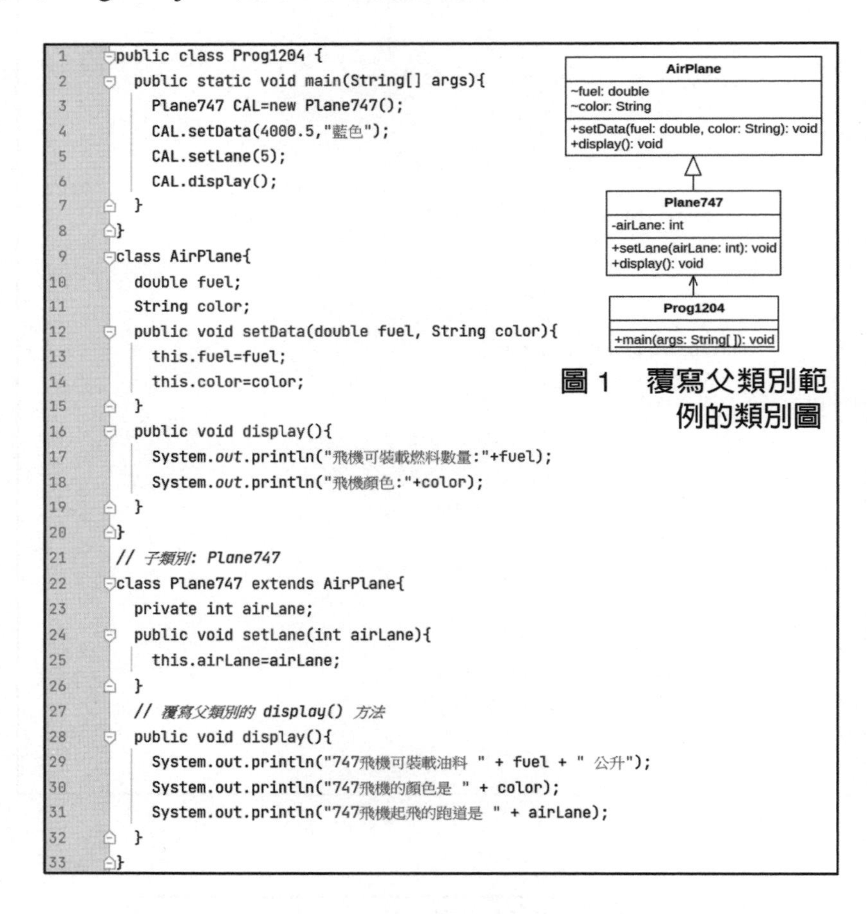

```
1  public class Prog1204 {
2      public static void main(String[] args){
3          Plane747 CAL=new Plane747();
4          CAL.setData(4000.5,"藍色");
5          CAL.setLane(5);
6          CAL.display();
7      }
8  }
9  class AirPlane{
10     double fuel;
11     String color;
12     public void setData(double fuel, String color){
13         this.fuel=fuel;
14         this.color=color;
15     }
16     public void display(){
17         System.out.println("飛機可裝載燃料數量:"+fuel);
18         System.out.println("飛機顏色:"+color);
19     }
20 }
21 // 子類別: Plane747
22 class Plane747 extends AirPlane{
23     private int airLane;
24     public void setLane(int airLane){
25         this.airLane=airLane;
26     }
27     // 覆寫父類別的 display() 方法
28     public void display(){
29         System.out.println("747飛機可裝載油料 " + fuel + " 公升");
30         System.out.println("747飛機的顏色是 " + color);
31         System.out.println("747飛機起飛的跑道是 " + airLane);
32     }
33 }
```


圖 1 覆寫父類別範例的類別圖

(1) Plane747 類別繼承於 AirPlane 類別，因此 Plane747 類別具備 AirPlane 類別所有的屬性與方法。包括 fuel 燃料屬性、color 機身顏色屬性、setData( ) 方法與 display( ) 方法。

(2) 程式第 23～26 行，Pane747 類別新增一個 airLane 屬性、setLane( ) 方法。
(3) 程式第 28～32 行，Pane747 類別新增的一個在父類別 AirPlane（程式第 16～19 行）已經有宣告的 display( ) 方法。因此，在 Plane747 類別的 display( ) 方法便會取代 AirPlane 類別的 display( ) 方法，這便是覆寫。

Prog1204 類別的程式進入點 main( ) 內：
(1) 程式第 4 行，執行的是繼承自 AirPlane 類別的 setDate( ) 方法。
(2) 程式第 5 行，執行的是 Plane747 類別的 setLane( ) 方法。
(3) 程式第 6 行，執行的是 Plane747 覆寫的 display( ) 方法，不是 AirPlane 類別的 display( ) 方法。

執行結果，顯示的如下：

```
747飛機可裝載油料 4000.5 公升
747飛機的顏色是 藍色
747飛機起飛的跑道是 5
```

如圖 2 所示，總結一下重點：
(1) 繼承（Inherit）：是子類別獲得父類別的屬性和方法，並可以自行定義屬性和方法，以此來擴展父類別的功能。
【使用目的】程式碼重複利用和擴充類別功能。
(2) 覆寫（Override）：是指子類別繼承父類別時，改寫父類別原有的方法內容。方法的回傳值和參數的類型與數量都不能改變。
【使用目的】可以改變父類別方法的行爲或實作。
(3) 多載（overload）：是在同一個類別內，宣告多個名字相同的方法，但參數列表數量或類型不同。
【使用目的】滿足不同的情況和需求，增加方法使用的彈性。

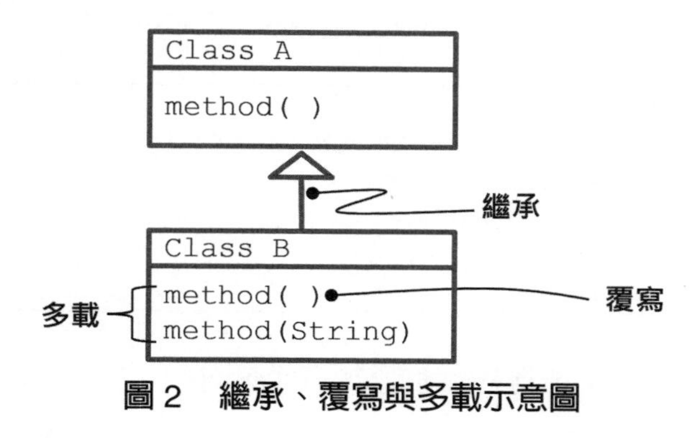

圖 2　繼承、覆寫與多載示意圖

12-5 遮蔽

遮蔽（Hide）指的是當子類別宣告和父類別相同名稱的成員（屬性或方法）時，會隱藏父類別的成員。遮蔽通常是在方法中，使用區域變數取代全域變數，其實就是當在方法內使用的區域變數與類別屬性同名時，若有使用 this 識別字標示，該名稱便表示爲類別的屬性，否則就表示是方法內的區域變數。這種不使用 this 指定，而使系統忽略屬性的處理方式就是遮蔽。

參考 Prog1205_1.java 程式內 Car 類別的宣告，示範「有遮蔽」效應的情況：

```
1  public class Prog1205_1 {
2      public static void main(String[] args) {
3          Car c = new Car(4);
4          System.out.println("車的輪子有：" + c.wheel + "個");
5      }
6  }
7  class Car{
8      public int wheel;  // 未指定值，系統預設之初始值為：0
9      Car(int wheel){
10         wheel = wheel;
11     }
12 }
```

程式無法判斷 wheel 是 Car 類別的屬性？還是傳入的參數 wheel？

(1) 程式第 10 行，由於在 Car 類別的建構子內，沒有用 this 指定，所以程式無法區隔 wheel 是 Car 類別的屬性？還是傳入建構子的參數？因此，會將之視爲傳入的參數 wheel。因此在本範例中，Car 類別的 wheel 屬性，並不會被指定任何值。

(2) 若是將程式第 10 行，加上 this 識別字，則 this.wheel 表示是屬性 wheel，沒有 this 識別字的即是參數 wheel。這是就「無遮蔽」的情況：

```
7  class Car{
8      public int wheel;  // 未指定值，系統預設之初始值為：0
9      Car(int wheel){
10         this.wheel = wheel;
11     }
12 }
```

執行結果顯示如下，能夠正確地顯示輪子的數目。

```
車的輪子有：4個
```

當子類別宣告和父類別相同的靜態方法時，會遮蔽父類別的該方法。參考 Prog1205_2.java 程式，示範使用遮蔽父類別靜態方法的情況：

```
1  class Animal {
2      public static void makeSound() {
3          System.out.println("動物的叫聲");
4      }
5  }
6  class Dog extends Animal {
7      public static void makeSound() {
8          System.out.println("小狗汪汪");
9      }
10 }
11 public class Prog1205_2 {
12     public static void main(String[] args) {
13         Animal.makeSound(); // 顯示「動物的叫聲」
14         Dog.makeSound();    // 顯示「小狗汪汪」
15     }
16 }
```

(1) 程式第 7～9 行，Dog 類別的 makeSound( ) 方法遮蔽了 Animal 類別中的 makeSound( ) 方法。
(2) 由於這些方法都是靜態方法，所以可以透過類別名稱來正確呼叫這些方法。因此在 main( ) 方法中：第 13 行，程式 Animal.makeSound( )，會執行 Animal 類別的 makeSound( ) 方法；第 14 行，程式 Dog.makeSound( )，會執行 Dog 類別的 makeSound( ) 方法。

執行結果，顯示如下：

```
動物的叫聲
小狗汪汪
```

依據本節範例，似乎遮蔽與覆寫的作用相似。但是實際上，遮蔽與覆寫是不同的概念：
(1) 遮蔽是當子類別和父類別擁有相同名稱的成員（屬性或方法）時，子類別的成員會遮蔽父類別同名的成員。此時，如果存取父類別同名的成員，會直接存取子類別同名的成員。
(2) 覆寫是當子類別繼承父類別的方法後，子類別重新定義了這個方法實作的程式碼。此時子類別的方法會覆寫父類別的同名方法。

簡單來說，遮蔽只是隱藏了父類別的屬性或方法；而覆寫是重新改寫父類別的方法。

12-6 super 指標

在 Java 中，this 指當前的類別／物件（也就是自己），super 則指上一代（也就是父類別）。使用當前物件的成員時，可以使用 this 表明；如果想要使用上一代類別中被子類別覆寫（Override）的成員，就可以使用 super 代表上一代的類別。

1. 使用上一代的方法

參考 Prog1206_1.java 程式，示範使用 super 的範例：

```
1  public class Prog1206_1 extends Human{  // 繼承 Human 類別
2      public static void main(String[] args){
3          Prog1206_1 crew = new Prog1206_1( );
4          crew.setName("張三");
5          crew.setAge(21);
6          crew.print();
7      }
8      public void print(){
9          System.out.print("【職員】");
10         super.print();
11     }
12 }
13 class Human{
14     private String name;
15     private int age;
16     protected void setName(String name){
17         this.name=name;
18     }
19     protected void setAge(int age){
20         this.age=age;
21     }
22     protected void print(){
23         System.out.printf("姓名：%s, 年齡：%n ", name, age);
24     }
25 }
```

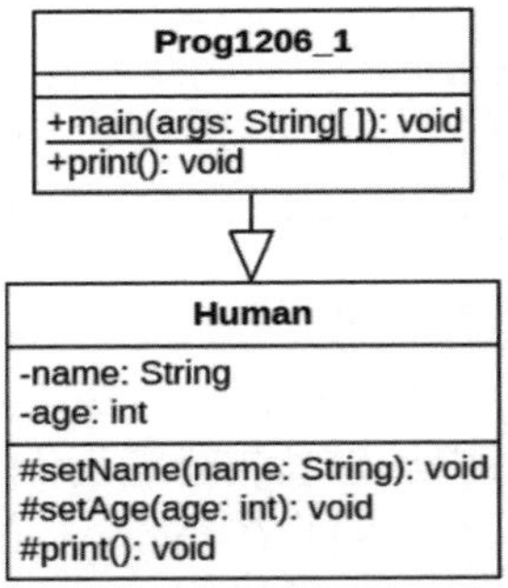

Prog1206_1
+main(args: String[ ]): void
+print(): void

Human
-name: String
-age: int
#setName(name: String): void
#setAge(age: int): void
#print(): void

圖 1　程式範例的類別圖

(1) 如圖 1 所示，Prog1206_1 類別是繼承自 Human 類別，程式第 8～11 行的 print( ) 方法是覆寫上一代 Human 類別的方法。

(2) 程式第 6 行，呼叫執行第 8～11 行的 print( ) 方法，至第 10 行時，會再呼叫執行上一代，也就是第 22～24 行 Human 類別的 print( ) 方法。

執行結果，顯示如下：

```
【職員】姓名：張三, 年齡：
```

2. 使用上一代建構子

this( ) 是使用自身類別的預設建構子，而 super( ) 表示使用父類別的預設建構子（沒有參數的建構子）。此外，當 Java 建立子類別物件時，預設 JVM 會先呼叫父類別的預設建構子，之後才繼續執行子類別建構子的程式碼。也就是說，在建構子程式碼的第一行，其實就會自動包含 super( ) 方法的敘述。

很重要的是：super( ) 或 this( ) 均需放在方法的第一行，且 this 和 super 所代表的都是物件，因此不可以在 static 靜態環境中使用。

參考 Prog1206_2.java 程式，示範使用上一代與自身預設建構子的練習。

```
1  public class Prog1206_2 {
2      public static void main(String[] args){
3          Citizen cz1=new Citizen();
4          Citizen cz2=new Citizen("張三");
5          Citizen cz3=new Citizen("李四",21);
6  } }
7  class Citizen extends Plebs{
8      Citizen(){
9          //super();        //自動使用父類別的建構子
10         prt("[市民]有一個人");   }
11     Citizen(String name){
12         //super(name);  //自動使用父類別的建構子
13         prt("[市民]他的名字是:"+name);   }
14     Citizen(String name,int age){
15         this(name);//使用類別自己的建構子
16         prt("[市民]他的年齡是:"+age);   }
17 }
18 class Plebs{
19     public static void prt(String text){
20         System.out.println(text);  }
21     Plebs (){
22         System.out.print("[人民]有一個人");  }
23     Plebs (String name){
24         System.out.print("[人民]他的名字是:"+name);  }
25 }
```

類別的繼承與使用關係，如圖 2 所示。Citizen 類別繼承自 Plebs 類別。在程式第 3 行，main( ) 方法中執行建構 Citizen 類別的物件實體 cz1 時，就會進入程式第 8 行 Citizen 類別建構子，由於存在著繼承關係，JVM 先呼叫執行程式第 21 行 Plebs 類別的建構子，顯示「[人民] 有一個人」。之後再回到原第 10 行，繼續往下執行，顯示「[市民] 有一個人」。

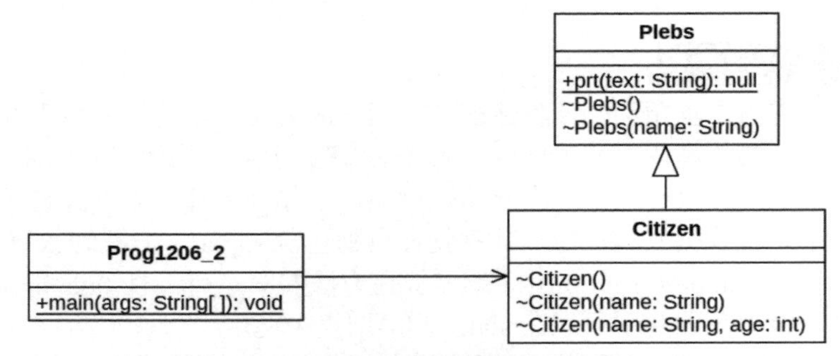

圖 2　使用父代建構子範例的類別圖

程式執行結果，顯示如下：

```
[人民]有一個人[市民]有一個人
[人民]有一個人[市民]他的名字是:張三
[人民]有一個人[市民]他的名字是:李四
[市民]他的年齡是:21
```

第13章
多型

13-1　抽象類別
13-2　抽象類別練習
13-3　介面
13-4　介面練習
13-5　多重繼承
13-6　繼承類別與介面

多型（Polymorphism）是指同一個物件，在不同情況下，可以表現出不同的行爲。目的是讓程式設計更具有彈性、可擴充性與可維護性。多型的程式設計主要是透過抽象類別的繼承與介面實作，讓不同類型的物件可以實作同一個介面，並且可以根據不同的情況呼叫對應的方法。

13-1 抽象類別

抽象類別（Abstract Class）是指含有抽象方法（Abstract Method）的類別。抽象方法是沒有實作（沒有撰寫程式碼）的方法，也就是僅有方法名稱、參數與回傳資料類型的宣告。抽象類別無法直接被實例化（建構成物件），而必須被繼承的子類別實作其抽象方法，才能使用。

如果一個類別的部分方法有實作，部分方法是沒有實作的抽象類別，因爲無法直接被實例化，所以仍然屬於抽象類別。只有當所有抽象方法都被實作，該類別才能被實例化使用。

在 Java 中要宣告抽象方法與抽象類別，使用 **abstract** 關鍵字。參考 Prog1301_1.java 的部分程式片段內容，宣告 Animal 爲抽象類別，並將其 makeSound( ) 方宣告爲抽象方法：

```
1  abstract class Animal {            ← 宣告抽象類別
2      String name;
3      int age;
4      public Animal(String name, int age) {
5          this.name = name;
6          this.age = age;
7      }
8      abstract void makeSound();     ← 宣告抽象方法
9      public void printInfo() {
10         System.out.println("名字： " + name);
11         System.out.println("年齡： " + age);
12     }
13 }
```

Dog 類別繼承 Animal 抽象類別，並實作其 makeSound( ) 抽象方法的部分程式片段內容：

```
14 class Dog extends Animal {         ← 繼承
15     public Dog(String name, int age) {
16         super(name, age);
17     }
18     void makeSound() {
19         System.out.println("汪汪!");  ← 實作
20     }
21 }
```

若某一個類別，企圖使用上述 Animal、Dog 兩個類別：

Object a= new Animal( );　　　// *不合法，抽象類別不能建構成物件*

Object b= new Dog( );　　　　// *合法，Dog 是一個實在的類別*

重點整理：

(1) 抽象類別的名稱之前須加上 abstract 修飾語。

(2) 抽象方法的名稱之前亦須加上 abstract 修飾語。

(3) 抽象方法就是該方法僅被宣告，但沒有實作程式碼。

(4) 抽象類別表示該類別內至少有一個抽象方法。

(5) 抽象類別除了不能實例化之外，它能夠具備所有正常類別可具備的東西。

抽象類別繼承的下一代仍舊可以是抽象類別。如圖 1 所示，Prog1301_2.java 具備 4 個類別，其中 Mammal、Canine 爲抽象類別的使用範例：

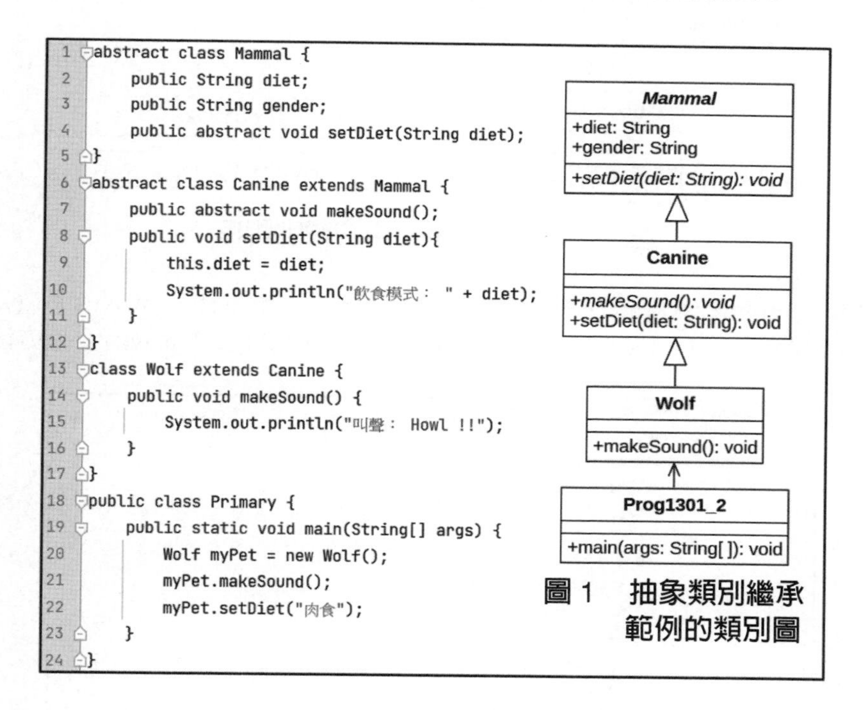

```
1  abstract class Mammal {
2      public String diet;
3      public String gender;
4      public abstract void setDiet(String diet);
5  }
6  abstract class Canine extends Mammal {
7      public abstract void makeSound();
8      public void setDiet(String diet){
9          this.diet = diet;
10         System.out.println("飲食模式： " + diet);
11     }
12 }
13 class Wolf extends Canine {
14     public void makeSound() {
15         System.out.println("叫聲： Howl !!");
16     }
17 }
18 public class Primary {
19     public static void main(String[] args) {
20         Wolf myPet = new Wolf();
21         myPet.makeSound();
22         myPet.setDiet("肉食");
23     }
24 }
```


圖 1　抽象類別繼承範例的類別圖

(1) 程式第 1～5 行，宣告 Mammal 抽象類別。

(2) 第 6～12 行，Canine 繼承 Mammal 抽象類別，增加 makeSournd( ) 抽象方法，並實作 setDie( ) 方法。因有抽象方法，所以 Canine 仍是抽象類別。

(3) 第 13～17 行，Wolf 繼承 Canine 類別，並實作 makeSound( ) 抽象方法。

(4) 第 20 行，Wolf 類別內已無抽象方法，因此可宣告成物件使用。

13-2 抽象類別練習

接著我們改寫 10-3 節的猜數字遊戲，加入抽象類別程式的應用。

如圖 1 所示，Prog1302.java 程式內，含有三個類別。程式主要使用的方法是存在於 AbstractGuessGame 類別，並於 GuessGame 類別實作。因此，主程式 Prog1302 類別的程式碼非常簡短：

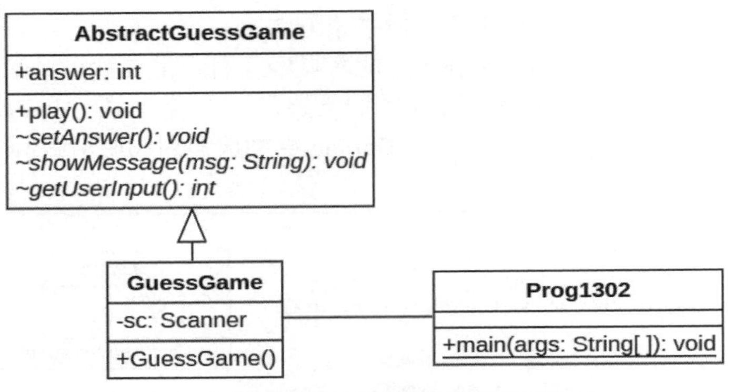

圖 1　猜數字遊戲使用的類別關係

(1) AbstractGuessGame：抽象類別，包含三個抽象方法：setAnswer( )、showMessage( )、getUserInput( ) 三個抽象方法，另外實作 play( ) 一個方法。

```
 9  abstract class AbstractGuessGame{
10      int answer;    // answer: 答案
11      public void play(){
12          showMessage("歡迎進入本遊戲");
13          int guess;
14          do{
15              guess = getUserInput();
16              if(guess > answer){
17                  showMessage("數字太大");
18              }else if(guess < answer){
19                  showMessage("數字太小");
20              }else
21                  showMessage("恭喜猜中了");
22          }while(guess != answer);
23      }
24      abstract void setAnswer();
25      abstract void showMessage(String msg);
26      abstract int getUserInput();
27  }
```

3 個抽象方法

(2) GuessGame：繼承並將 AbstractGuessGame 抽象類別的三個抽象方法實作程式碼的類別。

```
28  class GuessGame extends AbstractGuessGame{
29      private Scanner sc;
30      public GuessGame(){
31          sc = new Scanner(System.in);
32      }
33      void setAnswer(){
34          answer = (int)(Math.random()*100);
35      }
36      void showMessage(String msg){
37          System.out.println( msg );
38      }
39      int getUserInput(){
40          while( true ){
41              System.out.print("請輸入猜測 0~100 之間的整數數字: ");
42              try {
43                  int value = sc.nextInt( );
44                  if (value > 100 || value  < 0)
45                      throw new Exception("數字必須是介於 0~100 之間的整數!!");
46                  return value;
47              }catch( InputMismatchException e){
48                  showMessage("必須數入整數!!");
49                  sc.next();
50              }catch (Exception e) {
51                  showMessage( e.getMessage() );
52              }
53          }
54      }
55  }
```

建構子

實作方法

(3) Prog1302：執行猜數字遊戲的主程式。

```
2  public class Prog1302 {
3      public static void main(String[] args) {
4          GuessGame guessGame = new GuessGame();
5          guessGame.setAnswer();
6          guessGame.play();
7      }
8  }
```

程式執行結果如下。輸入猜測的數字，猜中後顯示恭喜訊息，並結束程式的執行。

```
歡迎進入本遊戲
請輸入猜測 0~100 之間的整數數字: 75
數字太小
請輸入猜測 0~100 之間的整數數字: 90
數字太大
請輸入猜測 0~100 之間的整數數字: 83
恭喜猜中了
```

13-3 介面

介面（Interface）是完全沒有任何方法被實作的抽象類別。也就是說，介面是一個類別，但是宣告裡所有的方法，都必須宣告為抽象（abstract）方法。因此，繼承的類別必須實作該介面所有方法的程式碼。

1. 宣告語法

(1) 介面的宣告：使用 **interface** 關鍵字，宣告語法如下：

```
interface 介面名稱
{
  [修飾語] 資料類型 常數名稱 = 值;
  ……
  [修飾語] 回傳值 介面方法名稱 (參數, …);
  ……
}
```

(2) 命名規則：宣告介面的名稱時，慣例是在名稱前加上大寫英文「I」，以表示這是一個介面（只是慣例的命名原則，並非強制性）。

2. 語法規則

(1) 介面內沒有建構子，成員變數（也就是屬性）在宣告時就必須給定初值，並且繼承（實作）後無法改變。

(2) 介面的方法只有宣告，沒有實作程式碼，和抽象方法類似，但不需要加上 abstract 修飾字。

(3) 介面的方法宣告，如果沒有加上任何修飾字，會自動視為包含 public 與 abstract 修飾字。

3. 介面的繼承

介面的繼承，實際就是宣告實作該介面所有方法的一個新類別。Java 支援繼承多個介面，當一個類別要實作介面時，使用 **implements** 關鍵字指定要實作哪個介面。宣告的語法如下：

```
class 類別名稱 implements 介面名稱 1, 介面名稱 2, …
{
  實作介面的方法;
}
```

4. 介面與抽象類別比較

(1) 抽象類別可以具備實作方法或是抽象方法，而介面的方法全部都是抽象方法，也就是全部都只有方法的宣告，沒有實作的程式碼。

(2) 類別繼承必須在關係密切（is a）的類別中，但毫無關係的類別也能實作同一個介面。

(3) 一個類別只能夠繼承單一個（抽象）類別，但可以實作多個介面。

實際練習一個簡單的介面程式，請參考 Prog1303.java 程式，此程式的結構如圖 1 所示。

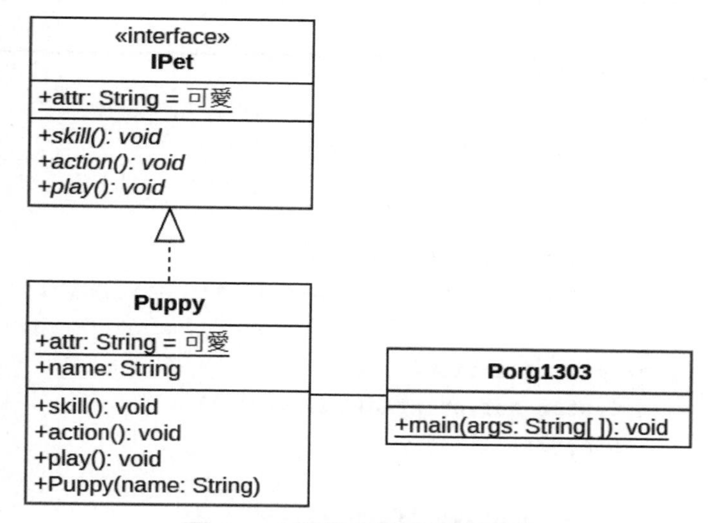

圖 1　介面範例的關係結構

首先宣告一個名稱為 IPet 的介面：

```
1 interface IPet {
2     public String attr = "可愛"; // 必須給予初值
3     void skill( );               // 不能實作程式
4     void action( );              // 不能實作程式
5     void play( );                // 不能實作程式
6 }
```

上述 IPet 介面，編譯時，Java 會自動視為（程式碼不會改變）：

```
1  interface IPet {
2      public static String attr = "可愛";    // 必須給予初值
3      void abstract skill( );               // 不能實作程式
4      void abstract action( );              // 不能實作程式
5      void abstract play( );                // 不能實作程式
6  }
```

建議介面成員的名稱之前，只保留空白或宣告 public，否則會錯誤。接著撰寫一支 Dog 類別，實作 IPet 介面的方法，並增加屬性與建構子等方法：

```
7  class Puppy implements IPet {
8      private String name;
9      public Puppy(String name){
10         this.name=name;
11     }
12     public void skill( ) {
13         System.out.println( name + attr + ",撒嬌");
14     }
15     public void action( ) {
16         System.out.println("追趕跑跳碰");
17         play();
18     }
19     public void play( ){
20         System.out.println("正在玩耍");
21     }
22 }
```

最後，撰寫使用 Dog 類別的主程式 Prog1303 類別。

```
23 public class Prog1303 {
24     public static void main(String[] args){
25         Puppy myPet = new Puppy("小乖");
26         myPet.skill( );
27         myPet.action( );
28     }
29 }
```

執行結果，顯示如下：

```
小乖可愛,撒嬌
追趕跑跳碰
正在玩耍
```

13-4 介面練習

接著我們再撰寫一個將介面接收參數的方法實作的練習，參見 Prog1304.java 程式，各類別之間的關係結構，如圖 1 所示：

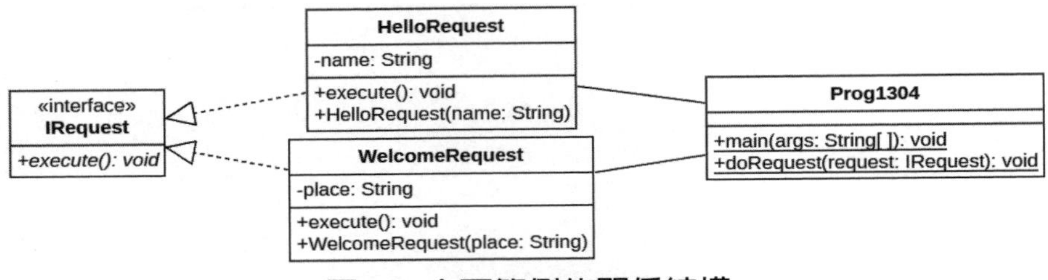

圖 1　介面範例的關係結構

(1) IRequest 介面：僅具備一個 execute( ) 抽象方法：

```
1  interface IRequest {
2      void execute();
3  }
```

(2) 撰寫 HelloRequest 與 WelcomeRequest 兩個類別，分別實作 IRequest 介面的方法：

```
4  class HelloRequest implements IRequest {
5      private String name;
6      public HelloRequest(String name) {
7          this.name = name;
8      }
9      public void execute() {
10         System.out.println("您好，" + name);
11     }
12 }
13 class WelcomeRequest implements IRequest {
14     private String place;
15     public WelcomeRequest(String place) {
16         this.place = place;
17     }
18     public void execute() {
19         System.out.println("歡迎光臨" + place);
20     }
21 }
```

(3) 撰寫主程式：Prog1304 類別。類別內容隨機產生 6 次亂數，依據亂數值是 1 還是 2，隨機呼叫 doRequest( ) 方法。即使 doRequest( ) 方法並不知道傳入的物件是哪一種類別的實例，但它只要知道這個物件的操作介面就可以正確的執行請求，這是介面實作的一個實際應用，也是很常見到的一種應用。

```
22 public class Prog1304 {
23     public static void main(String[] args) {
24         int n;
25         for(int i = 0; i < 6; i++) {
26             n = (int) (Math.random() * 2) +1;
27             if (n == 1)
28                 doRequest( new HelloRequest("張三"));
29             else
30                 doRequest(new WelcomeRequest("某大學"));
31         }
32     }
33     public static void doRequest(IRequest request) {
34         request.execute();
35     }
36 }
```

Prog1304 類別的 main( ) 主程式執行：

(1) 當亂數 n 的值是 1 時，執行程式第 28 行：

doRequest(new HelloRequest(" 張三 ")) ;

否則執行程式第 30 行：

doRequest(new WelcomeRequest(" 某大學 "));

表示：當 n 的值是 1 時，建構一個 HelloRequest 類別的物件，並傳遞給 doRequest( ) 方法；否則建構一個 WelcomeRequest 類別的物件，並傳遞給 doRequest( ) 方法。

(2) 程式第 34 行，在 doRequest() 方法內，呼叫執行 request 物件的 execute( ) 方法。重點是 request 物件所屬的類型，是由接收的參數來決定。如果接收的是 HelloRequest 類別建構的物件，則 doRequest( ) 方法中執行的是 HelloRequest 類別的 execute( ) 方法；反之，如果接收的是 WelcomeRequest 類別建構的物件，則 doRequest( ) 方法執行的就是 WelcomeRequest 類別的 execute( ) 方法。

執行的結果，完全由亂數隨機決定。

```
您好，張三
您好，張三
歡迎光臨某大學
您好，張三
歡迎光臨某大學
歡迎光臨某大學
```

13-5 多重繼承

多重繼承（Multiple Inheritance）是一種物件導向程式設計技術，表示一個子類別可以從多個父類別繼承屬性和方法。多重繼承可以提高程式設計的靈活性，但也存在一些問題。例如，當多個父類別都有相同名稱的方法或屬性時，會造成子類別的命名衝突。多重繼承也會使得程式碼的複雜性較高，而增加維護的困難度。在 C++ 中可以使用多重繼承，但是 Java 只能單一繼承，也就是無法將多個類別共同繼承出一個新的類別。

Java 提供了介面（Interface）的方式，實現多重繼承，就像是同時繼承多個抽象類別一般。一個類別可以實現多個介面，取得多個介面的方法定義，並且自行實作方法內容。

下列 Prog1305.java 程式範例，練習撰寫一支腳踏車類別 Bicycle 多重繼承 IMove 與 IStop 兩個介面，並實作這兩個介面的方法。各類別之間的關係結構，如圖 1 所示：

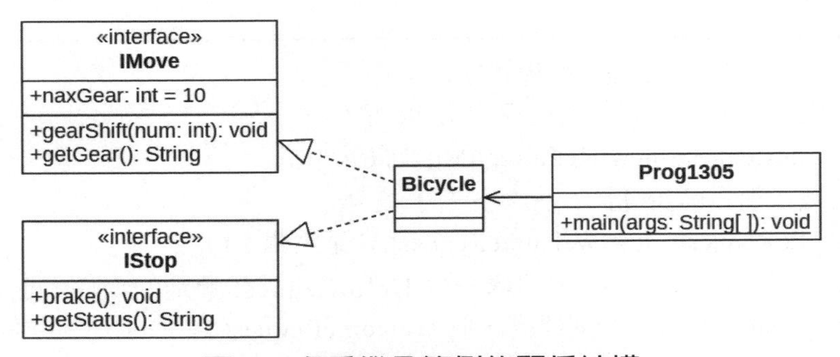

圖 1　多重繼承範例的關係結構

(1) IMove 與 IStop 介面：IMove 介面負責換檔相關作業的定義；IStop 介面負責煞車與顯示車子行進狀況的定義。

```
1  interface IMove {
2      int maxGear=10;          // 最高檔位
3      void gearShift(int num);// 換檔
4      String getGear();        // 取得檔位
5  }
6  interface IStop {
7      void brake();            // 煞車
8      String getStatus();      // 取得車輛現況
9  }
```

(2) Bicycle 類別：繼承 IMove 與 IStop 兩個介面，並將介面的方法完全實作。

```
10 class Bicycle implements IMove, IStop {
11     private int gear;
12     boolean move;
13     Bicycle(){
14         gear=1;             // 腳踏車初始在第 1 檔
15         move=true;          // true 表示移動中
16     }
17     public void gearShift(int num){
18         gear+=num;
19         if (gear>maxGear) gear=maxGear;
20 
21     }
22     public String getGear(){
23         return "現在檔位: "+Integer.toString(gear);
24     }
25     public void brake(){
26         move=false; //停車
27     }
28     public String getStatus(){
29         if ( move )
30             return "騎車一路好風光";
31         else
32             return "停車休息片刻";
33     }
34 }
```

多重繼承 IMove 與 IStop 介面

建構子

實作IMove 介面的方法

實作IStop 介面的方法

(3) Prog1305 類別。主程式內將 Bicycle 類別建構成物件，並依換檔或煞車所需，呼叫執行該物件的方法。

```
35 public class Prog1305 {
36     public static void main(String args[]){
37         Bicycle bike=new Bicycle();
38         System.out.println(bike.getGear());
39         System.out.println("換檔...");
40         bike.gearShift( 1 ); // 一次換一檔
41         System.out.println(bike.getGear());
42         System.out.println(bike.getStatus());
43         System.out.println("煞車...");
44         bike.brake();
45         System.out.println(bike.getStatus());
46     }
47 }
```

13-6 繼承類別與介面

類別的繼承關係，包括如圖 1 所示的類別繼承類別；如圖 2 所示的類別繼承介面的方式，類別也可以如圖 3 所示，同時繼承類別與介面。

繼承類別使用 extends 關鍵字；繼承介面使用 implements 關鍵字，同時繼承類別與介面時，必須先宣告 extends 再宣告 implements。語法如下所示：

```
class 類別名稱 extends 父類別名稱 implements 介面名稱 1, 介面名稱 2,…
{
  實作介面的方法；
}
```

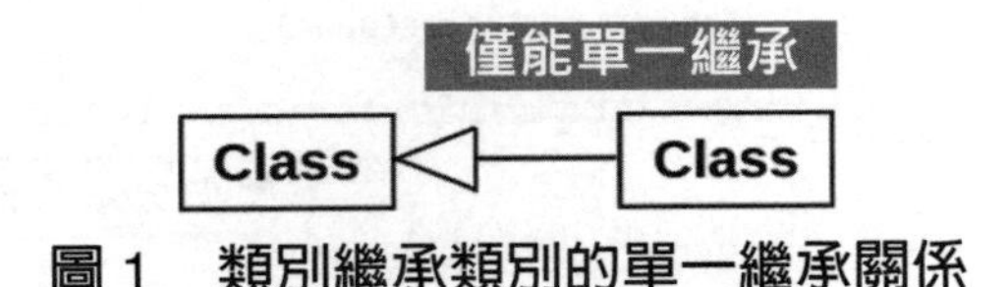

圖 1　類別繼承類別的單一繼承關係

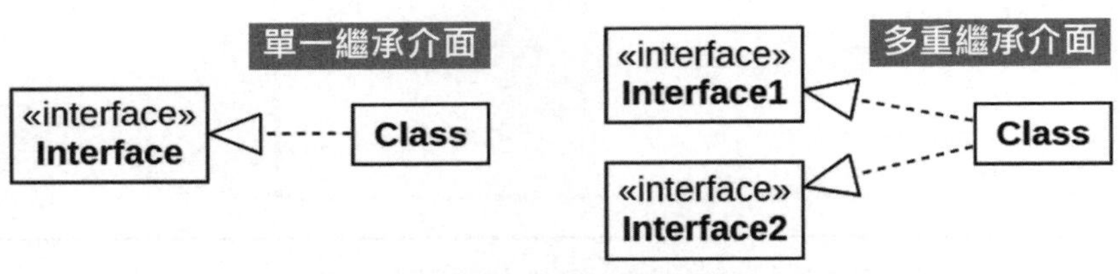

圖 2　類別單一或多重繼承介面的關係

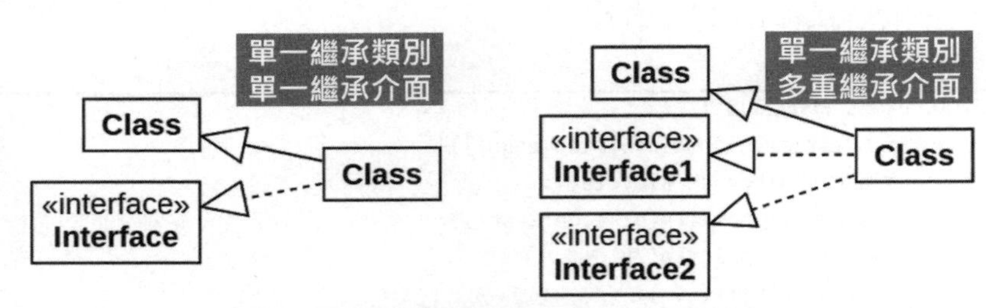

圖 3　類別同時繼承類別與介面的關係

下列 Prog1306.java 程式範例，練習撰寫一個類別，同時繼承類別與介面。各類別之間的關係結構，如圖 4 所示：

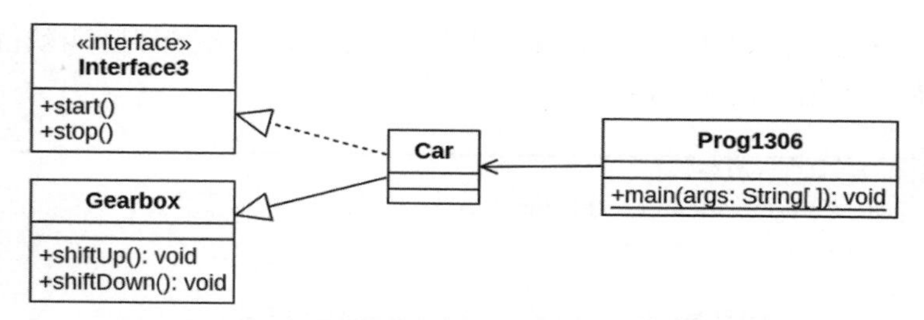

圖 4　同時繼承類別與介面範例的關係結構

(1) Engine（引擎）介面：具備 start( ) 與 stop( ) 兩個抽象方法。

```
1  interface Engine {
2      public void start( );
3      public void stop( );
4  }
```

(2) Gearbox（變速箱）類別：具備 shiftUp( ) 與 shiftDown( ) 兩個方法。

```
5  class Gearbox {
6      public void shiftUp( ) {
7          System.out.println("進檔");
8      }
9      public void shiftDown( ) {
10         System.out.println("退檔");
11     }
12 }
```

(3) Car 類別：

```
13 class Car extends Gearbox implements Engine {
14     public void start( ) {
15         System.out.println("發動引擎");
16     }
17     public void stop( ) {
18         System.out.println("停止引擎");
19     }
20 }
```

程式第 13 行，宣告 Car 類別繼承 GearBox 類別與 Engine 介面，並實作 Engine 介面的全部方法。宣告必須先 extends 再 implements。

(4) Prog1306 類別：主程式內將 Car 類別建構成物件，並依序呼叫執行該物件的啓動、進檔、退檔、停止等方法。

```
21 public class Prog1306 {
22     public static void main(String[] args) {
23         Car myCar = new Car( );
24         myCar.start( );
25         myCar.shiftUp( );
26         myCar.shiftDown( );
27         myCar.stop( );
28     }
29 }
```

執行結果，顯示如下：

```
發動引擎
進檔
退檔
停止引擎
```

第14章 多執行緒

多執行緒（Multi-threading）是指一支程式，可以同時執行多個獨立的執行緒（Thread），每個執行緒都有自己的程式碼流程、堆疊（stack）和暫存器（register）等資源。多執行緒的程式可以同時執行多個任務，藉此提升系統的效能和使用者體驗，但也會增加程式設計和偵錯的難度。

14-1 概論

1. 程式基本概念

學習多執行緒之前，先釐清一些程式與執行過程，常會提及的名詞[1]：

(1) Program（程式）：由一個或多個程序所組成的一個完整系統，用來執行特定的任務或操作。程式通常儲存在檔案中，並需要經過編譯（compile）或解譯（interpret）的階段，才能由電腦執行。

(2) Procedure（程序）：一系列可重複使用的指令或子程序，用來執行一定的任務或操作。

(3) Process（過程）：是指正在執行的一個程式的實例，有自己的記憶體空間、資源和狀態。一個過程可以包含多個執行緒，各執行緒獨立運行，但可以共享資源。

(4) Thread（執行緒）：是程序中的最小單位，由一個程式碼、一個堆疊和一個暫存器組合而成。

總結上述的說明，參考圖 1 所示，一個程式可以包含多個程序；一個程序可以包含多個過程；一個過程可以包含多個執行緒。

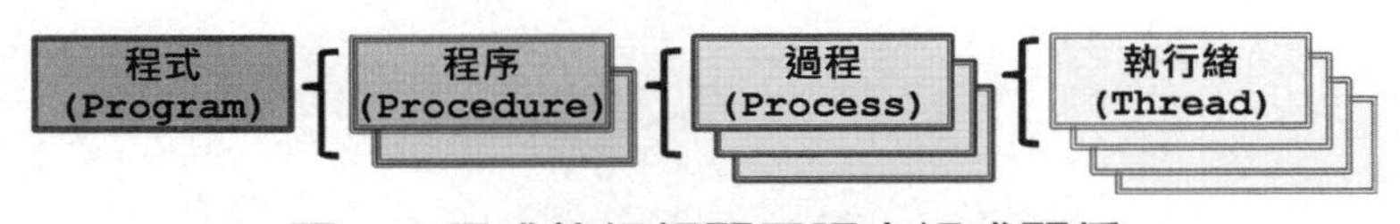

圖 1　程式執行相關用語之組成關係

2. 執行緒類型

(1) 背景執行緒（Daemon Thread）：在背景執行的執行緒，例如 Java 虛擬機器（JVM）內、回收記憶體的垃圾回收器（Garbage Collector）。當一個 Java 程序中所有的非背景執行緒都已經結束，那麼背景執行緒會自動結束。

(2) 主執行緒（Main Thread）：應用程式的程式進入點 main( ) 方法，程序執行完後，會自動關閉。

[1] 中文名詞依據國家教育研究院的雙語詞彙：樂詞網。網址：https://terms.naer.edu.tw/

(3) 一般執行緒：使用 Thread 類別和 Runnable 介面實現。

① Thread 類別：需要建立一個繼承 Thread 類別的子類別，並覆寫 run( ) 方法。此子類別產生物件實體後，以 start( ) 呼叫覆寫的 run( ) 方法。

② Runnable 介面：需要建立一個繼承 Runnable 介面的子類別，並實作它的 run( ) 方法。此子類別產生物件實體後，再傳入 Thread 建構子產生物件，以 start( ) 呼叫實作過的 run( ) 方法。

在 Java 中，通常使用 Runnable 介面實現多執行緒，因為 Java 不支援多重繼承，而 Runnable 介面可以和其他類別同時被繼承。

3. 生命週期

如圖 2 所示，執行緒的生命週期（Life Cycle），包括五個基本階段：

(1) 新建狀態（New）

使用 new 關鍵字或 Thread 類別的 new 實例化一個執行緒物件時，此執行緒處於新的建構狀態。

(2) 可執行狀態（Runnable）

呼叫 start( ) 方法啓動一個執行緒時，此執行緒進入可執行狀態，等待 JVM 排程器（scheduler，或稱調度器）將其分配到 CPU 上執行。

(3) 執行中狀態（Running）

當執行緒獲得 CPU 執行權時，此執行緒進入執行中狀態，執行 run( ) 方法。

(4) 阻塞狀態（Blocked）

當執行緒在等待某些事件發生時，例如等待輸入／輸出操作完成、等待某個特定的鎖、等待另一個執行緒完成等待操作等，會進入阻塞狀態。

(5) 結束狀態（Terminated）

當執行緒完成 run ( ) 方法的執行或呼叫 stop( ) 方法終止執行緒時，此執行緒進入結束狀態。

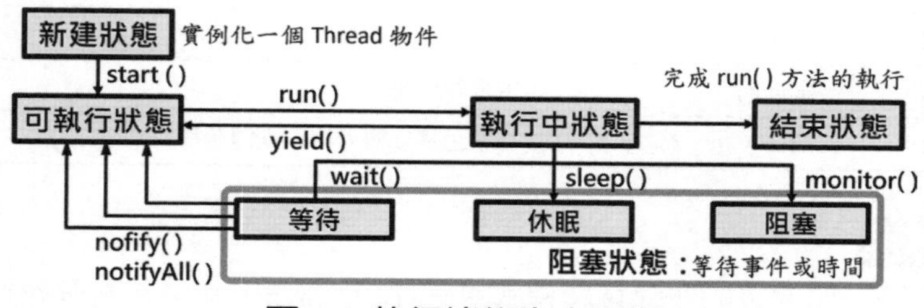

圖 2　執行緒的生命週期

14-2 Thread 類別

1. Thread 類別方法

Thread 類別常用的方法如表 1 所列：

表 1 Thread 類別常用方法

	回傳值類型	方法	說明
執行	void	run( )	以一般非執行緒方式，執行 Thread 物件的 run( ) 方法。
	void	start( )	以執行緒的方式，執行 Thread 物件的 run( ) 方法。
命名	void	setName(String name)	指定執行緒的名稱。
	String	getName( )	取得執行緒的名稱。
優先權	void	setPriority(int newPriority)	設定執行緒的優先權。
	int	getPriority( )	取得執行緒的優先權。
運行狀態	boolean	isAlive( )	取得執行緒是否仍在執行中。
	void	setDaemon(boolean flag)	設為背景執行緒。
	boolean	isDeamon( )	取得該執行緒是否為背景執行緒。
	Thread	currentThread( )	回傳現正在執行的執行緒物件。
排程控制	void	join( )	封鎖呼叫執行緒（方法）的執行緒，直到呼叫 join( ) 方法的執行緒完成為止，呼叫的（正在執行的）執行緒才會繼續執行。
	void	join(long ms)	等待至指定毫秒數後，呼叫的（正在執行的）執行緒才會繼續執行。
	void	yield( )：	將目前正在執行的執行緒讓出執行權。
執行處理	void	interrupt( )	通知執行緒中斷執行程序，
	void	sleep(long ms)	使執行緒休眠至指定毫秒之後，才繼續執行。
	void	stop( )	強制終止執行緒。
	void	suspend()	暫停執行緒。
	void	resume()	將執行緒從暫停狀態恢復至等待狀態。

2. 初始應用

參考下列一個簡單的多執行緒程式 Prog1402.java，其中有兩個執行緒，分別是執行 main( ) 方法的主執行緒和 MyThread 執行緒。MyThread 執行緒會在執行時不斷輸出訊息，直到主執行緒呼叫了它的 interrupt 方法，將其停止。

```
1  class MyThread extends Thread {
2      public void run() {
3          int i = 0;
4          while (!Thread.currentThread().isInterrupted()) {
5              System.out.println( i + ". 執行緒運行中...");
6              i++;
7          }
8          System.out.println("停止執行緒的運行 !!");
9      }
10 }
11 class Prog1402 {
12     public static void main(String[] args) throws InterruptedException {
13         MyThread t = new MyThread();
14         t.start( );
15         Thread.sleep(500); // 主執行緒等待 0.5 秒
16         t.interrupt(); // 呼叫 MyThread 執行緒的 interrupt 方法，停止執行
17     }
18 }
```

執行流程請參考圖 1 所示。

(1) 程式第 1～10 行，MyThread 類別繼承了 Thread 類別，並重寫了其 run( ) 方法。在 run( ) 方法中，執行緒會重複 while 迴圈顯示訊息，直到主執行緒呼叫 interrupt( ) 方法，將其停止。

(2) 程式第 13～16 行，在 main( ) 方法中，建立一個 MyThread 執行緒，並執行 star( ) 方法啓動執行緒。接著主執行緒等待 0.5 秒後，呼叫 MyThread 執行緒的 interrupt( ) 方法，停止子執行緒的迴圈。

(3) 程式第 8 行，子執行緒接收中斷迴圈的指令，顯示停止訊息後，完成 run( ) 方法的程式碼，結束整個執行緒的執行。

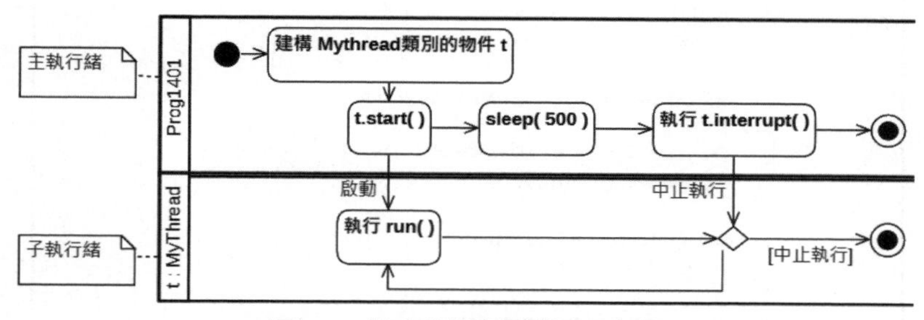

圖 1　執行緒範例執行流程

14-3 多執行緒

多執行緒是程式設計中一個重要的技能，尤其在多人使用的網路應用，經常需要使用到多執行緒的程式設計。在單一執行緒的程式中，任務必須按照順序一步一步地執行，而在多執行緒的程式中，同時可以有多個任務被分配到不同的執行緒上並且同步執行。這樣做可以提高程式的效率和執行速度，尤其對於需要處理大量資料或需要長時間執行的程式來說，更是不可缺少的技巧。

如圖 1 所示，多執行緒的運行方式，如同前一節的 Prog1402.java 程式，由主執行緒運行子執行緒的方式相同。依據建構繼承 Thread 類別的物件數量，再個別處理每一物件的執行狀態與結束狀態。

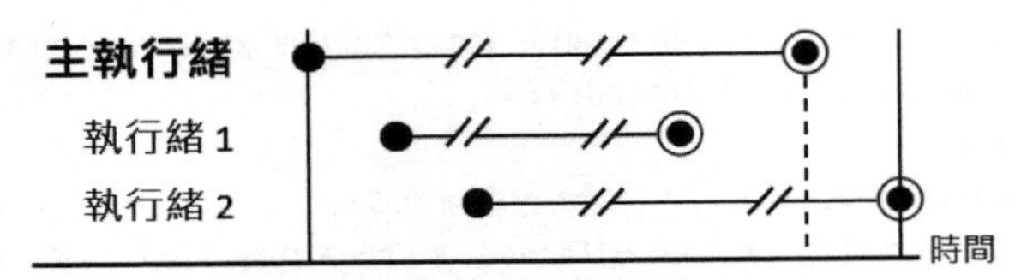

圖 1　多執行緒運作示意圖

參見 Prog1403.java 程式，以賽馬示範多執行緒的執行。每一匹馬作爲個別的 Thread 物件，奔跑狀況不一，程式以亂數作爲個別的奔跑進度。主執行緒程式如下：

```
1  public class Prog1403 {
2      public static void main(String[] args) {
3          final int NUM_HORSES = 5;
4          Horse[] horses = new Horse[NUM_HORSES];
5          // 建立 5 個 Thread 物件
6          for (int i = 0; i < NUM_HORSES; i++) {
7              horses[i] = new Horse(i + 1);
8          }
9          // 執行此 5 個 Thread 物件的 start( ) 方法
10         for (int i = 0; i < NUM_HORSES; i++) {
11             horses[i].start();
12         }
13         // 依序封鎖 Thread 物件，以便讓其他物件輪流執行
14         try {
15             for (int i = 0; i < NUM_HORSES; i++) {
16                 horses[i].join();
17             }
18         } catch (InterruptedException e) {
19             e.printStackTrace();
20         }
21         System.out.println("比賽結束！");
22     }
23 }
```

(1) 程式第 6～8 行，依據建立 5 個繼承於 Thread 的 Horse 物件。
(2) 程式第 10～12 行，依據執行將此 5 個物件的 start( ) 方法，啓動對應執行緒的 run( ) 方法。
(3) 程式第 15～17 行，依序封鎖 Thread 物件，以便讓其他物件輪流執行。例如封鎖第 1 個 Thread 物件，依序執行第 2～5 個物件的執行緒；接著封鎖第 2 個 Thread 物件，依序執行第 1 與 3～5 個物件的執行緒，依此類推。

Horse 類別繼承於 Thread 類別，並覆寫其 run( ) 方法的程式如下：

```
24  class Horse extends Thread implements Runnable {
25      private int horseNum;
26      private int distance;
27      public Horse(int num) {
28          horseNum = num;
29          distance = 0;
30      }
31      public void run() {
32          while (distance < 100) {
33              distance += (int)(Math.random()*10 + 1 );
34              System.out.println( horseNum + " 號馬跑了 " + distance + " 公尺");
35              try {
36                  Thread.sleep( (int)(Math.random()*500) + 100 );
37              } catch (InterruptedException e) {
38                  e.printStackTrace();
39              }
40          }
41          System.out.println( horseNum + " 號馬跑完了比賽！");
42      }
43  }
```

迴圈內包含兩個亂數值：
(1) 程式第 33 行，當下執行的 Thread 物件的移動距離。
(2) 程式第 36 行，當下執行的 Thread 物件的休眠毫秒數。

執行結果，顯示如下（顯示資料較多，僅截圖最初與結束的畫面）：

```
2號馬跑了4公尺
3號馬跑了8公尺
4號馬跑了9公尺
5號馬跑了9公尺
1號馬跑了5公尺
5號馬跑了15公尺
4號馬跑了11公尺
3號馬跑了10公尺
2號馬跑了11公尺
1號馬跑了7公尺
```

```
1號馬跑了95公尺
4號馬跑了83公尺
5號馬跑完了比賽！
1號馬跑了102公尺
4號馬跑了88公尺
1號馬跑完了比賽！
4號馬跑了97公尺
4號馬跑了102公尺
4號馬跑完了比賽！
比賽結束！
```

14-4 Runnable 類別

Runnable 是一個 Java 介面，用於定義一個可以被執行緒執行的任務。該介面只有一個 run( ) 抽象方法，用於定義該任務要執行的作業。實作 Runnable 介面的類別可以被當作參數傳遞給 Thread 類別的建構子，使得該類別可以被作爲一個執行緒來執行。使用 Runnable 的好處：

(1) 讓程式設計師能夠專注於定義任務的內容，而不用管理執行緒的生命週期。

(2) 應用介面的多重繼承特性。

以前一節 Prog1403.java 程式爲例，參考圖 1 所示，只需將程式第 24 行，宣告繼承 Thread 類別的宣告，加上繼承 Runnable 介面即可：

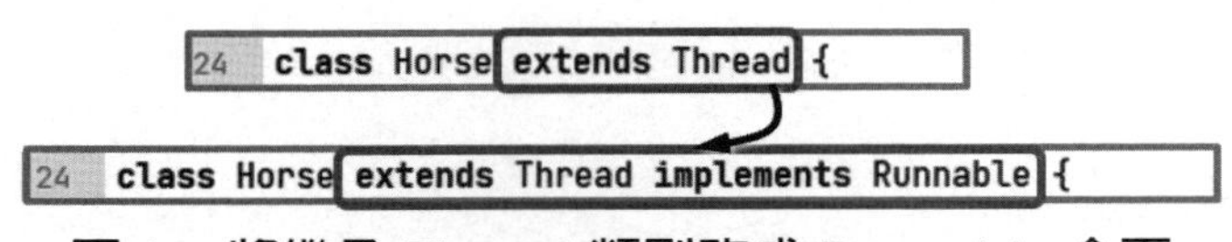

圖 1　將繼承 Thread 類別改成 Runnable 介面

多執行緒提供平行處理的執行方式，非常適合作爲平行運算的應用。參考 Prog1404.java 程式，使用 Runnable 介面，以多執行緒的方式，計算 1+2+3+...+10000000 的結果。因爲運算方式都是固定的累加，所以就可以將數值切割成多個起訖的範圍，然後再各自計算累加，最後再將各起訖範圍數值累加的結果加總：

(1) 主程式 Prog1404 類別內容

```
1  public class Prog1404 {
2      public static void main(String[] args) throws InterruptedException {
3          final int NUM_THREADS = 10; // 執行緒數量
4          final int RANGE = 10000000; // 計算範圍
5          Calculator[] calcu = new Calculator[NUM_THREADS];
6          Thread[] threads = new Thread[NUM_THREADS];
7          for (int i = 0; i < NUM_THREADS; i++) {
8              int start = i * (RANGE / NUM_THREADS) + 1;
9              int end = (i + 1) * (RANGE / NUM_THREADS);
10             calcu[i] = new Calculator(start, end);
11             threads[i] = new Thread(calcu[i]);
12             threads[i].start();
13         }
14         for (int i = 0; i < NUM_THREADS; i++) {
15             threads[i].join();
16         }
17         long totalSum = 0;
18         for (int i = 0; i < NUM_THREADS; i++) {
19             totalSum += calcu[i].getSum();
20         }
21         System.out.println("總計結果： " + totalSum);
22     }
23 }
```

① 程式第 3～5 行：NUM_THREADS 常數指定執行緒的數量，也就是平行運算的數量；RANGE 常數指定運算的範圍，本範例是 1+2+...+ 一千萬，因此 RANGE 設定為 10000000。Thread[ ] 陣列紀錄各執行緒物件。

② 程式第 7～13 行：使用迴圈將計算的數值範圍，依據 NUM_THREADS 常數值切割，例如：1～1000000、1000001～2000000...。並在迴圈內，逐一建構 Thread 物件。

③ 程式第 14～16 行：逐一執行每一個 Thread 物件的 join( ) 方法，作為等待每一執行緒都已完成。

④ 程式第 18～20 行：執行陣列內每一個 Thread 物件的 getSum( ) 方法，取得各個物件內的 sum 屬性內容，也就是負責計算數值範圍加總的值。

(2) 繼承 Runnable 介面，負責計算的 Calculator 類別內容

```
24  class Calculator implements Runnable {
25      private int start;  //計算的起始數值
26      private int end;    //計算的結束數值
27      private int sum;    //加總
28      public Calculator(int start, int end) {
29          this.start = start;
30          this.end = end;
31          this.sum = 0;
32      }
33      public int getSum() { return sum; }
36      public void run() {
37          for (int i = start; i <= end; i++) {
38              sum += i;
39          }
40      }
41  }
```

① 程式第 28～31 行：建構子，將建構物件時傳入的計算的起迄數值，指定給對應的屬性。

② 程式第 36～40 行：實作 Runnable 介面的 run( ) 方法，本範例是執行計算起迄數值的加總。

應用多執行緒平行計算的分工效率，執行速度會比單一運算快速許多。執行結果，顯示如下：

```
總計結果： 2290707264
```

14-5 執行緒的優先：join方法

主程式（主執行緒）產生並啓動子執行緒。join( ) 方法的使用時機是：如果主執行緒需等待子執行緒的執行結果，並封鎖其他執行緒的運行，直到此子執行緒完成工作，其他的執行緒才可繼續運行。join( ) 方法具備拋出例外的宣告：

public static void throw InterruptedException

因此，呼叫執行緒物件 join( ) 方法時，必須加上例外攔截的程式。

參考 Prog 1405_1.java 程式，使用 join( ) 方法的示範練習。程式中，建立了 3 個執行緒，每個執行緒會執行 3 秒鐘，然後結束。

(1) 執行緒 JoinThread 類別：因爲不是此範例的重點，僅是執行休眠 3 秒，用來方便觀察主程式執行此執行緒 join( ) 的效果。

```
1  class JoinThread extends Thread {
2      private String threadName;
3      public JoinThread(String name) {
4          threadName = name;
5      }
6      public void run() {
7          System.out.println(threadName + " 開始執行");
8          try { Thread.sleep(3000);} catch (InterruptedException e) { }
9          System.out.println(threadName + " 完成");
10     }
11 }
```

(2) 主程式 Prog1405_1 類別：

```
12 public class Prog1405_1 {
13     public static void main(String[] args) {
14         System.out.println("主執行緒開始執行");
15         JoinThread t1 = new JoinThread("執行緒 1");
16         JoinThread t2 = new JoinThread("執行緒 2");
17         JoinThread t3 = new JoinThread("執行緒 3");
18         t1.start(); t2.start(); t3.start();
19         try {
20             t1.join(); t2.join(); t3.join();
21         } catch (InterruptedException e) {
22             System.out.println("主執行緒中斷");
23         }
24         System.out.println("主執行緒結束");
25     }
26 }
```

程式第 15～17，建構範例所需的 3 個執行緒物件，並於第 18 行執行各物件的 start( ) 方法，逐一啓動。程式第 20 行，使用 join( ) 方法，等待 3 個執行緒都結束後，再繼續執行主執行緒接續的程式。執行結果，顯示如下（各執行緒的執行與完成的先後次序，並非固定）：

```
主執行緒開始執行
執行緒 2 開始執行
執行緒 1 開始執行
執行緒 3 開始執行
執行緒 1 完成
執行緒 2 完成
執行緒 3 完成
主執行緒結束
```

透過 join( ) 方法，可以讓多執行緒的執行順序更爲明確，確保某些任務只有在其他任務完成後才能執行。參考 Prog1405_2.java 程式，示範先確定完成第 1 與 2 個不同任務的執行緒之後，才會顯示計算結果：

```
1  public class Prog1405_2 {
2      public static void main(String[] args) throws InterruptedException {
3          SumThread obj1 = new SumThread( );
4          FactorialThread obj2= new FactorialThread( );
5          Thread t1 = new Thread( obj1 );
6          Thread t2 = new Thread( obj2 );
7          t1.start(); t2.start();
8          t1.join(); t2.join();
9          System.out.printf("求和結果：%d, 求積結果：%d", obj1.getSum(), obj2.getFactorial( ) );
10 } }
11 class SumThread implements Runnable {
12     private long sum=0, range=1000;
13     public long getSum( ){  return sum; }
14     public void run() {
15         System.out.println( "開始執行 " + range + " 求和計算" );
16         for(int i=1; i<=range; i++)
17             sum+=i;
18         System.out.println( range + " 求和計算完成" );
19 } }
20 class FactorialThread extends Thread{
21     private String threadName;
22     private long factorial=1, range=10;
23     public long getFactorial( ){  return  factorial; }
24     public void run() {
25         System.out.println( "開始執行 " + range + " 階乘計算" );
26         for(int i=1; i<=range; i++)
27             factorial*=i;
28         System.out.println( range + " 階乘計算完成" );
29 } }
```

執行結果，顯示如下：

```
開始執行 10 階乘計算
開始執行 1000 求和計算
10 階乘計算完成
1000 求和計算完成
求和結果：500500, 求積結果：3628800
```

14-6 執行次序的控制

1. 指定執行緒的優先權

如果多個執行緒同時運行，可以將每個執行緒都指定一個優先權（Priority），決定執行緒何時可以獲得 CPU 資源。

優先權以 1～10 表示，預設是 5，數字越大，優先順序越高。

(1) setPriority( ) 方法：設置執行緒的優先權；

(2) getPriority( ) 方法：取得執行緒的優先權。

執行緒的優先權只是一個「建議」，實際執行緒的排程是由作業系統決定的。因此，需要愼重考慮使用執行緒的優先權控制執行緒的執行順序。儘量避免對執行緒的優先權進行人爲指定，而是由 JVM 或作業系統自動調整執行緒的優先權。

參考 Prog 1406.java 程式，建立兩個執行緒物件，一個指定最低優先權 1，另一個只指定最高優先權 10：

```
1  class PriorityThread implements Runnable {
2      public void run() {
3          String threadName = Thread.currentThread().getName(); // 取執行緒的名稱
4          System.out.println("運行執行緒："+ threadName);
5          for(int i=0; i<10; i++){
6              try{
7                  Thread.sleep(10);  //停頓 0.01 秒
8              }catch(InterruptedException e){ }
9              System.out.print( threadName );
10 }   }   }
11 public class Prog1406_1 {
12     public static void main(String[] args) {
13         PriorityThread obj1 = new PriorityThread( );
14         PriorityThread obj2 = new PriorityThread( );
15         Thread t1 = new Thread( obj1 ,"A");
16         Thread t2 = new Thread( obj2 ,"B");
17         t1.currentThread().setPriority(1); //執行緒-A 優先權設為 1
18         t2.currentThread().setPriority(10);//執行緒-B 優先權設為 10
19         t1.start();
20         t2.start();
21 }   }
```

執行結果，顯示如下（各執行緒的執行與完成的先後次序，並非固定），可以發現實際執行的順序，不一定依照程式指定的優先權！

```
運行執行緒：B
運行執行緒：A
BAABBAABABBABAABABAB
```

2. 執行緒之間取得同步

方法的修飾語使用 synchronized 關鍵字，在多個執行緒之間取得同步。所謂同步，是指在某一個執行緒的任務完成之前，不讓其他執行緒動作。通常，使用的目的是確保共享的資源，在任何時刻都只會被一個執行緒使用。

```
1  class Counter {
2      private int count;
3      public Counter() {  this.count = 0;    }
4      public synchronized void increment() {  count++;    }
5      public synchronized void decrement() {  count--;    }
6      public int getCount() {  return count;    }
7  }
8  class CounterThread implements Runnable {
9      private Counter counter;
10     private boolean increment;
11     public CounterThread(Counter counter, boolean increment) {
12         this.counter = counter;
13         this.increment = increment; //判斷加 or 減
14     }
15     public void run() {
16         if (increment)
17             for (int i = 0; i < 10000; i++)
18                 counter.increment( );
19         else
20             for (int i = 0; i < 10000; i++)
21                 counter.decrement( );
22 }  }
23 public class Prog1406_2 {
24     public static void main(String[] args) throws InterruptedException {
25         Counter counter = new Counter( );
26         Thread t1 = new Thread(new CounterThread(counter, true));
27         Thread t2 = new Thread(new CounterThread(counter, false));
28         t1.start();  t2.start();
29         t1.join();   t2.join();
30         System.out.println(counter.getCount()); // 結果應該是 0
31 }  }
```

程式中，Counter 是一個共享資源，其 increment( ) 和 decrement( ) 方法都是用 synchronized 關鍵字修飾的，表示這些方法是同步的。確保當一個執行緒在呼叫這些方法時，其他執行緒無法同時進入。CounterThread 類別表示對共享資源進行加 1 和減 1 的執行緒，每個執行緒都運行一萬次。在 main( ) 方法中，建構了兩個 CounterThread 執行緒，分別對 Counter 進行加 1 和減 1 的操作，確保最終結果為 0。

14-7 執行緒之間的溝通

執行緒之間的「溝通」是提供一個可以讓執行緒在關鍵時刻暫停，另一個執行緒先運行的同步機制：

(1) wait( ) 方法：將當前執行的執行緒進入等待狀態，直到其他執行緒呼叫該物件的 notify( ) 或 notifyAll( ) 方法才會重新被喚醒。在進入等待狀態前，執行緒必須擁有該物件的鎖。

(2) notify( ) 方法：喚醒等待狀態中的一個執行緒，如果有多個執行緒在等待，則會不確定哪個執行緒會被喚醒。同樣，呼叫 notify( ) 方法前，必須擁有該物件的鎖。

(3) notifyAll( ) 方法：喚醒所有等待狀態中的執行緒，所有等待狀態中的執行緒會競爭該物件的鎖，以避免並行（concurrency）的問題。

因爲涉及鎖的控制，因此，只能在 synchronized 同步定義的程式區塊內呼叫 wiat( )、notify( )、notifyAll( ) 方法。而且作爲執行緒之間的溝通，只是執行動作的協調，並無法交流資料。

參考 Prog1407.java 程式，應用的存款和提款的作業，練習 wait( )、notify( ) 和 notifyAll( ) 方法的使用範例：

(1) 銀行帳戶 BankAccount 類別：

```
1  class BankAccount {
2      private int balance = 0; // 帳戶金額
3      public synchronized void withdraw(int amount) throws InterruptedException {
4          while (balance < amount) {
5              System.out.printf("提款 %d 元，帳戶餘額 %d，金額不足，等待存款...\n",
6                                amount, balance);
7              wait();
8          }
9          balance -= amount;
10         System.out.printf("提款 %d 元成功，帳戶餘額為 %d 元\n", amount, balance);
11     }
12     public synchronized void deposit(int amount) {
13         balance += amount;
14         System.out.printf("存入 %d 元成功，帳戶餘額為 %d 元\n", amount, balance);
15         notifyAll();
16     }
17 }
```

BankAccount 類別具備同步的 deposit( ) 存款方法與 withdraw( ) 提款方法。

① 程式第 4～8 行，提款時，若 balance 帳戶金額不足，會顯示餘額不足的訊息，並執行 wait( ) 方法進入等待狀態。
② 程式第 15 行，存款時，執行 nofifyAll( ) 方法，喚醒所有等待狀態的執行緒。

(2) 主程式 Prog1407 類別：

```
18 public class Prog1407 {
19     public static void main(String[] args) {
20         BankAccount account = new BankAccount();
21         Thread t1 = new Thread(new Runnable() {
22             public void run() {
23                 try {  account.withdraw(200); // 提款
24                 } catch (InterruptedException e) { e.printStackTrace(); }
25             }
26         });
27         Thread t2 = new Thread(new Runnable() {
28             public void run() {
29                 account.deposit(300);          // 存款
30             }
31         });
32         Thread t3 = new Thread(new Runnable() {
33             public void run() {
34                 try {  account.withdraw(150); //提款
35                 } catch (InterruptedException e) { e.printStackTrace(); }
36             }
37         });
38         t1.start();
39         t2.start();
40         t3.start();
41     }
42 }
```

① 程式第 20 行，建構 BankAccount 物件，作為存提款帳戶。
② 程式第 21～37 行，建立 3 個執行緒，分別指定提款 200 元、存款 300 元、提款 150 元。
③ 程式第 38～40 行，逐一執行各執行緒（實際執行的先後次序，由 JVM 或作業系統分配）。

如果提款時，帳戶金額不足，則執行緒會進入執行 wait( ) 方法的迴圈，直到帳戶金額高於提款金額。因為實際執行的先後次序，是由 JVM 或作業系統分配，所以執行結果並非固定：

```
提款 200 元，帳戶餘額 0，金額不足，等待存款...
提款 150 元，帳戶餘額 0，金額不足，等待存款...
存入 300 元成功，帳戶餘額為 300 元
提款 200 元成功，帳戶餘額為 100 元
提款 150 元，帳戶餘額 100，金額不足，等待存款...
```

第15章
套件

套件（Package）指的是一系列包含大量類別和介面的類別庫（Class Library），用來擴展程式的功能、提高開發的效率和可靠性。

一個套件可以存放多個類別，套件內還可以包含多個子套件，形成目錄與子目錄的架構，非常適用用來分類管理類別。

本章介紹如何撰寫自訂套件的 Java 程式與編譯的方式。

15-1 簡介

1. 套件的意義

套件（package）就像是一個管理的容器，和目錄的管理方式相同，可以再細分子目錄。如果有相同類別或介面名稱，系統也可以依據不同套件而區隔。例如定義了一個 school 與 office 的套件。這兩個套件內，各別都有一個 Business 類別，但由於屬於不同的套件，所以這兩個類別並不會有所衝突。

JDK 安裝時，套件會以 jar 副檔名的壓縮檔案格式，放置在預設的目錄中。具體的目錄位置會根據不同的作業系統而有所不同。

> JAR 檔（Java Archive）是以 ZIP 格式、副檔名為 jar 的壓縮檔案。將套件壓縮成 JAR 檔的原因，主要是為了管理或傳輸方便。

2. 類型

Java 的套件可以分成兩大類型：

(1) 內建套件（Built-in package）

是 Java 開發組件（JDK）具備的套件，包 含大量的類別庫。例如：java.lang、java.util、java.io 等。內建套件提供了 Java 核心功能，包括基本資料類型、字串處理、日期處理、文件處理、集合等功能。

(2) 使用者自訂套件（User-defined package）

是開發者自己編寫的套件，包含用於實現特定功能或解決特定問題的自建類別或介面。

3. 語法

套件和類別的關係，就如同目錄與檔案的關係一樣。例如程式使用 Scanner 類別時，將其所屬套件匯入的程式碼，如圖 1 所示：

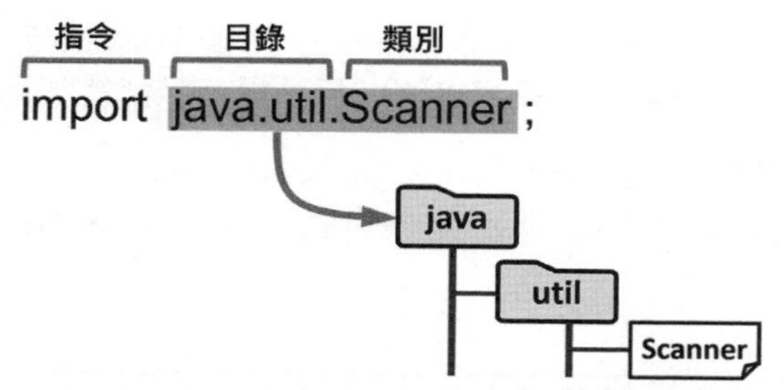

圖 1　匯入套件程式所代表的結構意義

程式使用 import 指令，執行匯入的動作。Scanner 類別的位置是存在於 java 目錄的 util 子目錄的套件內。實際作業系統並不需要眞實存在 java 與 util 目錄，所以比較適當的說法是：Scanner 類別的位置是存在於 java 套件的 util 子套件內。

當程式匯入 Scanner 類別後，就代表現在這支程式，包含有 Scanner 類別的程式，所以可以使用 Scanner 類別。

4. 使用情況

(1) 沒有匯入類別所屬套件，程式無法處理該類別

參見下列沒有匯入 Scanner 類別的 Prog1501_1.java 程式：

```
1  public class Prog1501_1 {
2      public static void main(String[] args){
3          Scanner sc = new Scanner(System.in);
4          String data = sc.next( );
5      }
6  }
```

① 編寫時，程式開發工具 IntelliJ IDEA 便會以紅字強調 Scanner 沒有對應的程式碼，無法理解其代表的意義。

② 編譯時，JVM 也因爲不知道程式中 Scanner 代表什麼意思，而產生編譯的錯誤結果：

```
java: cannot find symbol
  symbol:   class Scanner
  location: class Prog1501_1
```

錯誤訊息第一行：「cannot find symbol」，表示 JVM 無法在在這支程式中，找到這個符號的意義；錯誤訊息第二行，提示這個符號是 Scanner 類別。

(2) 沒有匯入，但使用完整名稱（Fully qualified name）

參見下列 Prog1501_3.java 程式，沒有匯入，但在程式中標示 Scanner 類別的完整名稱：

```
1  public class Prog1501_2 {
2      public static void main(String[] args){
3          java.util.Scanner sc = new java.util.Scanner(System.in);
4          String data = sc.next( );
5      }
6  }
```

標示 Scanner 類別的完整名稱

因為標示完整名稱，JVM 編譯時可以循著完整名稱，得到 Scanner 類別的程式碼，因此可以使用 Scanner 類別。

> 套件所有類別的程式碼，並非原始程式碼，而是編譯後的 bytecode。
> 類別完整名稱（fully qualified name）= 完整套件名稱 + 類別名稱。

(3) 有匯入，可直接使用類別

參見下列 Prog1501_3.java 程式，有匯入，便可以在程式中使用匯入的 Scanner 類別：

```
1  import java.util.Scanner;
2  public class Prog1501_3 {
3      public static void main(String[] args) {
4          Scanner sc = new Scanner(System.in);
5          String data = sc.next( );
6      }
7  }
```

匯入 java.util 套件的 Scanner 類別
也可使用萬用字元：

程式可以使用 Scanner 類別

5. 小結

(1) 套件是分門別類，以目錄、子目錄的「概念」將相關的類別聚合管理的檔案。
(2) 沒有匯入特定類別的套件，JVM 會因爲沒有對應的程式碼，因而無法執行。
(3) 沒有匯入套件，也可以使用類別完整名稱，提供 JVM 可依循完整名稱，取得該類別的程式碼。
(4) 有匯入特定類別的套件，JVM 就可依循套件的位置，取得該類別的程式碼。

15-2 套件的匯入

1. 使用方式

使用 import 匯入套件的語法，有兩種常見的使用方式：

(1) 使用星號「*」萬用字元

萬用字表示匯入整個套件內的全部類別，例如：

```
import java.util.* ;
```

表示將 java.util 套件內所有類別匯入當前程式中。

(2) 指名套件中的特定類別

例如使用：

```
import java.util.Scanner;
```

表示將 java.util 套件內的 Scanner 類別匯入當前程式中。

2. 使用星號萬用字元的時機

使用星號萬用字元的方式，會將該套件中的所有類別都匯入，包括不需要的類別。這樣可能會造成以下幾個問題：

(1) 編譯時間增加

由於將整個套件匯入會導致編譯器需要編譯更多的類別，因此編譯時間會相對增加。但相對的好處，是匯入套件的程式可以比較精簡。

參考 Prog1502_1.java，在程式內分別使用 java.util 套件的 Random、Scanner 與 Date 三個類別。使用指明特定類別的方式，會讓程式比較繁複，但編譯效率較佳。

```
1  import java.util.Random;
2  import java.util.Scanner;
3  import java.util.Date;
4  public class Prog1502_1 {
5      public static void main(String[] args) {
6          // 使用 Random 類別產生亂數
7          Random rand = new Random();
8          int score = rand.nextInt(100);
9          // 使用 Scanner 類別輸入資料
10         Scanner scanner = new Scanner(System.in);
11         System.out.print("請輸入姓名: ");
12         String name = scanner.nextLine();
13         // 使用 Date 類別取得當前時間
14         Date dt = new Date();
15         //顯示結果
16         System.out.printf("執行日期："+dt+"\n姓名："+name+"\t成績："+score );
17     }
18 }
```

因此，可以將程式第 1～3 行，使用星號萬用字元改寫成：

```
1 import java.util.*;
```

(2) 名稱衝突

由於不同套件中，可能會存在相同名稱的類別，匯入整個套件可能會發生命名衝突，需要使用類別完整名稱進行區分。

例如 java.util 套件有一個 Date 日期類別；java.sql 套件內也有一個 Date 日期類別。如果同時匯入這兩個套件，程式只使用 Date 類別名稱，JVM 會無法分辨是屬於哪一個套件。

參考 Prog1502_2.java 程式，如果程式內直接使用 Date 類別名稱，會無法編譯執行：

```
1  import java.util.*;
2  import java.sql.*;
3  public class Prog1502_2 {
4      public static void main(String[] args) {
5          long millis=System.currentTimeMillis();
6          Date utilDate = new Date();
7          java.sql.Date sqlDate = new java.sql.Date(millis);
8
9          System.out.println("util Date: " + utilDate);
10         System.out.println("sql Date: " + sqlDate);
11     }
12 }
```

無法判斷是哪一個套件的 Date 類別

JVM 無法編譯，並顯示下列訊息

```
java: reference to Date is ambiguous
  both class java.sql.Date in java.sql and class java.util.Date in java.util match
```

必須在程式內使用完整名稱，將 Prog1502_2.java 程式修正如下：

```
1  import java.util.*;
2  import java.sql.*;
3  public class Prog1502_2 {
4      public static void main(String[] args) {
5          long millis=System.currentTimeMillis();
6          java.util.Date utilDate = new java.util.Date();
7          java.sql.Date sqlDate = new java.sql.Date(millis);
8
9          System.out.println("util Date: " + utilDate);
10         System.out.println("sql Date: " + sqlDate);
11     }
12 }
```

3. 小結

匯入套件時，一般是建議指明需要使用的特定類別，不僅加快編譯時間，也可以避免命名衝突的問題。但是，如果一次要匯入同一個套件內多個類別，使用星號萬用字元，會使程式比較方便撰寫與簡潔。

15-3 類別靜態成員的匯入

import 除了可以匯入套件的類別之外，也可以匯入指定類別的靜態成員（包括靜態方法或靜態變數）。

1. 語法

(1) 目的：提供程式直接使用一個類別內的靜態成員，而不須透過類別。
(2) 語法：使用 import static 語句。

2. 範例

(1) Prog1503_1.java 程式

使用 import static 語句匯入 java.util 套件內 Arrays 類別之靜態成員的範例，提供較爲簡潔的程式內容：

```
1  import static java.util.Arrays.*;
2  public class Prog1503_1 {
3      public static void main(String[] args) {
4          int[] data = {11,33,55,22,66,44,77};
5          sort(data);
6          System.out.println("元素值 55 在陣列的索引值是：" + binarySearch(data, 55));
7          System.out.println("元素值 22 在陣列的索引值是：" + binarySearch(data, 22));
8      }
9  }
```

使用 import static 語句匯入 java.util 套件內 Arrays 類別之靜態成員，使得程式第 5 行的 sort( ) 方法與程式第 6～7 行的 binarySearch( ) 方法，均可省略 Arrays 類別名稱的標示。

(2) Prog1503_2.java 程式

依據半徑計算圓的面積，需要使用 java.lang 套件 Math 類別的靜態屬性：PI（圓周率），以及使用 java.lang 套件 System 類別的 out 靜態屬性的方法顯示計算結果。

```
1  public class Prog1503_2 {
2      public static void main(String[] args) {
3          double radius = 5.0;
4          double area = Math.PI * radius * radius;
5          System.out.printf("半徑：%5.2f 的圓面積為：%5.2f", radius, area);
6      }
7  }
```

程式第 4 行，使用 Math ，以及程式第 5 行，使用 System 類別時，不需要匯入 java.lang 套件，是因爲 java.lang 套件包含最常被使用的類別，所以 JVM

自動會入這一個套件。

將此程式改寫成使用靜態成員匯入方式，必須宣告完整的套件與類別名稱：

```
1 import static java.lang.Math.PI;
2 import static java.lang.System.out;
3 public class Prog1503_2 {
4     public static void main(String[] args) {
5         double radius = 5.0;
6         double area = PI * radius * radius;
7         out.printf("半徑：%5.2f 的圓面積為：%5.2f", radius, area);
8     }
9 }
```

(3) 參考 Prog1503_3.java 程式

練習匯入類別靜態成員，以及匯入類別的混合情況爲例的程式：

```
1 import static java.lang.System.in;        // 匯入 System 類別的靜態屬性 in
2 import static java.lang.System.out;       // 匯入 System 類別的靜態屬性 out
3 import static java.util.Calendar.*;       // 匯入 Calendar 類別的全部靜態成員
4 import java.util.Calendar;                // 匯入 Calendar 類別
5 import java.util.Scanner;                 // 匯入 Scanner 類別
6 public class Prog1503_3 {
7     public static void main(String[] args) {
8         Scanner sc = new Scanner(in);
9         out.print("請輸入年度：");
10        int year = sc.nextInt();
11        Calendar ca = getInstance();
12        int month = ca.get(MONTH);
13        int date = ca.get(DATE);
14        out.printf("日期： %d 年 %d 月 %d 日", year, month, date );
15    }
16 }
```

3. 優缺點

使用類別靜態成員匯入的優點和缺點如下：

(1) 優點：不必在每個方法中都標明類別名稱，使程式更爲簡潔，提高程式編寫的效率。

(2) 缺點：容易造成名稱衝突。如果匯入了多個具有相同名稱的靜態成員，仍舊需要在代碼中指定完整的類別名稱，否則會產生編譯錯誤。

如果程式內需要使用同一類別的多個靜態成員，比較推薦使用，否則還是建議避免使用。

15-4 自訂套件

1. 程式語法

自訂套件的宣告語法如下：

(1) 在 Java 程式的開頭部分，使用 package 關鍵字宣告套件名稱。

(2) 撰寫類別或介面，並且使用修飾語（Modifier）關鍵字，指定類別或介面的可視性（Visibility，存取範圍，請參見 11-1 節的介紹）。

◎ 宣告套件名稱

```
package mycompany.mypackage;
```

◎ 撰寫類別

```
public class MyClass {
  //類別內的程式碼
}
```

◎ 編譯完成後，此類別即歸屬於此套件

圖 1　自訂套件的宣告

如圖 1 所示的宣告，表示將 MyClass 類別放在 myCompany.myPackage 套件中，並且宣告可視性為 public 公用存取範圍的權限。

2. 注意事項

(1) 歸屬：一個 Java 類別的程式可以沒有指定套件的宣告，但不可以指定歸屬於兩個或以上的套件。

(2) 命名：如同物件命名的規則一般，第一單字小寫，若有多個單字合併，則第二單字的第一字母大寫。套件可以包含子套件，所以通常建議可以遵循網域名稱的反序方式作為套件命名的規則，避免套件名稱與其他開發者的套件名稱發生衝突。

> 反序方式，適合網域命名順序相反的命名方式：先是大單位，然後小單位，在其次是單位、用途等。
> 例如：com.myCompany.myPackage.myBean
> 沒有強制的規範，但至少需要有固定一致的方式，以方便管理。

3. 編譯語法

Java 的自訂套件被設計為與目錄系統結構相對應，例如程式的套件名稱是 myCompany.myPackage，則在 myCompany\myPackage 目錄內可以找到編譯後的 bytecode 檔案（*.class 檔案）。

要能建立與套件相對應的目錄系統結構，在編譯時加入「-d」參數，並指定要建立在哪一個目錄之下。程式編譯的指令語法：

javac -d 套件起始目錄 程式檔名

編譯完成後，系統會在指定套件存放的起始目錄之下，自動建立套件的目錄（包括子目錄）。

以 Prog1504.java 程式為例。如圖 2 所示。該程式存在於 D:\myProg\ 目錄之下，希望將編譯後的類別置放在 myCompany.myPackage 套件內：在 Windows 作業系統的命令提示字元環境下，示範編譯的情況。

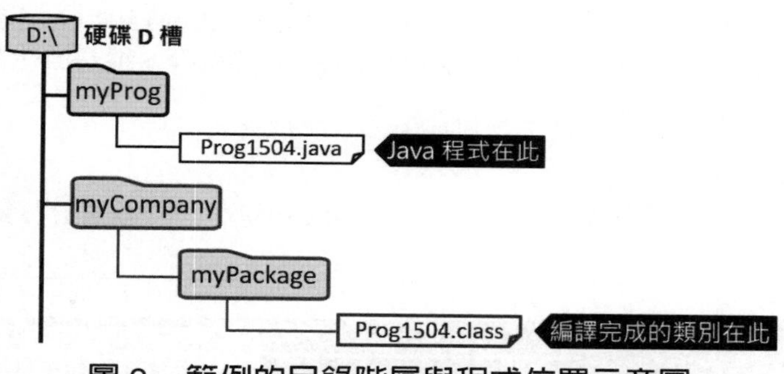

圖 2　範例的目錄階層與程式位置示意圖

(1) 程式內容

```
1  package myCompany.myPackage;   // 自訂套件名稱
2  public class Prog1504 {
3      public static void main(String[] args) {
4          System.out.println("Hello World!");
5      }
6  }
```

(2) 編譯使用指令

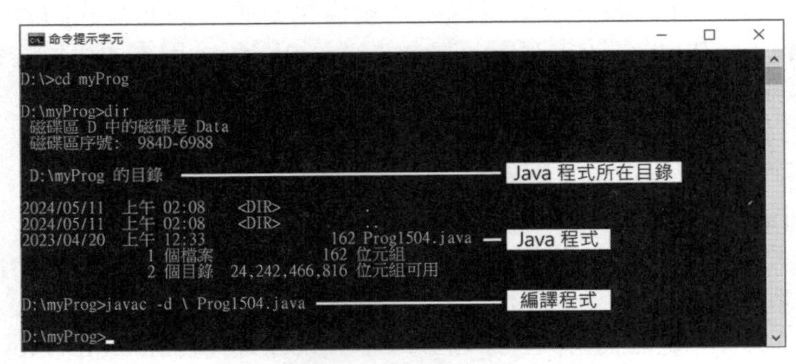

圖 3　編譯程式

倒斜線「\」表示編譯產生之套件的起始目錄，位於此硬碟槽的根目錄。因此，編譯成功後，會將編譯產生之 bytecode 檔案：Prog1504.class 類別檔存放在根目錄之下 myCompany 目錄的 myPackage 子目錄內。編譯時，如果該目錄或子目錄不存在，系統會自動建立。

(3) 檢視編譯結果

如圖 4 所示，編譯完成的 bytecode 檔案會儲存於套件指定的目錄內。

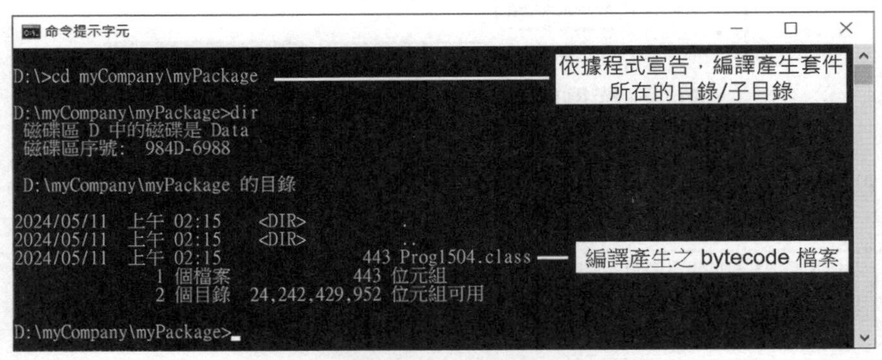

圖 4　編譯結果存放於套件目錄

4. 用優勢與時機

使用自訂套件，可以提高程式碼的組織性、可維護性和可重用性，特別是在大型專案中或需要模組化的程式開發環境。自訂套件的好處包括：

(1) 組織程式碼

可以利用套件將相關的類別和介面分組，使程式碼結構更加有組織，有助於提高程式碼的可讀性和可維護性。

(2) 避免名稱衝突

許多專案，尤其是在大型專案中，可能會有多個類別具有相同的名稱。使用套件名稱可以作為唯一的命名空間，可以避免這些名稱衝突。

(3) 存取控制

使用 public、private、protected 等修飾語來控制套件中的類別和成員的存取。

(4) 模組化和可重用性

自訂套件將相關功能和模組分開，以便在不同專案中重複用。

(5) 封裝功能組

套件可以用於將一組功能或服務封裝在一起，以便其他開發者可以輕鬆地使用這些功能，而不必了解實作的細節。

15-5 自訂套件：使用 Intellij IDEA 開發工具

Intellij IDEA 開發工具左方視窗顯示專案的相關組成。如果專案視窗沒顯示，如圖 1 所示，可以選點主選單 View | Tool windows | Project 選項開啓或關閉專案視窗的顯示。也可以在 macOS 上使用 Cmd + 1 或在 Windows/Linux 上使用 Alt + 1 鍵來切換專案視窗的顯示。

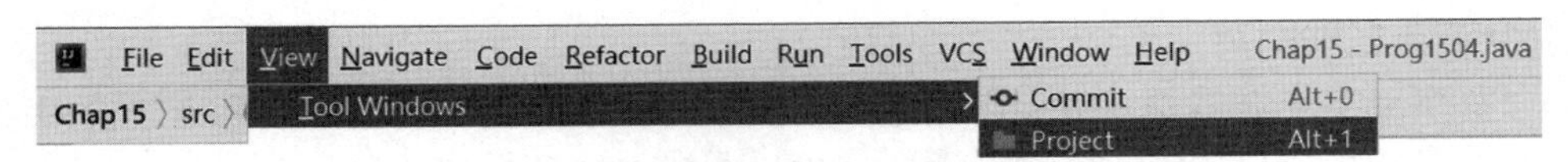

圖 1　開啓或關閉專案視窗的選項

如圖 2 所示，專案視窗顯示了構成此專案的所有目錄和文件，也包括 JDK 內建的套件。

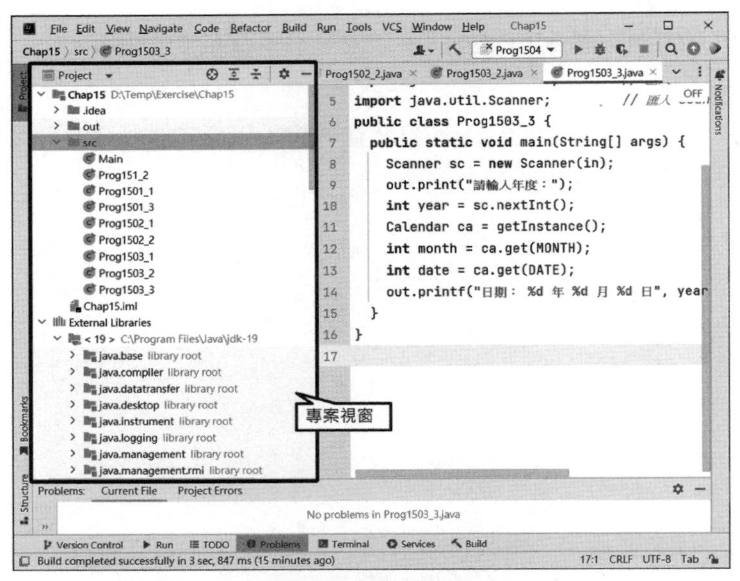

圖 2　專案視窗

建立程式時，指定類別套件的步驟：

(1) 要建立新類別時，先選點專案視窗內的 src 資料夾，按滑鼠右鍵（也可在 macOS 上按 Cmd + N ，或在 Windows/Linux 上按 Alt + Insert 鍵）。在浮動視窗選擇 New | Java Class 選項，顯示如圖 3 所示，輸入新增 Java 類別名稱的設定視窗，需要輸入包含套件的完整名稱。

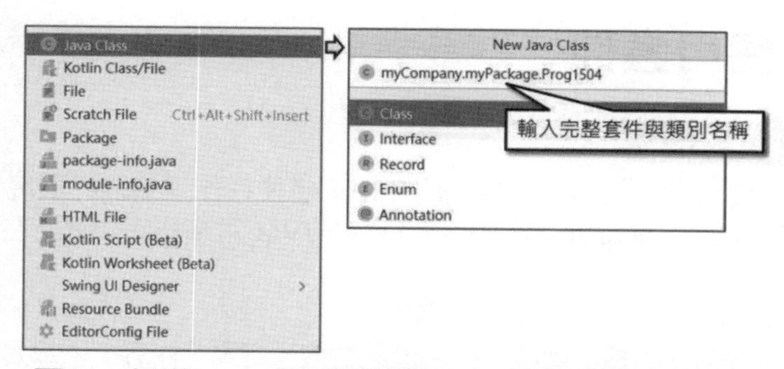

圖 3　新增 Java 程式需要輸入包含套件的類別名稱

(2) 按下 Enter 鍵完成輸入後，專案視窗即會依據完整名稱產生如圖 4 所示，對應的套件資料夾。

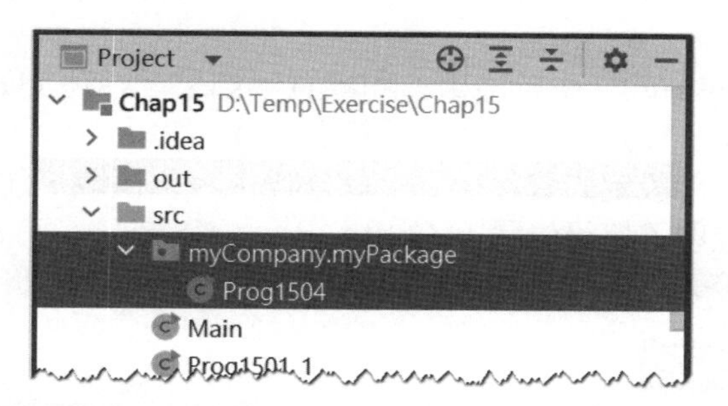

圖 4　專案視窗建立套件的資料夾，並加入新增 Java 程式的類別

(3) 編寫並編譯程式

如前 15-4 節所述，在程式的開頭部分，使用 package 關鍵字來宣告套件名稱。

```
1  package myCompany.myPackage;
2  public class Prog1504 {
3    public static void main(String[] args) {
4      System.out.println("Hello! World!");
5    }
6  }
```

(4) 編譯完成程式，即會將編譯產生之 bytecode 檔案：Prog1504.class 類別檔存放在 myCompany.myPackage 套件內。

15-6 使用套件

1. 設定系統環境變數

如果經常使用自訂或第三方提供的套件，需要在作業系統的環境變數加上 classpath 的設定。classpath 是 Java 執行時，JVM 用來找到類別所在位置的路徑。

設定方式（以 Windows 作業系統爲例）：

(1) 於資料夾左方「本機」選項，按下滑鼠右鍵，選點「內容」。或是開啓「控制台」選擇「系統」。
(2) 在顯示的「關於」視窗，選點「進階系統設定」（不同版本的 Windows 作業系統，位置可能不同），開啓「系統內容」視窗。
(3)「系統內容」視窗的「進階」頁籤，按下「環境變數 (N)」按鈕，開啓「環境變數」視窗。
(4)「環境變數」視窗的「系統變數」內瀏覽，如果已存在 classpath 變數，則按下「編輯 (I)」按鈕，否則按下「新增 (W)」按鈕。
   ① 編輯：在先前設定的資料後方，以分號「 ；」區隔，加入套件所在的磁碟槽、目錄與子目錄位置。
   ② 新增：直接輸入套件所在的磁碟槽、目錄與子目錄位置。

2. 執行套件內的類別

因爲套件是與目錄系統結構相對應，執行指定套件內類別程式的方式，是在執行時，輸入下列語法的指令：

java 套件 . 類別名稱

例如 15-4 節，編譯產生在 myCompany.myPackage 套件內的 Prog1504.class。執行的指令如下：

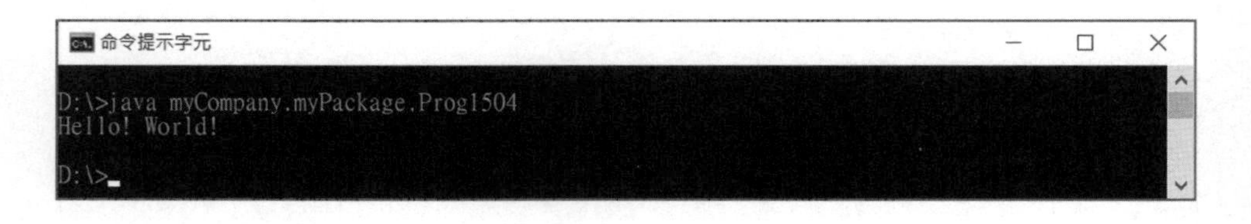

3. 使用套件內的類別

使用套件內的類別，通常有兩種情況：

(1) 在程式內使用套件內的類別，例如在主程式內使用 java.util 套件的 Date 類別。
(2) 程式使用 extends 繼承或 implements 實作套件內的類別或介面。

如同使用 Java 內建套件的使用方式，程式內使用某一套件內的類別，是在程式內使用 import 指令匯入該套件的完整名稱。

4. 練習

首先，撰寫一個名稱為 Statistic 類別的程式，此類別包含三個方法：計算平均數、計算總和（∑）、計算標準差（σ），並宣告此類別屬於 myCompany.myPackage 套件。

```
1  package myCompany.myPackage;  // 所屬套件
2  public class Statistic{
3      public float getAvg(float[] dimNum){
4          float sum=getSummary(dimNum);
5          return sum/dimNum.length;
6      }
7      public float getSummary(float[] dimNum){
8          float sum=0;
9          for (int i=0; i<dimNum.length; i++)
10             sum+=dimNum[i];
11         return sum;
12     }
13     public float getStdDev(float[] dimNum){
14         float avg = getAvg(dimNum);
15         float deviation=0;
16         for (int i=0; i<dimNum.length; i++)          // 計算離差平方
17             deviation+=Math.pow(dimNum[i]-avg,2);
18         float variance=deviation/dimNum.length;      // 變異數
19         return (float)Math.sqrt(variance);           // 標準差
20     }
21 }
```

接著，在專案內撰寫 Prog1506.java 主程式，在程式使用 import 匯入前述 Statistic 類別來執行數值的運算：

```
1  import myCompany.myPackage.Statistic;
2  public class Prog1506{
3      public static void main(String args[]){
4          float num[]= {85, 93.4f, 74, 82, 90};
5          Statistic s = new Statistic();  // 建構一個 Statistic 類別的 s 物件
6          System.out.println("總分=" + s.getSummary(num));
7          System.out.println("平均分數=" + s.getAvg(num));
8          System.out.println("標準差=" + s.getStdDev(num));
9      }
10 }
```

執行結果，顯示如下：

```
總分=424.4
平均分數=84.88
標準差=6.715475
```

第16章 泛型與集合

本章分別介紹泛型（generic）和集合框架（collection framework）。

(1) 泛型：是 Java 一種通用的類型機制，允許在定義類別、介面和方法時，使用參數化的類型，以便在使用時才指定具體的類型。如此可以提供程式的靈活和重用性。

(2) 集合框架：集合是用來管理一組相同物件的集合。集合框架則是包含許多通用的方法，和不同類型的集合，例如列表、集合、映射和佇列。

這些集合類別都可以使用泛型，以便在編譯時將類型安全地檢查到集合的物件上，讓集合更加靈活和可重用。通過將泛型應用於集合中，可以創建儲存任何類型物件的集合，而不需要進行額外的類型轉換。

16-1 泛型方法

Java 有嚴格的類型限制，無論使用類別，還是該類別的方法，都必須事先宣告。但是宣告指定了類型，就只能使用該種類型的資料。而泛型（generic）是提供動態使用類型的彈性方式。

1. 語法

泛型方法是一個定義了類型參數的方法，可以指定方法中的接收的參數和回傳值的類型，而不須在程式撰寫時直接指定（俗稱的寫死）。語法規則如下：

(1) 所有泛型方法宣告以大於小於符號的角括弧 < > 表示，於其中標示自訂的泛型名稱，並宣告在回傳值類型之前。例如：<E>，E 通常表示「Element」元素之意。當然，也可以使用其他字母或單詞來表示泛型類型參數，常見使用 <T>，T 表示「Type」之意，代表任何類型。

(2) 每一個方法之括號內的參數宣告，指定接受的泛型名稱，表示該參數是變動的類型。

(3) 泛型方法可以是靜態方法，也可以是實例方法。

(4) 泛型方法指定的類型，只可以是類別，不可以是 int、float、double 等原生資料類型。

2. 應用

當一個方法接收的參數，或是回傳的資料類型不確定時，就非常適合使用泛型方法，避免接收參數或回傳值進行類型轉換的麻煩。

假設要寫一個排序的方法，能夠將整數、字串類型，甚至其他任何類型的陣列進行排序。一種方式是應用方法的多載，不過這些方式，很難涵蓋所有類型。所以我們可以撰寫一個泛型的方法來處理各種物件陣列。參考 Prog1601_1.java 程式，示範使用同一個泛型方法處理不同類型陣列的練習：

```
import java.util.Arrays;
public class Prog1601_1 {
  public static<E> String printArray( E[] data ) {
    String text="";
    for (int i=0; i<data.length; i++)
      text+= data[i] +"\t";
    return text;
  }
  public static void main(String args[]){
    // 建立不同類型的陣列： Integer、Double和String
    Integer iArray[]= { 1, 2, 3, 4, 5 };
    Double dArray[] = { 1.1, 2.2, 3.3, 4.4 };
    String sArray[] = {"this","is","my","school"};
    System.out.println( "整數陣列的元素內容：" +  printArray( iArray ) );
    System.out.println( "浮點陣列的元素內容：" + printArray( dArray ) );
    System.out.println( "字串陣列的元素內容：" + printArray( sArray ) );
  }
}
```

使用泛型作為動態的回傳類型

使用泛型作為動態的接收參數

執行結果，顯示如下：

```
整數陣列的元素內容：1 2 3 4 5
浮點陣列的元素內容：1.1 2.2 3.3 4.4
字串陣列的元素內容：this  is  my  school
```

參考 Prog1601_2.java 程式，使用泛型方法接受何類型的陣列，並將陣列的元素逆轉順序排列：（數字由大到小；英文依據字母反向排序）

```
import java.util.Arrays;
class ArrayUtils {
  public static <T extends Comparable<T>> void reverse(T[] array) {
    int n = array.length;
    for (int i = 0; i < n-1; i++) {
      for (int j = 0; j < n-i-1; j++) {
        if (array[j].compareTo(array[j+1]) < 0) {
          T temp = array[j];
          array[j] = array[j+1];
          array[j+1] = temp;
        }
      }
    }
  }
}
public class Prog1601_2 {
  public static void main(String[] args) {
    Integer[] intArr = {12, 23, 34, 45, 56};
    ArrayUtils.reverse(intArr);
    System.out.println(Arrays.toString(intArr));

    String[] strAtr = {"Norway", "Yemen", "Sweden", "Malta", "Denmark"};
    ArrayUtils.reverse(strAtr);
    System.out.println(Arrays.toString(strAtr));
  }
}
```

為了方便顯示陣列內容，本範例使用 Arrays 類別的 toString( ) 方法直接將陣列內容轉換成字串顯示。執行結果，顯示如下：

```
[56, 45, 34, 23, 12]
[Yemen, Sweden, Norway, Malta, Denmark]
```

16-2 泛型類別

撰寫類別時，有多個類別的邏輯相同，只是其當中使用的類型不一樣時，如果使用複製的方式來撰寫這些類別，只會讓未來的管理徒增困擾。這時就非常適合使用泛行類別。

泛型類別是定義一個或多個類型參數的類別，讓類別中的方法和屬性的類型執行時動態指定，而不須在程式撰寫時直接指定。

1. 語法

泛型類別的語法是在類別名稱之後加上一個用角括號 < > 括起來的類型參數定義，並且可以在類別中使用這些參數來定義其他類型

(1) 宣告泛型類別的語法：

class 泛型類別名稱 < 類型參數名稱 >

(2) 將泛型類別宣告成物件的語法：

泛型類別 < 類別類型 > 物件名稱 = new 建構子 < 類別類型 >(參數 , …)

2. 應用

參考 Prog1602_1.java 程式，示範同一類別，建構產生不同類型物件的練習：

(1) 主程式：Prog1602_1 類別：

```
1  class Prog1602_1 {
2    public static void main(String args[]){
3      GenericData<Boolean>  data1 = new GenericData<Boolean>();
4      GenericData<Integer>  data2 = new GenericData<Integer>();
5      GenericData<String>   data3 = new GenericData<String>();
6
7      data1.setData(new Boolean(true));
8      data2.setData(new Integer(20));
9      data3.setData("這是泛別類別的應用");
10
11     System.out.println("data1:"+data1.getData() );
12     System.out.println("data2:"+data2.getData() );
13     System.out.println("data3:"+data3.getData() );
14   }
15 }
```

(2) GenericData 泛型類別：

```
16 class GenericData<T> {
17     private T data;  // 表示 data 的類型由 T 決定
18     public void setData(T data){
19         this.data = data;
20     }
21     public T getData(){
22         return data;
23     }
24 }
```

執行結果，顯示如下：

```
data1:true
data2:20
data3:這是泛別類別的應用
```

泛型類別的宣告和非泛型類別的宣告類似，除了在類別名稱後面添加了類型參數聲明部分。例如上述範例中在類別名稱旁使用角括號標示 <T>，這表示此類別支援泛型，<T> 用來宣告一個類型持有者（Holder），之後就可以使用「T」作爲類型代表來宣告物件名稱，然後可以在主程式中，透過「T」所指定的類型，對應此泛型類別中各屬性、方法所對應的類型。例如程式第 3 行：

GenericData<Boolean> data1 = new GenericData<Boolean>( );

表示 GenericData 類別建立的物件 data1，其內部成員使用的 T 均表示爲 Boolean 類型。

說明：

> 再強調 16-1 節語法規則的說明，無論是泛型方法，還是泛型類別的宣告，有時會看到標示 <T>、<E> 或是 <V> 等，這只是慣例。角括號內的文字表示類型參數的名稱，可以用任何符合命名規則的名稱。建議儘量遵循多數程式設計師慣例的命名方式，不要使過於怪異的泛型名稱，以保持不同程式設計師撰寫的程式，彼此之間的可讀性。

參考 Prog1602_2.java 程式，建立物件時，如果個別物件內部成員使用的泛型類型有一致時，也可以省略類別類型的指定，而透過建構子傳入參數的實際類型自動指定：

(3) 主程式：Prog1602_2 類別：

```
1  class Prog1602_2 {
2    public static void main(String[] args) {
3      Animal bio1, bio2, bio3;
4
5      bio1 = new Animal(5, 70, "狗");
6      bio2 = new Animal(8, 30.52, "鹿");
7      bio3 = new Animal("四十", "五千", "象");
8
9      bio1.getInfo();
10     bio2.getInfo();
11     bio3.getInfo();
12   }
13 }
```

主程式第 5～7 行，建立 bio1, bio2, bio3 三個 Animal 類別的物件。

(4) Animal 泛型類別：

```
14 class Animal<T> {
15   private T age;
16   private T weight;
17   private String name;
18
19   public Animal(T a, T w, String name) {
20     setAge(a);
21     setWeight(w);
22     this.name=name;
23   }
24   public T getAge() {
25     return age;
26   }
27   public void setAge(T n) {
28     age = n;
29   }
30   public T getWeight() {
31     return weight;
32   }
33   public void setWeight(T n) {
34     weight = n;
35   }
36   public void getInfo() {
37     System.out.println("名稱："+name+",年齡:"+getAge()+"歲,重量:"+getWeight()+"公斤");
38   }
39 }
```

Animal 泛型類別並未指定 <T> 的類型爲何。如圖 1 所示，當建構此物件呼叫建構子時，傳入的參數對應於建構子接收的參數類型，而自動指定泛型的類型。

以程式第 6 行爲例：

```
bio1 = new Animal( 8, 30.52, " 鹿 " ) ;
```

此時，呼叫執行程式第 19～23 行，Animal 泛型類別的建構子：

```
public Animal(T a, T w, String name) { ... }
```

JVM 會依據「第 6 行傳遞引數的資料類型」對應至「第 19 行接收參數的資料類型」。因此，接收參數 a 的資料類型是 Integer、w 的資料類型是 Double。這就是泛型的使用特性。

執行的結果，顯示如下：

```
名稱：狗,年齡:5歲,重量:70公斤
名稱：鹿,年齡:8歲,重量:30.52公斤
名稱：象,年齡:四十歲,重量:五千公斤
```

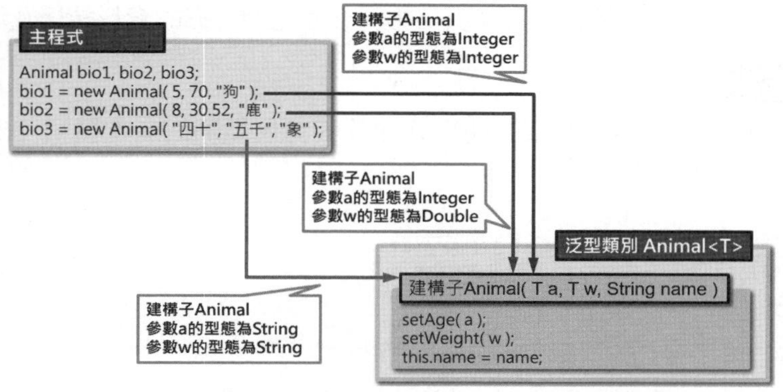

圖 1　泛型依據接收參數的類型指定資料的類型

3. 比較

泛型方法和泛型類別，主要區別在於參數的宣告與作用範圍不同：

(1) 泛型方法是定義在一般類別中的方法，具備下列特點：

① 可以獨立於包含它的類別而存在；

② 泛型參數只對該方法有效，對該類別的成員（屬性、方法）無影響；

③ 可以定義在介面中。

(2) 泛型類別的特點包括：

① 泛型類別中的泛型參數，是對該類別中所有成員都有效；

② 泛型類別必須在宣告時，指定泛型參數的類型；

③ 泛型類別可以定義在介面中。

程式撰寫時可以根據具體的應用需求，決定選擇使用泛型方法或泛型類別。

16-3 集合框架

1. 定義

(1) 集合（Collection）：也稱爲容器（Container），用於存儲和操作多個相關物件的結構。
(2) 元素（Elelment）：存儲在集合內的個別物件。
(3) 集合框架（Collections framework）：Java 提供一個處理各種集合的架構，供程式建立資料集合的物件，具備許多資結構與演算法來儲存管理各種物件。

2. 優點

使用集合框架的優點包括：
(1) 不同類別可以共用相同的 API，例如：add( )、addAll()、contains( )、isEmpty( )、remove( ) 等方法。
(2) 減少開發時間，不用重新設計新的集合。
(3) 增加程式的速度及品質，集合提供相同介面之間可靠的資料結構及演算法。

3. 集合框架

參考圖 1 所示，集合框架的關鍵介面及其實現類別的層次結構，並提供如表 1 所列的常用方法：

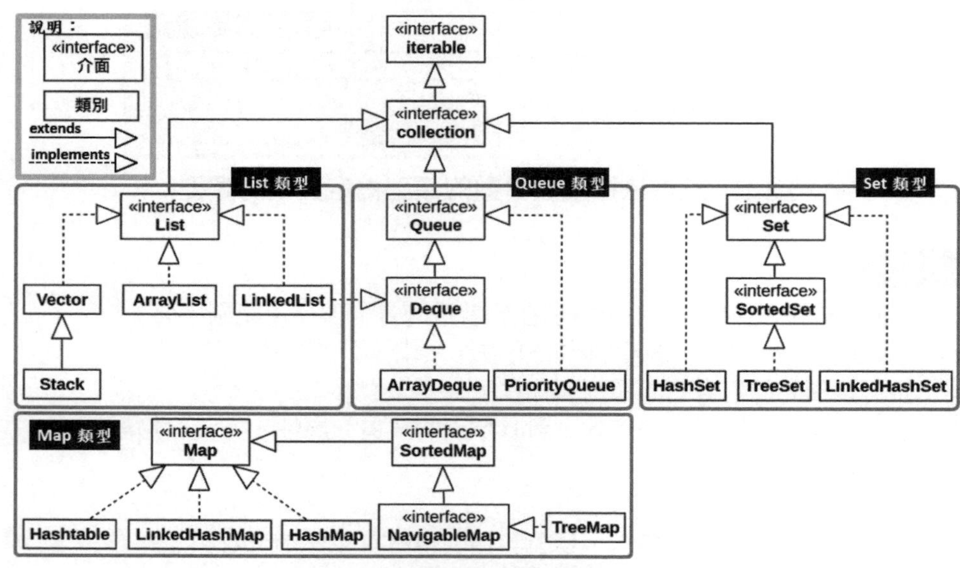

圖 1　集合介面的繼承關係圖

表 1　Collection 通用方法：（E 表示集合中元素的類型）

回傳值類型	方法	說明
void	clear( )	移除集合所有元素。
boolean	isEmpty( )	判斷集合中是否還有元素。
int	size( )	回傳集合中的元素個數。
Object[]	toArray( )	將集合轉換成陣列。

集合框架包括下列主要的介面類型和子介面：

(1) Collection：集合類別的根介面，是集合層次結構的最上層。它定義了通用的方法，如新增、移除元素以及取得集合大小等，但本身不提供實作，需要由其子介面或類別來實作。

(2) List：也稱為序列，是一種有序的集合介面，允許加入重複元素。使用 List 類型的實作類別時，元素的加入順序和檢索順序相同，並提供加入元素到特定位置和取得特定位置元素等方法。

(3) Queue：是一個實現「先進先出」（FIFO）資料結構的介面，最早加入的元素會最先被取出。Queue 有多種實作類別，如 LinkedList、ArrayDeque 等，可滿足不同需求。它提供方法來加入後方元素、取出前方元素、以及取出但不移除元素等。

(4) Set：是一個集合介面，不允許加入重複的元素。使用者可以自行決定元素的加入和取出順序。可執行的元素操作包括新增、移除和檢查存在。

(5) SortedSet Interface：是 Set 的子介面。依照自然排序（升序）順序儲存元素的集合。該元素實作 Comparable 介面，並使用 Comparable 實現排序。

(6) Map：是將鍵（key）映射到值的介面。Map 以「鍵－值」（key value pair，稱為「鍵值對」）的形式來表示每個元素，並提供了增加、獲取鍵對應的值等方法。每個鍵在 Map 中是唯一的，且每個鍵最多對應到一個值。

(7) SortedMap：是 Map 介面的子介面，依照自然排序（升序）保持元素「鍵值對」的映射。

(8) NavigableMap：是 SortedMap 的子介面，提供導航方法，例如取得指定鍵的上一個或下一個元素。

16-4 List 介面

Collection 的子介面 List 表列介面應該是程式中使用最普遍的集合。List 列表表示集合內的元素是依序的加入以及取出，也就是有順序性。List 介面主要的實作為：ArrayList 與 LinkedList 類別。常用的方法，包括如表 1 所列：

表 1　List 介面常用方法（E 表示集合中元素的類型）

回傳值類型	方法	說明
boolean	add(int index, E e)	將物件加入集合中指定的位置。
boolean	addAll(int index, Collection<? Extends E> c)	將傳入的集合參數中的物件，加入此集合中指定的位置。
E	get(int index)	取得指定位置的物件。
int	indexOf(Object o)	從最前面開始找出指定物件在集合中所在的位置。
int	lastIndexOf(Object o)	從最後面開始找出指定物件在集合中所在的位置。
ListIterator<E>	listIterator( )	傳回此集合元素的 ListIterator。
E	remove(int index)	移除集合內，指定位置的物件。
E	remove(int index)	將物件加入集合中指定的位置。
List<E>	subList(int formIndex, int toIndex)	依據指定的索引區間，取得集合的子集合。

1. ArrayList 類別

ArrayList 是 List 介面最常被使用到的實作類別，是透過鏈結節點來實現串列，所以可以動態增減大小。參考 Prog1604_1.java 程式，範例使用 ArrayList 類別執行排序的練習：

```
1  import java.util.*; // 匯入 ArrayList 與 Collections 類別;
2  public class Prog1604_1 {
3    public static void main(String[] args) {
4      ArrayList list = new ArrayList( );
5      // ArrayList<Integer> list = new ArrayList<Integer>();
6      list.add(10);
7      list.add(5);
8      list.add(20);
9      list.add(15);
10     System.out.println("原先的順序：" + list);
11     Collections.sort(list);
12     System.out.println("排序後順序：" + list);
13   }
14 }
```

(1) 程式第 4～5 行，物件可以使用一般類別建構方式，也可以使用泛型類別的方式。

(2) 程式第 11 行，使用 Collections 類別提供的 sort( ) 方法進行排序。

執行結果，顯示如下：

```
Original List: [10, 5, 20, 15]
Sorted List: [5, 10, 15, 20]
```

2. LinkedList 類別

LinkedList 的特點是基於雙向鏈結的串列。LinkedList 新增、移除元素的效率比 ArrayList 高，但在取得元素時的效率較低。

參考 Prog1604_2.java 程式，範例使用 LinkedList 類別執行新增、取得、移除元素，以及排序的練習：

```
1  import java.util.*; // 匯入 LinkedList 與 Collections 類別;
2  public class Prog1604_2 {
3    public static void main(String[] args) {
4      LinkedList<String> list = new LinkedList<>();
5      // 新增元素至LinkedList
6      list.add("apple");
7      list.add("banana");
8      list.add("orange");
9      list.add("grape");
10     System.out.println("加入元素後的內容: " + list);
11     // 取得 LinkedList 的元素
12     String first = list.getFirst();
13     String last = list.getLast();
14     System.out.println("第一個元素：" + first);
15     System.out.println("最後一個元素：" + last);
16     // 移除 LinkedList 中的元素
17     list.remove("banana");
18     System.out.println("刪除元素後的內容：" + list);
19     // 將 LinkedList 元素進行排序
20     Collections.sort(list);
21     System.out.println("排序後的內容：" + list);
22   }
23 }
```

執行結果，顯示如下：

```
加入元素後的內容: [apple, banana, orange, grape]
第一個元素：apple
最後一個元素：grape
刪除元素後的內容：[apple, orange, grape]
排序後的內容：[apple, grape, orange]
```

16-5 Queue 介面

Queue 介面是一種線性資料結構，具有先進先出（First-In-First-Out, FIFO）的特性。實作包括 ArrayDeque、PriorityQueue 等類別，常用的方法包括如表 1 所列：

表 1 Queue 介面常用方法（E 表示集合中元素的類型）

回傳值類型	方法	說明
E	add(E e)	將指定元素加入佇列，若佇列已滿，會拋出 IllegalStateException 例外。
boolean	offer(E e)	將指定元素加入佇列，若佇列已滿，則會回傳 false。
E	element( )	取得佇列的頭端元素，但不移除該元素。若佇列為空，則會拋出 NoSuchElementException 例外。
E	peek( )	取得佇列的頭端元素，但不移除該元素。若佇列為空，則會回傳 null。
E	poll( )	移除佇列的頭端元素，若佇列為空，則會回傳 null。
E	remove( )	移除佇列的頭端元素，若佇列為空，則會拋出 NoSuchElementException 例外。

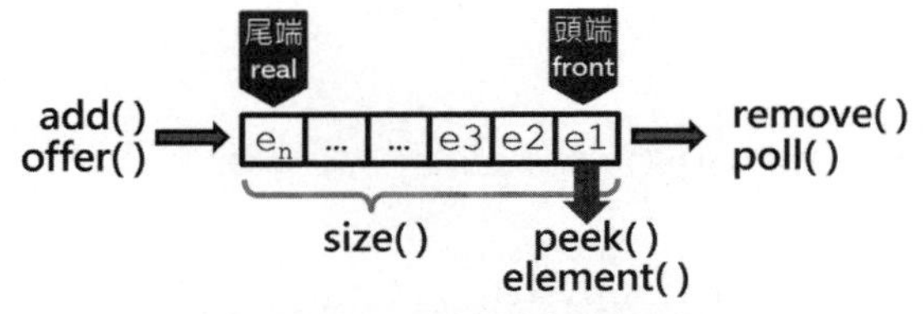

圖 1 先進先出的佇列常用方法

1. ArrayDeque 類別

ArrayDeque 是基於陣列實現，可以通過指定大小來建立容量，當元素超出容量時，會動態擴充。ArrayDeque 的特點是增加、移除元素的效率高，但是取得元素的效率較低。參考 Prog1605_1.java 程式，練習處理佇列資料元素的處理。

```
import java.util.ArrayDeque;
public class Prog1605_1 {
  public static void main(String[] args){
    ArrayDeque<String> q = new ArrayDeque<>();
    //加入元素至佇列內
    q.add("apple");
    q.add("orange");
    q.add("banana");
    q.add("grape");
    //顯示
    System.out.println("最初佇列內容：" + q);
    System.out.println("移除佇列頭端的元素：" + q.remove( ));
    System.out.println("現在佇列的內容：" + q);
    System.out.println("佇列隊頭的元素：" + q.peek( ));
    System.out.println("佇列元素的數量：" + q.size( ));
  }
}
```

執行結果，顯示如下：

```
最初佇列內容：[apple, orange, banana, grape]
移除佇列頭端的元素：apple
現在佇列的內容：[orange, banana, grape]
佇列隊頭的元素：orange
佇列元素的數量：3
```

2. PriorityQueue 類別

PriorityQueue 是 Java 中的一個實作了優先佇列（Priority Queue）的類別。優先佇列是一種特殊的資料結構，其中元素具有優先順序，優先順序最高的元素會最先被取出。參考下列修改 Prog1605_1.java 程式，改為使用 PriorityQueue 類別的範例 Prog1605_2.java 程式：

```
import java.util.PriorityQueue;
public class Prog1605_2 {
  public static void main(String[] args) {
    PriorityQueue<String> q = new PriorityQueue<>();
    //加入元素至佇列內
    q.add("apple");
    q.add("orange");
    q.add("banana");
    q.add("grape");
    //顯示
    while (!q.isEmpty()) {
      System.out.print( q.poll( ) + "\n" );
    }
  }
}
```

執行結果，顯示佇列內容如下。元素加入的順序是 apple、orange、banana、grape，但是取出的順序卻是 apple、banana、grape、orange，是因爲 PriorityQueue 佇列是依字串的排序作爲優先順序。

```
apple
banana
grape
orange
```

PriorityQueue 的元素可以是任意順序的，並且可以通過指定 Comparator 來自行定義元素的優先級順序。因爲 PriorityQueue 的元素會先依照優先順位排序，所以增加、移除、取得元素的效率都高，但是相對於空間的利用率則較低。

(1) 實作 Comparator 介面的自行定義類別

```
1  import java.util.*; // 匯入 Comparator 與 PriorityQueue 類別
2  class MyComparator implements Comparator<Integer> {
3    public int compare(Integer a, Integer b) {
4      // a < b 表示 a 的優先級高於 b
5      return a < b ? 1 : -1;
6    }
7  }
```

佇列預設是先進先出的方式，MyComparator 類別實作 compare( ) 方法，是設定依據數值大小決定佇列先後的優先權。

(2) 主程式 Prog1605_3 類別

```
8  public class Prog1605_3 {
9    public static void main(String[] args) {
10     PriorityQueue<Integer> q = new PriorityQueue<>(new MyComparator());
11     q.add(5);
12     q.add(3);
13     q.add(8);
14     q.add(1);
15     while (!q.isEmpty()) {
16       System.out.print( q.poll( ) + "\t" );
17     }
18   }
19 }
```

①程式第 10 行，建立一個使用自行定義的 MyComparator 類別的物件。
②程式第 11 行，依序加入元素。佇列的元素不依先進先出原則，而是依據 MyComparator 類別的 compare( ) 方法回傳的優先權決定元素的次序。
③程式第 12～14 行，依照優先權的次序印出元素內容。
執行結果，顯示如下：

```
8 5 3 1
```

16-6 Set 介面

在 Java 中，Set 是一個介面，表示一個集合，其中包含一組不重複的元素，並且不保證元素的順序。Set 介面實作的類別包括 TreeSet、HashSet 與 LinkedHashSet 三個類別。每種類別都有自己的特點，適合不同的使用情境，可以依據需求選擇適合的類別來處理不重複元素的集合操作。常用方法，如表 1 所列：

表 1　Set 介面常用方法（E 表示集合中元素的類型）

回傳值類型	方法	說明
boolean	add(E e)	加入元素。
boolean	addAll(Collection<? extends E> c)	將指定集合中的元素加入目標集合。
boolean	contains(Object o)	判斷集合是否包含指定的元素。
boolean	containsAll(Collection<?> c)	判斷集合中是否包含指定集合中的所有元素。
Int	hashCode( )	回傳集合的雜湊碼。
Iterator<E>	iterator( )	回傳一個迭代器，可用來遍歷（traversal）集合的元素。
boolean	remove(Object o)	移除指定的元素。
boolean	removeAll(Collection<?> c)	移除集合中與指定集合相同的元素。
boolean	retainAll(Collection<?> c)	保留集合中與指定集合相同的元素，移除其他元素。

1. TreeSet 類別

TreeSet 不允許 null 元素，使用紅黑樹（Red-Black Tree）資料結構實現排序的 Set，元素會依照自然排序或是 Comparator 排序，因此元素具有順序，適合需要保證元素有序性的程式。

參考 Prog1606_1.java 程式，使用 TreeSet 物件輸入元素值並輸出結果的練習。

```
import java.util.TreeSet;
public class Prog1606_1 {
  public static void main(String[] args) {
    TreeSet<Integer> set = new TreeSet<Integer>();
    set.add(5);
    set.add(3);
    set.add(8);
    set.add(1);
    set.add(8);
    System.out.println("集合內容： " + set);
  }
}
```

程式內，集合會去除重複輸入的數值，並將結果排序顯示如下：

```
集合內容： [1, 3, 5, 8]
```

> 紅黑樹是一種自平衡的二元搜尋樹，在插入和刪除操作後，樹的高度保持在一個相對較小的範圍內，確保查詢、插入和刪除的平均時間複雜度為 O(log n)。
> 紅黑樹的名稱來自於樹的每個節點都有一個顏色，可以是紅色或黑色。樹的每條路徑，從根節點到任意空節點的路徑上，黑色節點的數目相同。紅黑樹常被應用在實作各種資料庫、映射、集合等資料結構，也是 Java 中 TreeSet 和 TreeMap 類別的實作基礎。

2. HashSet 類別

HashSet 允許 null 元素，元素沒有順序，使用雜湊碼（hash code）儲存和檢索，能夠快速取得元素。此類別不保證元素的順序，並允許 null 元素，是最常用的 Set 類別。

參考 Prog1606_2.java 程式，不斷輸入字串，直到輸入 "0" 結束，使用 HashSet 去除重複，最後將不重複的字串輸出的練習：

```
import java.util.*;    //匯入 HashSet 與 Scanner 類別
public class Prog1606_2 {
  public static void main(String[] args) {
    Scanner sc = new Scanner(System.in);
    System.out.print("請輸入水果(0表示結束)：");
    HashSet<String> set = new HashSet<>();
    while ( !sc.hasNext("0") ) {
      String str = sc.next();
      set.add(str);
    }
    System.out.println("集合內容：" + set);
    // 檢查 HashSet 是否包含特定元素
    System.out.println("集合是否包含 \"蘋果\"："+set.contains("蘋果"));
    System.out.println("集合是否包含 \"西瓜\"："+set.contains("西瓜"));
    set.remove("香蕉");  // 移除 HashSet 中的元素
    System.out.println("移除香蕉後的集合：" + set);
    set.clear();         // 清空 HashSet
    System.out.println("清空後的集合："+ set);
  }
}
```

若依次輸入：檸檬、西瓜、鳳梨、香蕉、橘子、0（0 表示結束），執行的結果如下：

```
集合內容：[香蕉, 橘子, 鳳梨, 檸檬, 西瓜]
集合是否包含 "蘋果"：false
集合是否包含 "西瓜"：true
移除香蕉後的集合：[橘子, 鳳梨, 檸檬, 西瓜]
清空後的集合：[]
```

3. LinkedHashSet 類別

LinkedHashSet 類似 HashSet，但儲存元素時，會按照元素加入 Set 的順序。加入和刪除元素的效能比 HashSet 稍差，但仍然是相當快速。此類別保持元素的加入順序，適合固定元素加入順序的情況。

```
1  import java.util.LinkedHashSet;
2  public class Prog1606_3 {
3    public static void main(String[] args) {
4      LinkedHashSet<String> set = new LinkedHashSet<>();
5      set.add("lemon");
6      set.add("orange");
7      set.add("banana");
8      set.add("lemon"); // 加入一個重複的元素
9      set.add("apple");
10     System.out.println("集合內容： " + set);
11   }
12 }
```

程式內，集合會去除重複輸入的數值，元素不會排序。執行結果，顯示如下：

```
集合內容： [lemon, orange, banana, apple]
```

16-7 Map 介面

Map 介面的鍵是唯一的，同一個值可以被多個鍵映射，但是一個鍵只能映射到一個值上。

Map 介面不是 Collection 介面的子介面，但是它們共用一些相似的方法。Map 介面實作的類別包括 TreeMap、HashMap 與 LinkedHashMap 三個類別。常用的方法如表 1 所列：

表 1　Map 介面常用方法

（K 表示維護此映射的鍵的類型；V 表示映射值的類型）

回傳值類型	方法	說明
boolean	containsKey(Object key)	如果此映射包含指定鍵的映射，則回傳 true。
boolean	containsValue(Object value)	如果此映射將一個或多個鍵映射到指定值，則回傳 true。
Set<Map.Entry<K,V>>	entrySet()	回傳此映射中包含的映射關係的 Set 視界（view，即鍵 - 值映射關係的集合）。
V	get(key)	回傳指定鍵所映射的值，如果此映射不包含該鍵的映射關係，則回傳 null。
Set<K>	keySet()	回傳此映射中包含的所有鍵的 Set 視界。
V	put(K key, V value)	將指定的值與此映射中的指定鍵相關聯。
V	remove(Object key)	從此映射中移除指定鍵的映射關係（如果存在）。
Collection<V>	values()	回傳此映射中值所包含的 Collection 視界。

1. TreeMap 類別

TreeMap 是使用紅黑樹實作 Map 介面的類別，提供了對鍵進行排序的能力。效率比 HashMap 稍慢，但提供對元素的有次序存取。

參考 Prog1607_1.java 程式，使用 TreeMap 將一個字串中，計算各個字元出現頻率的練習。

程式會將預先指定的字串中的單字分割成個別字元，並使用 TreeMap 的 containsKey( ) 方法判斷字元是否存在，以計算每個字元出現的次數。最後，程式會印出每個字元以及它們出現的情況。

```
import java.util.*;
public class Prog1607_1 {
  public static void main(String[] args) {
    String str = "Mr.Java drinks Java";
    TreeMap<Character, Integer> map = new TreeMap<>();
    for (int i = 0; i < str.length(); i++) {
      char c = str.charAt(i);
      if (map.containsKey(c)) {
        map.put(c, map.get(c) + 1);
      } else {
        map.put(c, 1);
      }
    }
    for (Map.Entry<Character, Integer> entry : map.entrySet()) {
      System.out.printf("%s:%s, \t", entry.getKey( ), entry.getValue( ) );
    }
  }
}
```

執行結果，顯示如下：

```
 :2,   .:1,   J:2,   M:1,   a:4,   d:1,   i:1,   k:1,   n:1,   r:2,   s:1,   v:2,
```

類似的應用，將判斷字元出現的次數，改成判斷單字出現的次數。參考 Prog1607_2.java 程式，使用者輸入一段文句，先去除標點符號，再使用 TreeMap 的 ContainsKey( ) 方法，判斷短文內各個單字出現的次數：

```
import java.util.*;  // 匯入 Scanner, TreeMap 類別
public class Prog1607_2 {
  public static void main(String[] args) {
    Scanner scanner = new Scanner(System.in);
    System.out.print("請輸入一段文字：");
    String text = scanner.nextLine();
    text = text.replaceAll("[^a-zA-Z ]", "").toLowerCase();// 去除標點符號並轉小寫
    String[] words = text.split(" ");
    TreeMap<String, Integer> wordCount = new TreeMap<>();
    for (String word : words) {
      if (wordCount.containsKey(word)) {
        wordCount.put(word, wordCount.get(word) + 1);
      } else {
        wordCount.put(word, 1);
      }
    }
    for (Map.Entry<String, Integer> entry : wordCount.entrySet()) {
      System.out.println(entry.getKey() + ": " + entry.getValue());
    }
  }
}
```

找出資料單字或字元出現的次數，再處理資料檢索的作業上是蠻重要的功能。例如找出一些單字出現的次數，作爲網頁排序的加權依據，或是分解文章內的單字，處理關鍵字的索引。執行結果，顯示如下：

```
請輸入一段文字：We eat what we can and what we can't we can.
and: 1
can: 2
cant: 1
eat: 1
we: 4
what: 2
```

2. HashMap 類別

HashMap 是使用雜湊碼實作 Map 介面的類別，提供了常數時間的性能。不保證元素的順序，因此通常使用 TreeMap 或 LinkedHashMap 取代。參考 Prog1607_3.java 程式，示範使用 HashMap 的練習：

```
1  import java.util.HashMap;
2  public class Prog1607_3 {
3    public static void main(String[] args) {
4      HashMap<String, Integer> map = new HashMap<>();
5      // 將 key 和 value 加入 HashMap 中
6      map.put("A", 1);    map.put("B", 2);    map.put("C", 3);
7      // 依據 key 取得 value
8      int valueA, valueB, valueC;
9      valueA = map.get("A");  valueB = map.get("B");  valueC = map.get("C");
10     // 印出 HashMap 的內容
11     System.out.println("HashMap: " + map);
12     // 印出每個 key 對應的 value
13     System.out.println("鍵 A 的值：" + valueA);
14     System.out.println("鍵 B 的值：" + valueB);
15     System.out.println("鍵 C 的值：" + valueC);
16     // 判斷 HashMap 中是否包含特定的 key
17     boolean containsA = map.containsKey("A");
18     boolean containsD = map.containsKey("D");
19     // 印出是否包含特定的key
20     System.out.println("HashMap 是否包含 \"A\"：" + containsA);
21     System.out.println("HashMap 是否包含 \"D\"：" + containsD);
22     // 刪除HashMap中的元素
23     map.remove("A");    map.remove("D");
24     // 印出刪除元素後的HashMap內容
25     System.out.println("清空後的 HashMap：" + map);
26   }
27 }
```

執行結果，顯示如下：

```
HashMap: {A=1, B=2, C=3}
鍵 A 的值：1
鍵 B 的值：2
鍵 C 的值：3
HashMap 是否包含 "A"：true
HashMap 是否包含 "D"：false
清空後的 HashMap：{B=2, C=3}
```

3. LinkedHashMap 類別

LinkedHashMap 是使用雜湊碼和鏈結實作 Map 介面的類別，依據元素加入的順序排列。校能比 TreeMap 稍快，但是不提供鍵的排序功能。

參考 Prog1607_4.java 程式，使用 LinkedHashMap 存放學生的成績資料，並且按照學生的姓名作爲 key 的排序練習。

```java
1  import java.util.*;
2  public class Prog1607_4 {
3    public static void main(String[] args) {
4      LinkedHashMap<String, Integer> scores = new LinkedHashMap<>();
5      // 加入學生學號與成績
6      scores.put("A112003", 95);    scores.put("A112006", 87);
7      scores.put("A112002", 78);    scores.put("A112005", 88);
8      // 顯示原先的集合內容
9      System.out.println("學生成績（依加入順序）：" + scores);
10     // 變更 鍵：A112002 的值
11     scores.put("A112002", 85);
12     // 顯示更新後的集合內容
13     System.out.println("Updated student scores: " + scores);
14     // 依據 鍵 排序後，顯示集合內容
15     LinkedHashMap<String, Integer> sortedScores = new LinkedHashMap<>(scores);
16     Comparator com = Map.Entry.comparingByKey();
17     sortedScores.entrySet().stream().sorted(com).forEach(System.out::println);
18   }
19 }
```

執行結果，顯示如下：

```
學生成績（依加入順序）：{A112003=95, A112006=87, A112002=78, A112005=88}
Updated student scores: {A112003=95, A112006=87, A112002=85, A112005=88}
A112002=85
A112003=95
A112005=88
A112006=87
```

Note

附錄
A IntelliJ IDEA 開發工具安裝

A-1 安裝需求

1. 簡介

IntelliJ IDEA 是一款由捷克的商業軟體公司：JetBrains 發展的 Java 程式開發工具，也是非常廣泛使用的 Java 整合開發環境（Integrated Development Environment，IDE）工具軟體。具有優秀的程式碼編輯、除錯、自動完成和檢查功能、以及豐富的外掛與擴充模組，支援各種常用的 Java 框架和工具。

2. 系統要求

建議系統配置：

(1) 操作系統：Microsoft Windows 10 以上 64 位版本、macOS 10.15 及更高版本、Linux（例如：Debian、Ubuntu 或 RHEL）
(2) CPU：3 GHz 或更快的處理器
(3) 記憶體：8 GB RAM 或更多
(4) 硬碟空間：5 GB 可用空間（不包括磁盤空間使用的緩存）
(5) 解析度：1920×1080（最低）

3. 下載

IntelliJ IDEA 分爲需要付費的專業版（Ultimate Ed.）與免費的社群版（Community Ed.）兩個版本。專業版具有較多的功能，以及支援更多的程式語言。使用有 30 天的免費試用期，期限過後必須輸入購買所授予的授權碼（license number），才能繼續使用；社群版則是完全免費。兩版本共同下載的網址爲：

https://www.jetbrains.com/idea/download/

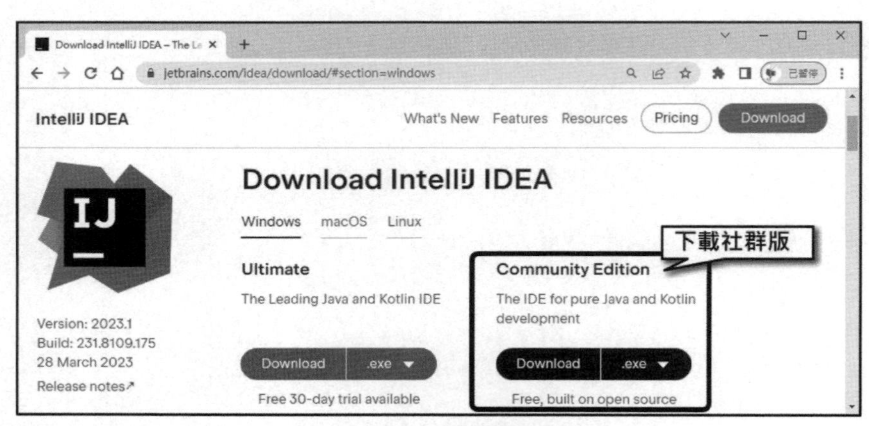

圖 1　下載畫面

4. 安裝前置需求

安裝 IntelliJ IDEA 前，請先安裝 JDK（參見 2-1 節的介紹）。以便安裝 IntelliJ IDEA 時，會自動連結 JDK 的執行與程式庫路徑。

5. 安裝方式

本書以免費的社群版版本爲使用依據。軟體安裝的方式，包括靜默安裝與視窗安裝，兩種方式。如果需要安裝大量電腦，可以考慮使用靜默安裝，否則建議還是採用視窗安裝，確認安裝的每一步驟。

(1) 靜默安裝

ItelliJ IDEA 支援微軟 Windows 作業系統，不啓動視窗畫面的靜默安裝（Silent installation）方式。使用參數包括：

① /S：啓用靜默安裝

② /CONFIG：指定靜默組態檔案的路徑

③ /D：指定安裝的目錄路徑

例如在命令提示字元下，安裝程式的目錄，輸入如圖 2 所示的指令：

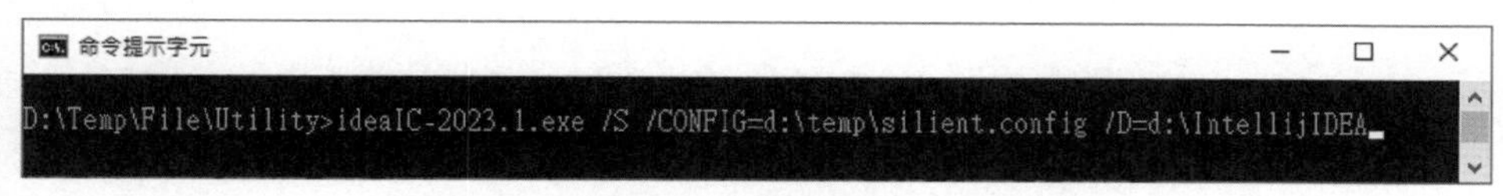

圖 2 命令提示字元執行靜默安裝

不過前提是須要預備組態檔案，檔案範本可以下載於：https://download.jetbrains.com/idea/silent.config ，再自行修改。

(2) 視窗安裝

intelliJ IDEA 支援微軟 Windows、蘋果 Mac OS，以及 Linux 等作業系統。各系統安起始安裝簡述如下：

① Windows：於存放下載 intelliJ IDEA 安裝檔案的目錄，執行下載的安裝程式。

② Mac OS：將 IntelliJ IDEA 安裝程式拖放到 application 資料夾內，再執行安裝程式。

③ Linux：將下載的 .tar 或 .gz 壓縮檔解壓縮，存放至適當目錄（建議存放於 opt 目錄）後，執行下列指令：

```
$ sudo tar -xzf ideaIU-*.tar.gz -C /opt
```

A-2 安裝與設定

1. 起始

請執行網站下載的安裝程式，顯示如圖 1 所示的安裝起始視窗，安裝過程基本只需逐一按下每一個視窗的 Next 按鈕，進行下一步，即可完成安裝作業。

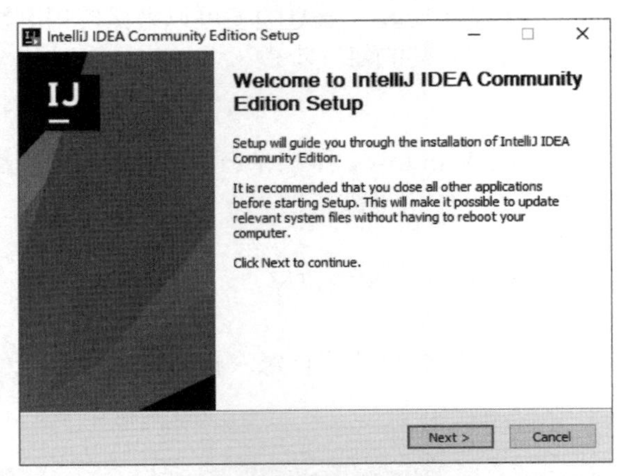

圖 1　安裝起始視窗

2. 安裝程序

(1) 指定預設軟體安裝的目錄位置

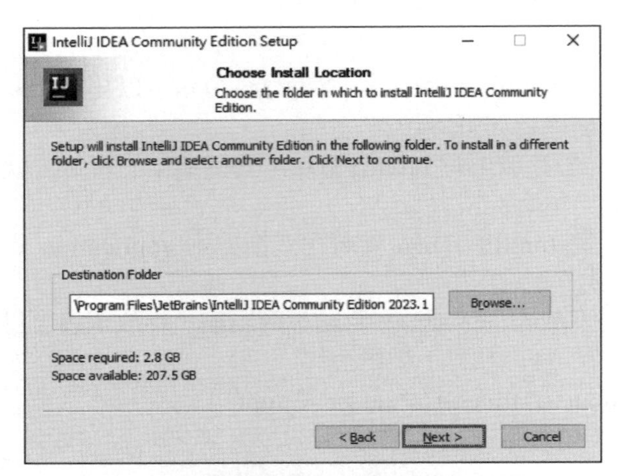

圖 2　設定軟體安裝的目錄位置

(2) 安裝選項視窗

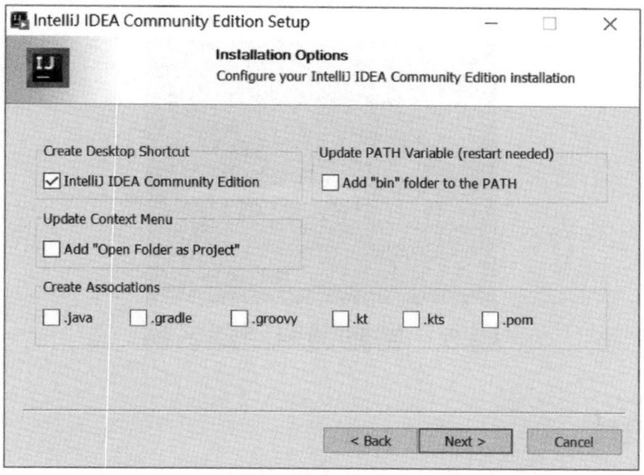

IntelliJ IDEA Community Edition Setup

Installation Options
Configure your IntelliJ IDEA Community Edition installation

Create Desktop Shortcut
IntelliJ IDEA Community Edition

Update PATH Variable (restart needed)
Add "bin" folder to the PATH

Update Context Menu
Add "Open Folder as Project"

Create Associations
.java .gradle .groovy .kt .kts .pom

< Back　Next >　Cancel

圖 3　設定軟體相關組態參數

畫面選項說明：

① Create Desktop Shortcut：勾選表示建立桌面捷徑圖示

② Update context menu：勾選表示將「從資料夾開啓專案」加至滑鼠右鍵的浮動選單

③ Create Associations：關聯檔案格式。勾選表示將預設使用 IntelliJ IDEA 開啓相關的檔案

④ Update PATH variable (restart needed)：勾選表示將 IntelliJ IDEA 啓動目錄添加到系統環境變數中

(3) 設定「啓動選單」的目錄名稱

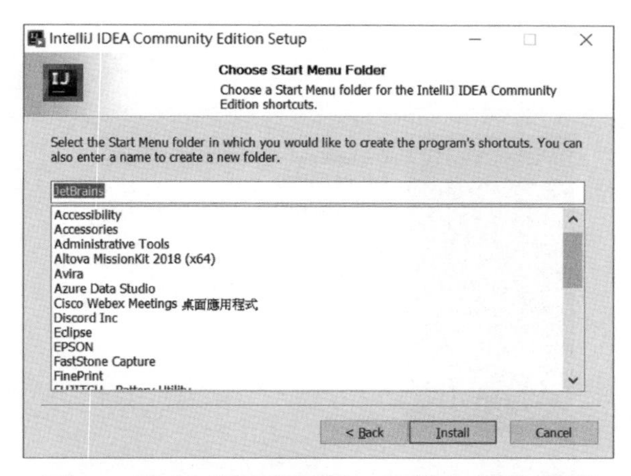

圖 4　設定「啓動選單」目錄名稱的畫面

如圖 5 所示，此視窗是設定安裝完成後，在視窗作業系統「啓動選單」（Start Menu）Intellin IDEA 的目錄名稱。

圖 5　啓動選單目錄名稱

(4) 執行軟體的安裝

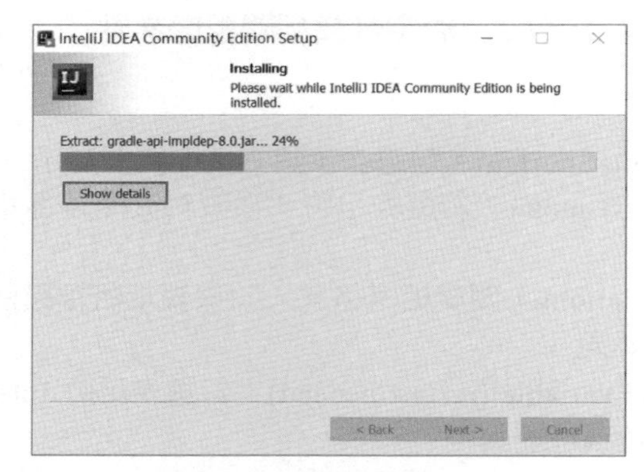

圖 6　顯示安裝進度

(5) 完成

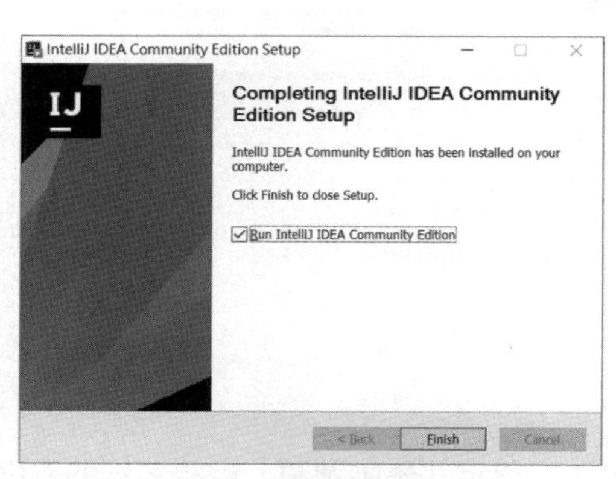

圖 7　安裝完成畫面

畫面選項說明：

Run IntelliJ IDEA Community Edition：勾選表示按下「Finish」按鈕後，結束安裝程式，會立即啓動 Intellij IDEA 軟體。

如果沒有勾選，表示之後自行手動啓動。

3. 記憶體配置設定

IntelliJ IDEA 軟體以專案形式管理開發的程式。開發大量或複雜的程式，如果需要提供 IntelliJ IDEA 軟體使用較多的記憶體，可以加快程式開發的編譯與執行效率。記憶體設定可至實際軟體安裝目錄（如圖 2 所示）的 bin 子目錄：

C:\Program Files\JetBrains\IntelliJ IDEA Community Edition 2023.1\bin

修改 idea64.exe.vmoptions 參數檔的設定，調高可使用的記憶體大小。檔案格式爲文字檔，可以使用記事本開啓。

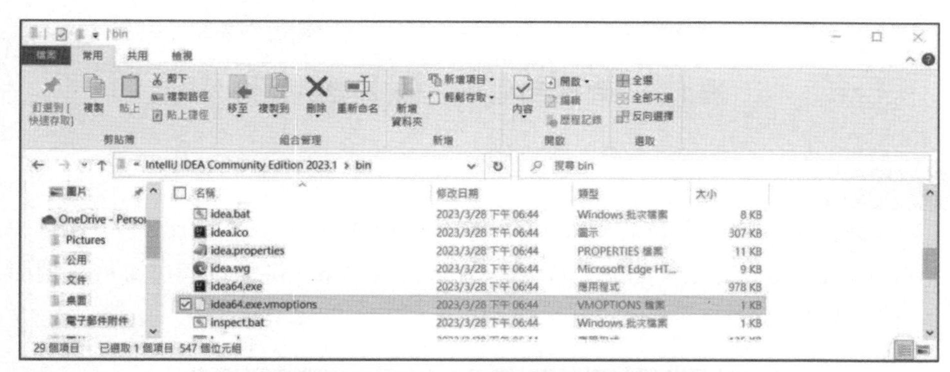

圖 8　IntelliJ IDEA 軟體參數設定

建議參考表 1 所列，調整軟體可使用的記憶體大小：

原參數值	建議修改之參數值	說明
-Xms128m	-Xms512m	初始記憶體，影響 Java 啓動速度
-Xmx750m	-Xmx1500m	最大記憶體，影響程式執行效能

A-3 首次執行介紹

1. 執行

首次執行 IntelliJ IDEA，出現如圖 1 所示的對話框，選擇是否匯入以往的配置設定。如果沒有曾經安裝使用的設定，請選擇「Do not import settings」，不匯入設定。

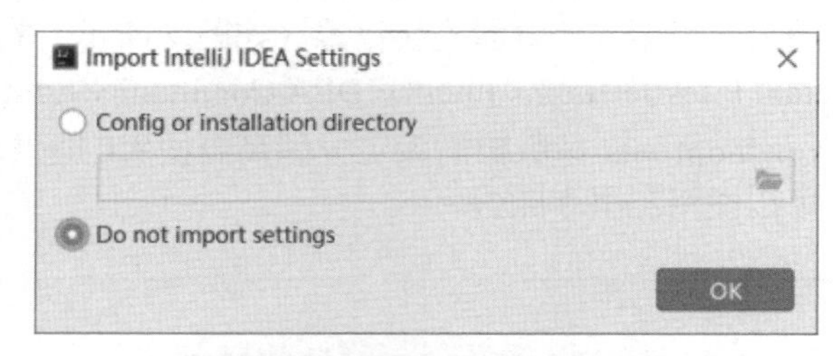

圖 1　詢問是否匯入先前之設定對話框

2. 初始視窗

初次執行，系統會先顯示主要初始執行功能的畫面：

(1) Projects－專案功能：如圖 2 所示，包括新增專案、開啓既有專案或複製儲存於遠端的資料。

圖 2　初始執行視窗的專案功能選項

(2) Customize－介面設定：如圖 3 設定整體操作環境是黑底或白底顯示，以及視窗操作環境的字體大小（編輯功能的字體、顏色是在「系統參數」功能設定）。

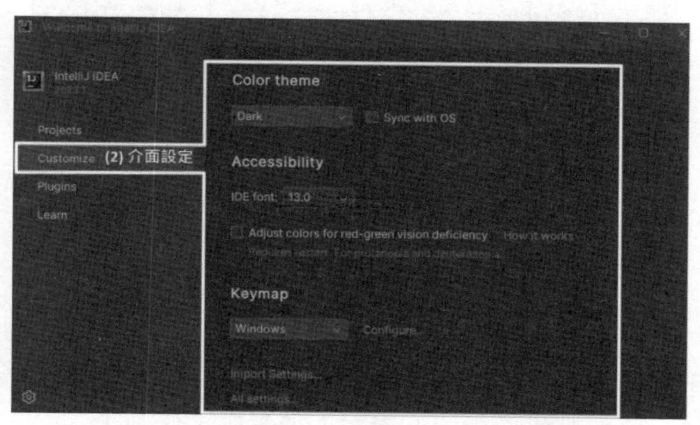

圖 3　初始執行視窗的介面設定選項

(3) Pluging－外掛安裝：如圖 4 所示，IntelliJ IDEA 支援許多第三方提供的外掛功能，可以自行依需要安裝（本書並不需要額外安裝外掛）。

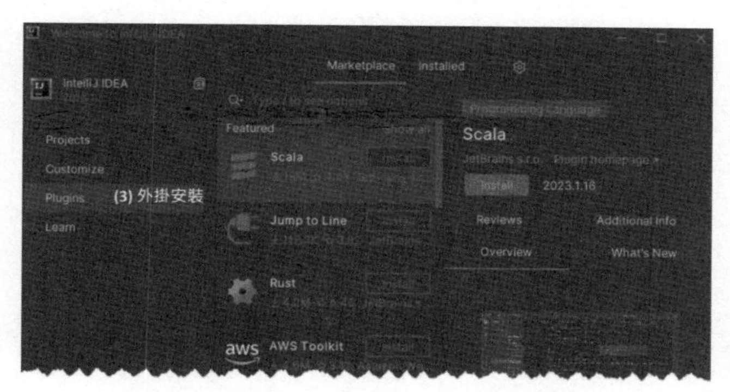

圖 4　初始執行視窗的外掛安裝選項

(4) Learn－線上學習：如圖 5 所示，提供 IntelliJ IDEA 操作環境的線上學習資源。

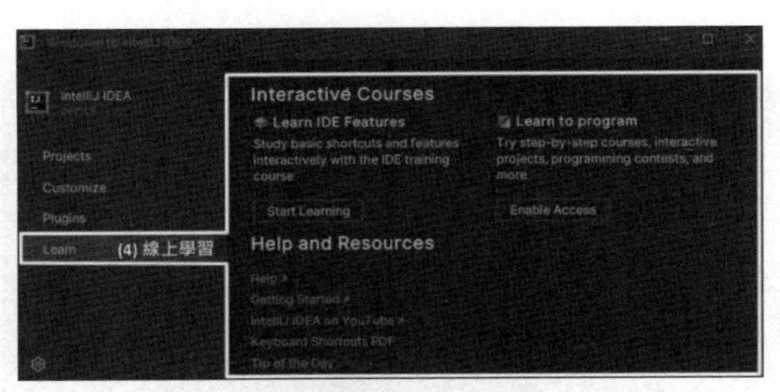

圖 5 初始執行視窗的線上學習選項

如已下載本書的範例，可以直接選擇 (1) 專案功能的「開啓既有專案」。選定既有專案後，出現如圖 6 所示的畫面，請選擇「Trust Project」按鈕，信任此專案內程式的內容。

圖 6　系統詢問是否信任既有的專案內容

A-4 新增專案

1. 建立新的專案

(1) 方式 1：初次執行時，（參見 A-3 節，圖 1）選擇「New Project」。
(2) 方式 2：如圖 1 所示，標題欄的主選單（在某一專案的使用環境之下）。

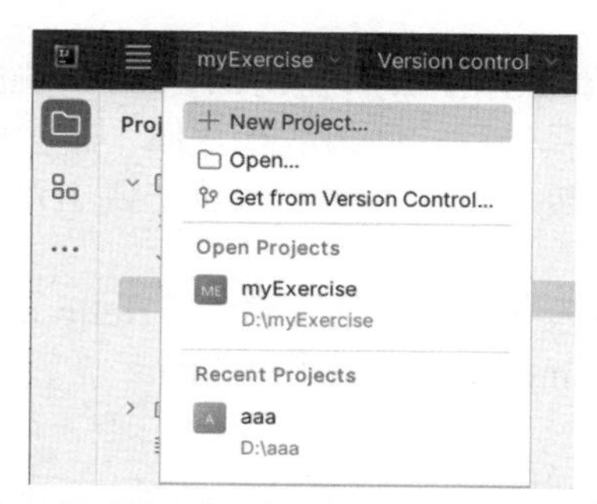

圖 1　既有專案的使用環境之下，再新增另一專案

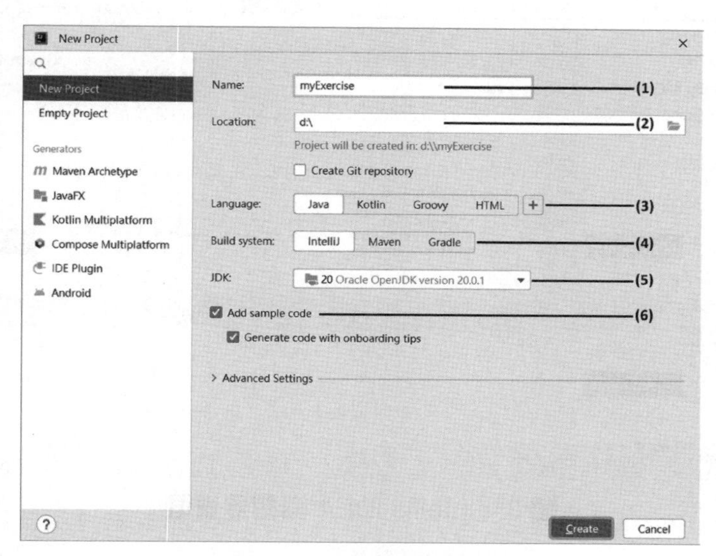

圖 2　新增專案視窗

選擇新增專案選項後，開啟如圖 2 所示的新增專案設定視窗，欄位說明如下：

(1) 名稱：輸入新增專案的名稱。

(2) 目錄：設定專案存放的目錄位置。

(3) 語言：指定專案內，使用的程式語言，IntelliJ IDEA 能夠依據指定的語言，正確地協助填入程式碼、偵錯，以及提供程式版本的管理。如果使用的程式語言沒有在表列中，例如：Python 或 PHP，可以按下右方的「+」按鈕，安裝附加的程式語言。

(4) 程式建構器：支援 IntelliJ、Maven、Garadle 三種建構器（builder）。建議使用預設的 IntelliJ。

(5) JDK 版本：IntelliJ 預設使用系統已安裝的 JDK。IntelliJ IDEA 只是開發程式的整合工具，並不具備程式所需的程式庫、編譯器、虛擬機器等軟體。如果作業系統尚未安裝 JDK，必須下載並安裝 JDK，否則無法編譯與執行 Java 程式。

(6) 新增程式時，自動填入一支執行結果顯示「Hello and welcome!」且包含上手技巧提示（onboarding tip）的範例程式碼。

2. 編輯器介紹

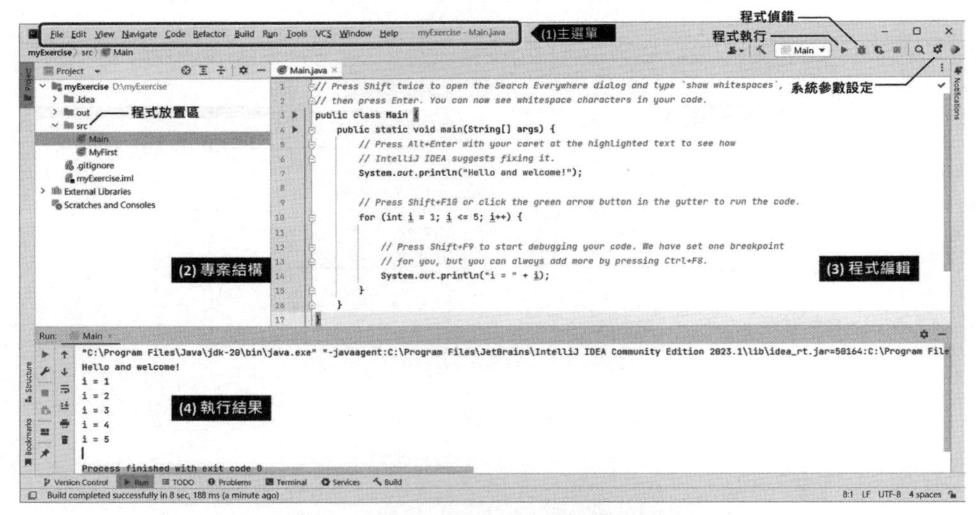

圖 3　IntelliJ IDEA 編輯器畫面

如圖 3 所示，編輯器介面主要分爲四個部分：

(1) 主選單：包含編輯器各種功能選項。

① 主選單沒有顯示時，若需開啓主選單，請同時按下 Ctrl+Shift+A 鍵，開啓如圖 4 所示的「活動搜尋視窗」，於尋找欄位輸入「menu」，再依據找到的項目，將右方開關切換成 ON 即可。（未顯示原因是主選單 |

View | Appearance 選項內，可以選擇關掉主選單）。

② 調整選單內容：由編輯器右上方系統參數設定 | settings | Appearance & Behavior | Menus and Toolbars 內的顯示

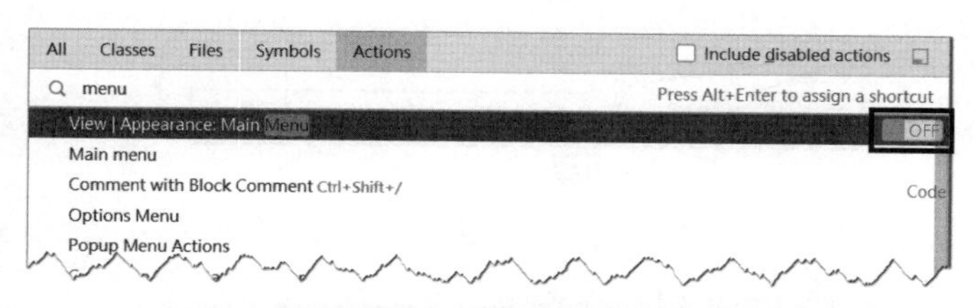

圖 4　活動搜尋視窗復原主選單的顯示

(2) 專案結構區：以樹狀形式，顯示專案的結構。

① 開發的程式，請置於 src 目錄內。新增程式時，請在 src 目錄內任意區域按滑鼠右鍵，選擇 New 新增程式。

② 如果沒有顯示專案結構區。例如滑鼠雙擊右方程式編輯區的頁籤（page）會關閉專案結構區的視窗。再次以滑鼠雙擊程式頁籤、按下視窗左上方邊緣的資料夾圖案，或是按下 Alt + 1 鍵，都可以再度開啓專案結構區視窗。

(3) 程式編輯區：程式撰寫之處。

① 語法錯誤：參考圖 2 建立專案時，指定的程式語言類型，系統會依據語法與類別庫偵測程式錯誤之處，如圖 5 所示，提示於視窗右上方。

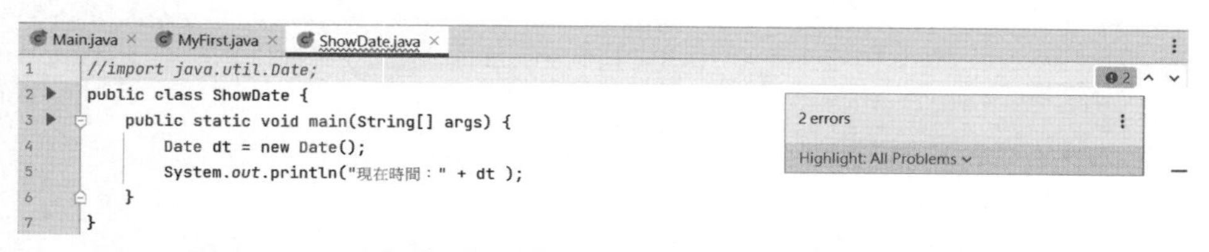

圖 5　系統自動偵測並提供檢視語法錯誤的詳細資訊

② 輔助編寫：撰寫程式時，輸入部分名稱時，系統會自動提示說明，或帶入對應之程式碼。例如輸入「main」的部分字元，如圖 6 所示，系統會自動提示，若以滑鼠左鍵雙擊提示，系統便會將該程式碼填入。

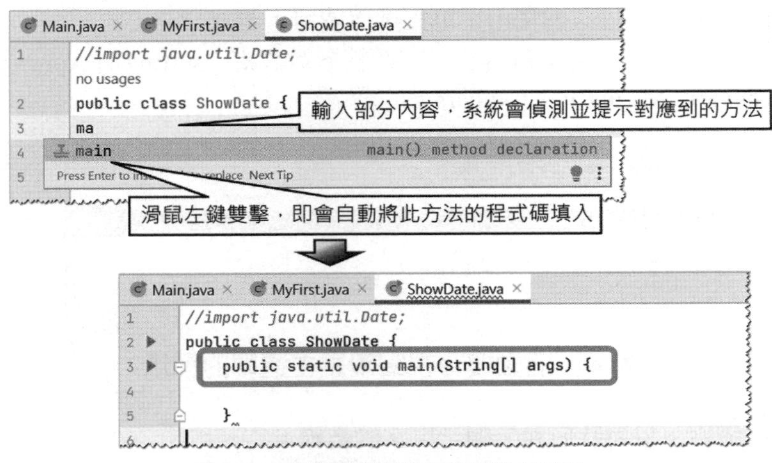

圖 6　輔助撰寫程式碼的功能

③ 變更程式名稱：如果需要變更程式名稱，請於左方中按結構區的 src 目錄內，以滑鼠右鍵選點欲更名的程式 | Refactor | Rename，再輸入新名稱即可。

(4) 執行結果視窗：顯示編譯的訊息與執行的結果。

① 編譯有任何錯誤，顯示在此區域內。例如圖 7 所示的範例，視窗左方顯示程式錯誤發生的行列位置；視窗右方顯示編譯器的錯誤訊息。

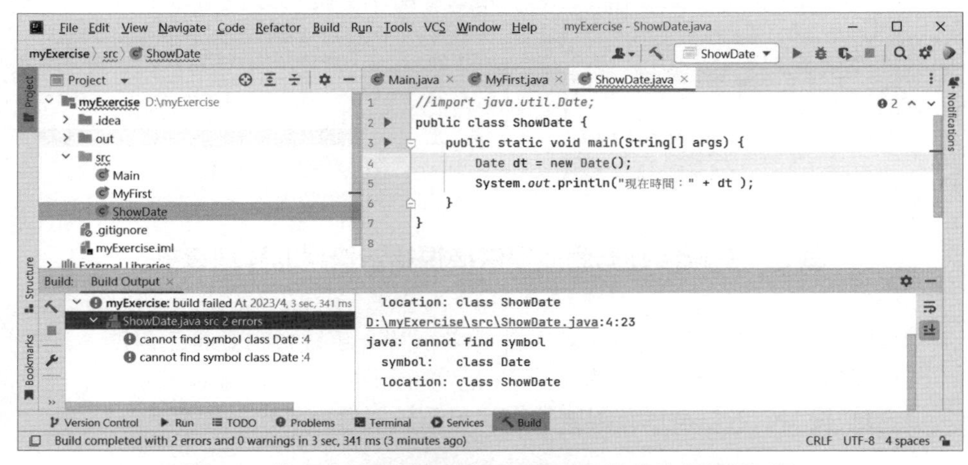

圖 7　執行結果視窗顯示編譯不成功的相關資訊

② 無窮迴圈：程式執行中，如果發生無法結束的情況，執行結果視窗左方會顯示紅色方框。如圖 8 所示，如需中止執行程序，可按下紅色方框，強制結束執行中的程式。

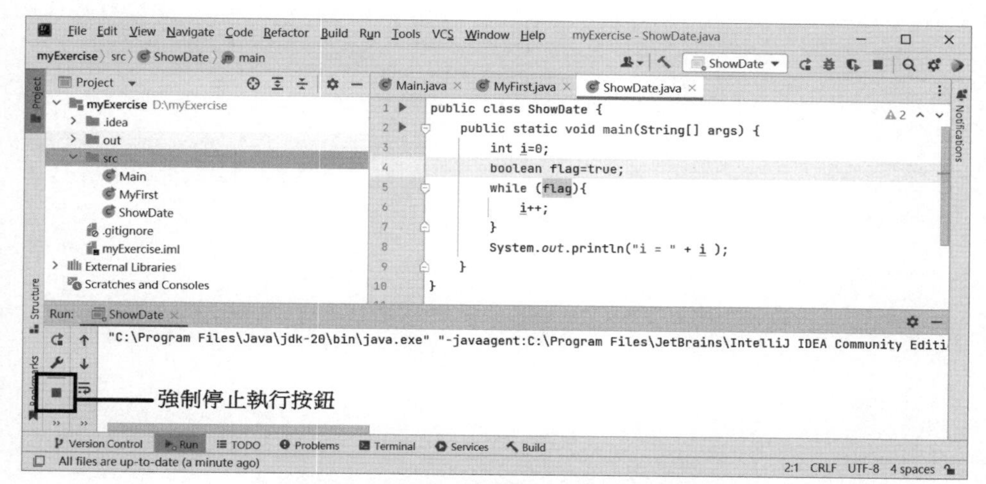

圖 8　強制停止程式執行的按鈕

3. 程式編譯與執行

編譯與執行有多種方式可使用：

(1) 撰寫程式完成，可按執行結果左方或程式編輯區右上方的綠色三角圖示。

(2) 滑鼠右鍵選點該程式頁籤 | run '*類別名稱* .main()'。

(3) 使用快速鍵：同時按下 Ctrl + Shift + F10。

(4) 若已成功編譯過，可直接選擇主選單 Run | Run '*類別名稱*'，或使用快速鍵：同時按下 Shift + F10。

Note

國家圖書館出版品預行編目(CIP)資料

圖解Java物件導向程式語言／余顯強作. -- 初版. -- 臺北市：五南圖書出版股份有限公司, 2023.10
面； 公分
ISBN 978-626-366-675-7(平裝)

1.CST: Java(電腦程式語言)
2.CST: 物件導向程式

312.32J3 112016532

5R68

圖解Java物件導向程式語言

作　　者— 余顯強（53.91）
發 行 人— 楊榮川
總 經 理— 楊士清
總 編 輯— 楊秀麗
副總編輯— 王正華
責任編輯— 張維文
封面設計— 陳亭瑋
出 版 者— 五南圖書出版股份有限公司
地　　址：106台北市大安區和平東路二段339號4樓
電　　話：(02)2705-5066　傳　　真：(02)2706-6100
網　　址：https://www.wunan.com.tw
電子郵件：wunan@wunan.com.tw
劃撥帳號：01068953
戶　　名：五南圖書出版股份有限公司

法律顧問　林勝安律師

出版日期　2023年10月初版一刷
定　　價　新臺幣450元